国家骨干高等职业院校
重点建设专业(电力技术类)“十二五”规划教材

热力设备检修工艺与实践

主　编　李　铭
副主编　何　鹏
参　编　王　华　史先春
　　　　王维桂
主　审　邵立康

合肥工业大学出版社

内容提要

本书主要阐述火力发电厂热力设备检修的基本工艺与操作实践。本书选取了代表热力设备检修典型的工作任务，即常用检修工器具的使用、起重技术、轴承检修、管道检修、阀门检修、转机部件检修基础工艺（包括轴弯曲测量、晃动测量、直轴、转子找动静平衡、联轴器找正等）、泵的检修、风机的检修8个学习项目。在每个学习项目中，均明确学习目标、布置若干工作任务。在每个工作任务中，重点讲述为完成工作任务应掌握的知识与技能，要求学生通过工作实践完成工作任务。

本书为高等职业技术院校和高等专科学校热力设备检修课程的教材，也可以作为电力企业职工培训教材供有关人员使用。

图书在版编目(CIP)数据

热力设备检修工艺与实践/李铭主编．—合肥：合肥工业大学出版社，2013.5

ISBN 978-7-5650-1291-4

Ⅰ.①热…　Ⅱ.①李…　Ⅲ.①火电厂—电力系统—检修—高等职业教育—教材

Ⅳ.①TM621.4

中国版本图书馆 CIP 数据核字(2013)第067354号

热力设备检修工艺与实践

李　铭　主编　　　责任编辑　汤礼广

出　版	合肥工业大学出版社	版　次	2013年5月第1版
地　址	合肥市屯溪路193号	印　次	2013年5月第1次印刷
邮　编	230009	开　本	787毫米×1092毫米　1/16
电　话	理工编辑部：0551—62903087 市场营销部：0551—62903198	印　张	15.75
		字　数	370千字
网　址	www.hfutpress.com.cn	印　刷	合肥现代印务有限公司
E-mail	hfutpress@163.com	发　行	全国新华书店

ISBN 978-7-5650-1291-4　　　定价：35.00元

如果有影响阅读的印装质量问题，请与出版社市场营销部联系调换。

国家骨干高等职业院校

重点建设专业(电力技术类)“十二五”规划教材建设委员会

序　言

为贯彻落实《国家中长期教育改革和发展规划纲要》（2010—2020）精神，培养电力行业产业发展所需要的高端技能型人才，安徽电气工程职业技术学院规划并组织校内外专家编写了这套国家骨干高等职业院校重点建设专业（电力技术类）“十二五”规划教材。

本次规划教材建设主要是以教育部《关于全面提高高等教育质量的若干意见》为指导；在编写过程中，力求创新电力职业教育教材体系，总结和推广国家骨干高等职业院校教学改革成果，适应职业教育工学结合、“教、学、做”一体化的教学需要，全面提升电力职业教育的人才培养水平。编写后的这套教材有以下鲜明特色：

（1）突出以职业能力、职业素质培养为核心的教学理念。本套教材在内容选择上注重引入国家标准、行业标准和职业规范；反映企业技术进步与管理进步的成果；注重职业的针对性和实用性，科学整合相关专业知识，合理安排教学内容。

（2）体现以学生为本、以学生为中心的教学思想。本套教材注重培养学生自学能力和扩展知识能力，为学生今后继续深造和创造性的学习打好基础；保证学生在获得学历证书的同时，也能够顺利地获得相应的职业技能资格证书，以增强学生就业竞争能力。

（3）体现高等职业教育教学改革的思想。本套教材反映了教学改革的新尝试、新成果，其中校企合作、工学结合、行动导向、任务驱动、理实一体等新的教学理念和教学模式在教材中得到一定程度的体现。

（4）本套教材是校企合作的结晶。安徽电气工程职业技术学院在电力技术类专业核心课程的确定、电力行业标准与职业规范的引进、实践教学与实训内容的安排、技能训练重点与难点的把握等方面，都曾得到电力企业专家和工程技术人员的大力支持与帮助。教材中的许多关键技术内容，都是企业专家与学院教师共同参与研讨后完成的。

总之，这套教材充分考虑了社会的实际需求、教师的教学需要和学生的认知规律，基本上达到了“老师好教，学生好学”的编写目的。

但编写这样一套高等职业院校重点建设专业（电力技术类）的教材毕竟是一个新的尝试，加上编者经验不足，编写时间仓促，因此书中错漏之处在所难免，欢迎有关专家和广大读者提出宝贵意见。

国家骨干高等职业院校

重点建设专业（电力技术类）“十二五”规划教材建设委员会

前　言

为完成国家骨干高职院校建设任务，多年来我们一直致力于热力设备检修课程的教学改革，经过长期探索与实践，我们现在在课程教学中已实现了“项目引导、任务驱动、情境教学”的理实一体化教学模式。本教材为骨干高职院校专业课程建设的重要内容之一。

作为与高职院校教改后的热力设备检修课程配套教材，本教材具有以下明显特色：

(1) 在教材内容和形式的选取上，紧紧围绕“以就业为导向，以素质教育为主线，以能力培养为根本，以技能训练为重点”的高职办学思想来进行，即组织教材内容时，针对火电厂、热电厂对热力设备检修方面人才的培养要求以及行业内热力设备检修的岗位现状和技术发展趋势，并紧密结合生产实际，以此来研究热力设备检修的工器具使用、检修工艺、检修规范等有关问题。全书以热力设备检修的典型工作任务为载体，突出工作任务与知识点、能力点的联系，将理论和技能有机地融合在一起，便于教师实现基于岗位工作过程的理实一体化教学任务；体现了教材改革的独特创新，代表了当前高职院校课程教学改革的新理念；能够培养学生独立制订工作计划、独立实施工作过程和独立评估工作结果的职业能力，进而培养学生对知识的综合应用能力和职业可持续发展能力。

(2) 教材在编写过程中采用了校企合作形式，依托企业，将行业企业工作标准、岗位技能鉴定标准大量引入教材，并将现代企业生产中涌现的新技术、新工艺、新标准及时吸收进来，加以融合，因此，本教材体现了鲜明的行业特色。

(3) 为配合本教材的使用，我们已先期开发和制作了阀门检修与水泵检修的大型多媒体课件，课件大量采用三维动画的形式，模拟展示阀门检修与水泵检修的工作过程，并可实现虚拟装配及教学互动，可大力提高教学效果。

本教材共由八个学习项目组成，项目一、项目六、项目七、项目八由安徽电气工程职业技术学院何鹏编写，项目二、项目三、项目四、项目五由安徽电气工程职业技术学院李铭编写，安徽电气工程职业技术学院王华参与了项目三、项目四的编写并负责岗位技能鉴定标准与教材的衔接工作，皖能合肥发电有限责任公司的史先春、安徽省淮南平圩发电有限责任公司的王维桂参与了项目六、项目七的编写并负责企业检修标准与教材的衔接工作。本书由李铭担任主编、何鹏担任副主编。解放军陆军军官学院邵立康教授对全书进行了认真审读并提出了许多宝贵意见，对此表示衷心感谢。

尽管我们尽了很大努力，但由于初次编写此类探索性教材，再加上水平有限，书中错误和疏漏之处在所难免，恳请读者批评指正。

使用本书的单位或个人，若需要与本书配套的教学资源，可发邮件至 x80lim@163. com 索取，或通过 www. hfutpress. com. cn 下载。

编　者

目 录

项目一　常用检修工器具

【项目描述】

总体介绍热力设备检修过程中所需要的常用检修工具的使用方法及量具的测量要求，为在各检修项目开展前能正确选择工器具做准备。

【学习目标】

(1)能根据不同的检修项目正确选择工器具。

(2)掌握常用检修工具、量具和仪器设备的使用方法及保养方法。

任务一　常用工具的认知

工作任务

学习常用工具的结构、原理、应用范围及使用方法。通过实践训练，认识常用工具，学会正确使用扳手、手锤、电钻及拉马等常用工具，并熟悉常用工具的使用、保养注意事项。

知识与技能

一、电动工具

1895 年，德国 Fein 公司研制了世界上第一台电动工具——直流电钻，开始了人类使用电动工具的时代。

电动工具是由电力驱动、用手来操纵的一种手工工具的统称，通常由电动机、传动机构和工作头三部分组成。

电动工具所使用的电动机，要求体积小、重量轻、过载能力大、绝缘性能好。常用的电动机有：交直流两用串激电动机，转速可达 1000r/min 以上；三相工频电动机(鼠笼型异步电动机)，转速在 3000r/min 以下；三相中频电动机，由变频设备提供 200Hz(或 400Hz)的交流电，转速在 12000r/min(或 24000r/min)以下；永磁式直流电动机，转速在 10000r/min 左右。最常用的是前两种。

电动工具传动机构的作用是改变电动机转速、扭矩和运动形式。其运动形式有：

(1)旋转运动。电动机通过齿轮减速,带动工具轴作旋转运动,如电钻、电动扳手。但也有不减速的,由电动机直接带动工具,如手提式砂轮机。

(2)直线运动。电动机减速后带动曲柄连杆机构,使工具轴作直线运动、振动、往复运动和冲击运动,如电锯、电冲剪、电铲等。

(3)复合运动。工具作冲击旋转运动,如电动凿岩机、电锤等。

电动工具的工作头是直接对工件进行各种作业的刀具,是刀具、磨具、钳工工具的统称。如刀具有钻头、锯条、圆锯片等;磨具有砂轮、抛光轮、磨头等;钳工工具有螺母套筒螺丝刀、刮刀、胀管器等。

在检修工作中常用的电动工具有以下几种。

1. 手电钻

手电钻分为手提式(如图 1-1 所示)和手枪式(如图 1-2 所示)两种。手提式手电钻的典型结构如图 1-3 所示。其主要规格有 4mm、6mm、8mm、10mm、13mm、16mm、19mm、23mm、25mm、32mm、38mm、49mm 等,数字是指在抗拉强度为 $390N/mm^2$ 的钢材上钻孔的钻头最大直径。手枪式的钻孔直径一般不超过 6mm。手电钻不仅用来钻孔,而且还常用来代替作旋转运动的手工操作,如研磨阀门、胀管等。

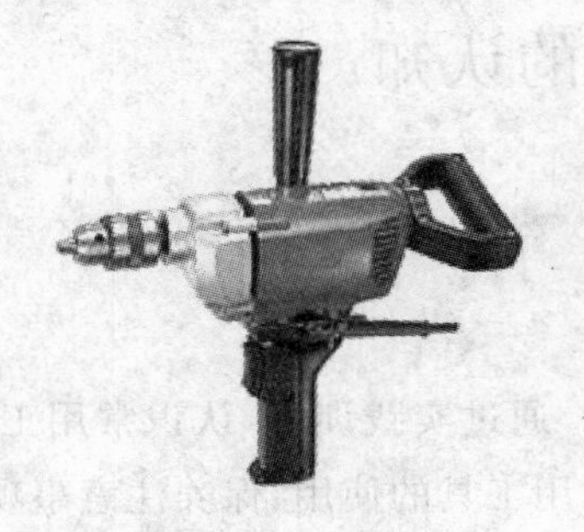

图 1-1 手提式手电钻

图 1-2 手枪式手电钻

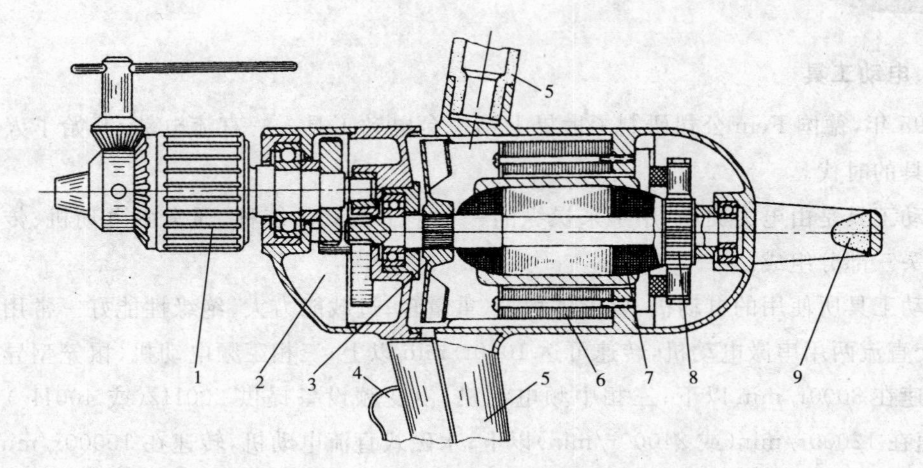

图 1-3 手提式手电钻结构

1—钻夹头;2—减速箱;3—风扇;4—开关;5—手柄;6—定子;7—转子;8—整流子;9—顶把

2. 砂轮机

手提式砂轮机(如图 1－4a 所示)用于对大型、笨重、不便搬动的金属件表面进行磨削、去除飞边毛刺、清理焊缝以及除锈、抛光等加工。除此以外,还有一种软轴式砂轮机,如图 1－4b 所示,它由一根软轴连接电动机轴和工具头组成,使用时只需握持住工具头即可对工件进行加工。工具头可以任意更换磨头、铣刀、砂布轮、钢丝轮等各种工具,以适应各种特殊加工的需要。

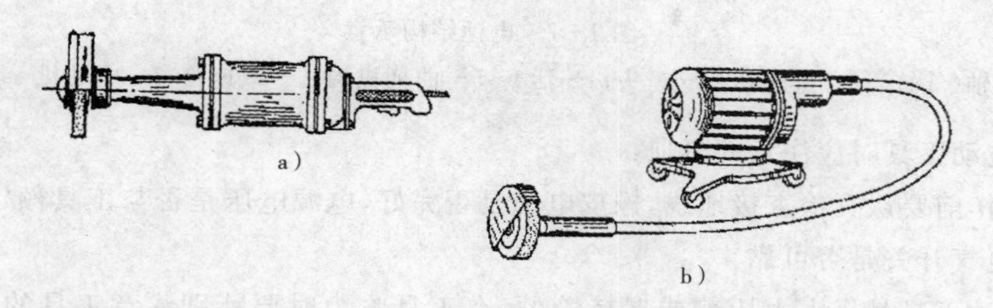

图 1－4　手提式与软轴式砂轮机外形

a)手提式砂轮机; b)软轴式砂轮机

3. 电动扳手

在检修中,由于各种螺丝类别繁多且地点分散,一般不采用电动扳手。但对于大扭矩高强度螺栓,可采用定扭矩电动扳手,它具有体积小、重量轻、拆锁速度快、不带冲击性等特点。

电动扳手(如图 1－5 所示)的传动机构由行星齿轮和滚珠螺旋槽冲击机构组成。规格有 M8、M12、M16、M20、M24、M30 等。用这种扳手拧螺栓时,扭矩达某一定值后,控制箱自动切断电源,电动机停止转动,这只螺栓也就拧紧了。每个螺栓的紧力应基本一致。定扭矩电动扳手最大扭矩达 20000N·m。

4. 电锤

电锤(如图 1－6 所示)用于清除铁锈、水垢、金属结瘤、焊疤、毛刺以及锅炉打焦、地面开孔等作业。电锤是一种冲击电钻,其结构如图 1－7 所示。它作冲击—旋转运动,也可作纯旋转或纯冲击运动。采用何种运动,可根据作业情况自行选用。

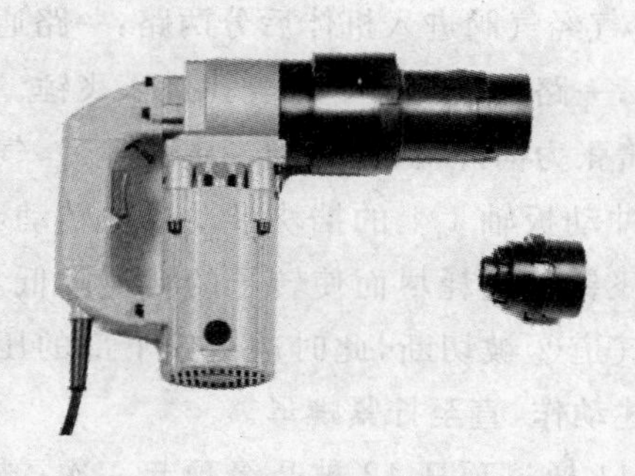

图 1－5　电动扳手

图 1－6　电锤

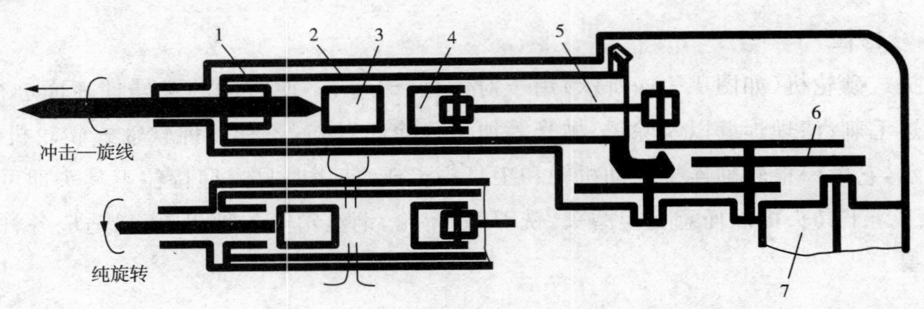

图 1-7　电锤结构示意

1—旋转轴(气缸);2—排气孔;3—锤头;4—活塞;5—曲柄机构;6—减速箱;7—电动机

使用电动工具时应注意的事项:

(1)工作前要认真检查接地线,橡皮电缆是否完好,电源电压是否与工具额定电压相符,工具上的电气开关是否可靠。

(2)电动工具是靠人力压着或握持着的,在工具吃力时要特别注意工具的反扭力或反冲力。

(3)在工作中发现电动工具转速降低,应立即减轻压力;若突然停转,应及时切断电源,并查明原因。

(4)移动电动工具时,应握持工具手柄并用手带动电缆,严禁拉橡皮电缆拖动。

二、风动工具

风动工具的工作原理类似于电动工具,仅采用的动力方式不同。风动工具的动力是压缩空气,工作压力一般为 0.6MPa。压缩空气推动滑片(叶片),使转子旋转并带动工作头作旋转运动或驱动活塞作往复运动(包括振动和冲击)。加上其他机构后,还可作冲击—旋转复合运动。

由于风动工具的动力部分无传动机构,活动件少,故工作可靠,维护方便,使用安全。这对于情况复杂的检修场地而言,是非常可取的。

在检修中常用的风动工具是风镐(如图 1-8a 所示)与风扳机(如图 1-8b 所示)。风镐的功能与电锤相同,在此就不再进行介绍。风扳与电扳的最大差别在于反扭矩小,图 1-9 是 SB 型储能风扳机的结构与动作原理。压缩空气经气阀进入机体后分两路:一路通过变向阀进入气缸驱动转子 5 旋转,并带动飞锤 2 旋转;一路通过转子中心气孔进入飞锤。当转子的转速达到一定时,飞锤中的离心阀 10 克服弹簧张力向外滑出,滑到一定位置后,气道①与气道②接通。压缩空气使冲击销 9 伸出飞锤并冲动扳轴 1 上的挡块带动扳轴转动,从而拧紧螺母。在拧紧螺母过程中,随着阻力的增加,飞锤能量耗尽而使转子的转速降低,离心阀 10 也因离心力减少被弹簧拉回原位,气道①与气道②被切断,此时冲击销下部的压缩空气将冲击销压回飞锤体内。这样飞锤不断重复上述动作,直至拧紧螺母。

扳轴头部有一凸缘,飞锤每转一周,定时销 11 通过顶杆 12 被凸缘顶起一次;被定时销锁住的离心阀,只有当定时销被顶起的瞬间方可滑出;凸缘与挡块间错开一定角度,从而保证冲击销在伸出后再冲动挡块。

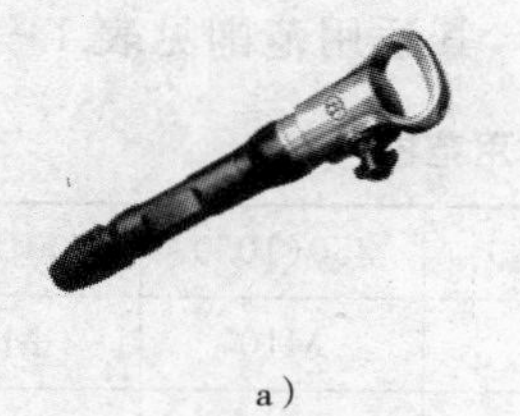

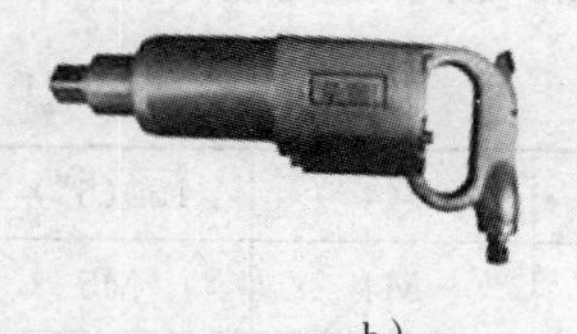

a)　　　　　　　　　　b)

图 1-8　常见风动工具

a)风镐；b)风扳机

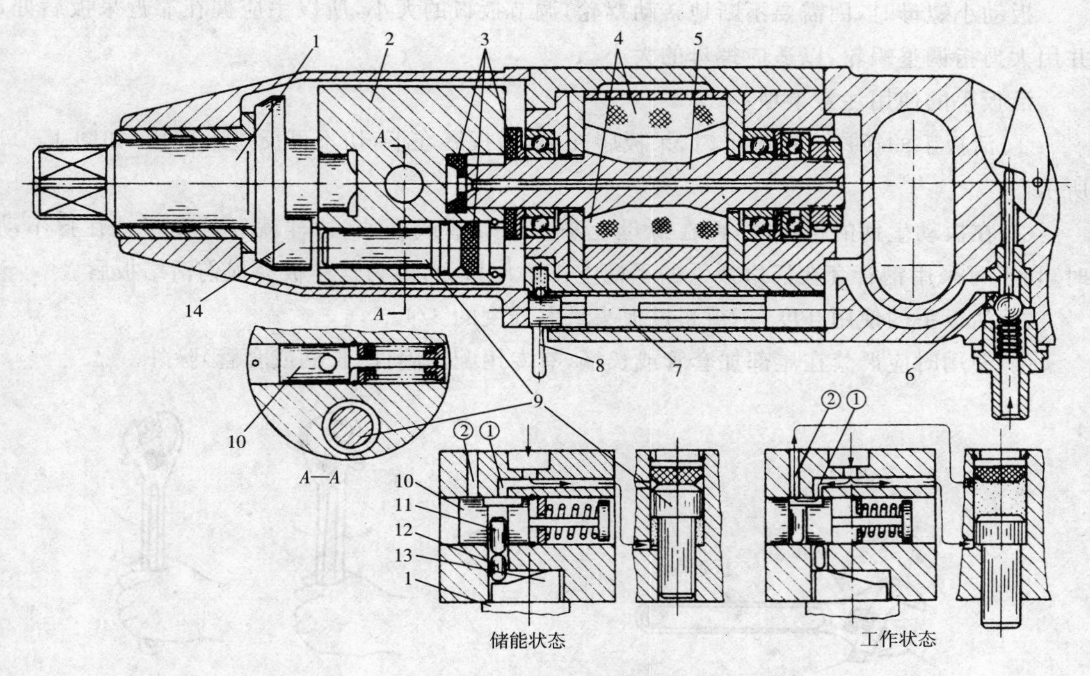

图 1-9　SB 型储能风扳机结构与动作原理

1—扳轴；2—飞锤；3—橡皮垫；4—滑片；5—转子；6—进气阀；7—倒顺阀芯；8—倒顺手柄；9—冲击销；10—离心阀；11—定时销；12—顶杆；13—扳轴凸缘

在使用中，风扳机扭矩不要超过最大扭矩的 2/3，同时应尽量避免空转；若发现冲击速度减慢或连击等异常现象时应立即停用并检查。

在设备检修工作中，使用电动与风动工具，可以大大减轻劳动强度，提高工效。如用人工紧固一台高压加热器的汽侧法兰螺栓(M45)，需要 4 个强劳动力工作 8h；使用风扳机后，只要一个普通劳动力两小时就可完成，且紧力均匀，螺栓也不承受弯矩。

三、手动工具

1. 扳手

扳手的种类很多，主要有活扳手、固定扳手、扭矩扳手等。

(1)活扳手

活扳手又叫活络扳手，如图 1-10 所示。它是一种旋紧或拧松有角螺钉或螺母的工具，其特点是适应性强。扳手长度应与螺栓规格相配套，其适用范围见表1-1。

表1-1 活扳手适用范围

活扳手长度(mm)	100(4")	150(6")	200(8")	250(10")	300(12")	350(14")
最小限定螺纹规格	M4	M5	M6	M10	M14	M16
最大限定螺纹规格	M6	M8	M10	M14	M18	M20

使用活扳手时，右手握手柄。手越靠后，扳动起来越省力。

扳动小螺母时，因需要不断地转动蜗轮，调节扳口的大小，所以手应握在靠近呆扳唇处，并用大拇指调整蜗轮，以适应螺母的大小。

活扳手的使用注意事项：

① 活扳手的扳口夹持螺母时，呆扳唇在上，活扳唇在下，切不可反过来使用，如图1-11所示。

② 在扳动生锈的螺母时，可在螺母上滴几滴煤油或机油，这样就好拧动了。在拧不动时，切不可采用钢管套在活络扳手的手柄上来增加扭力，因为这样极易损伤活络扳唇。

③ 活扳手的使用开度，不得超过扳头最大开度的3/4。

④ 使用时应严禁在尾部加套管或长柄，有专用配套附件(长柄或套管)除外。

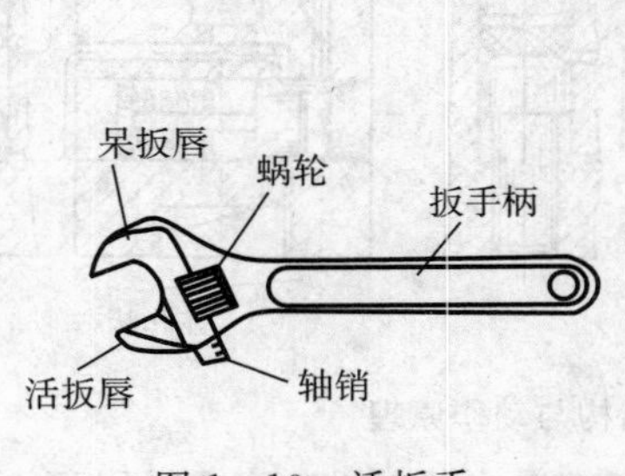

图1-10 活扳手

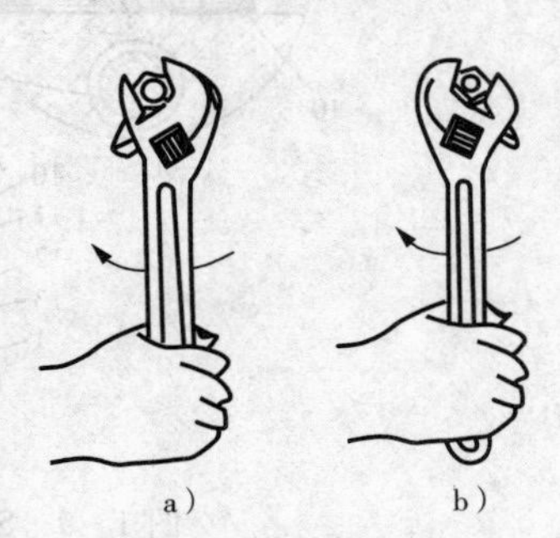

图1-11 活扳手的使用

a)正确；b)不正确

(2)开口固定扳手

开口固定扳手又称呆扳手，它有单头和双头两种，如图1-12所示。其开口是和螺钉头、螺母尺寸相适应的，其规格是以两端开口的宽度 S(mm)来表示的，如8～10、12～14等，并根据标准尺寸做成一套。这种扳手适用于M18以下的螺丝。其缺点是每一种规格只适用一种螺丝。

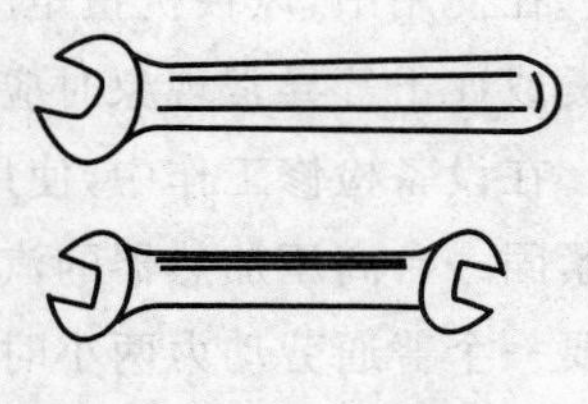

图1-12 开口固定扳手

(3)闭口固定扳手

闭口固定扳手如图1-13所示。这种扳手类型很多，适合高压力和紧力大的螺丝，常用于高压设备的检修。闭口固定扳手有以下几种类型：

① 整体扳手。整体扳手有正方形、六角形和十二角形(俗称梅花扳手)。其中六角扳手用于装拆大型六角螺钉或螺母。梅花扳手(如图1-14所示)的扳头为十二边封闭结构，与

螺母有 6 个着力点，有着强度高、受力好、螺母不易受损的优点，应用颇广，常用于拆装六角螺母或螺栓。它只要转过 30°，就可改变扳动方向，所以在狭窄的地方工作较为方便。

图 1-13　闭口固定扳手

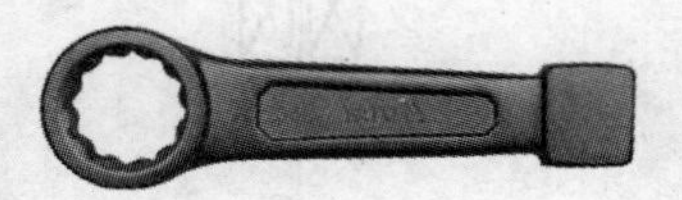

图 1-14　梅花扳手

② 套筒扳手。套筒扳手(如图 1-15 所示)是由一套尺寸不等的梅花筒组成，使用时用弓形的手柄连续转动，工作效率较高。当螺钉或螺母的尺寸较大或扳手的工作位置很狭窄时，就可用棘轮扳手。这种扳手摆动的角度很小，能拧紧和松开螺钉或螺母(如图 1-16 所示)。拧紧时作顺时针转动手柄。方形的套筒上装有一只撑杆。当手柄向反方向扳回时，撑杆在棘轮齿的斜面中滑出，因而螺钉或螺母不会跟随反转。如果需要松开螺钉或螺母，只需翻转棘轮扳手朝逆时针方向转动即可。

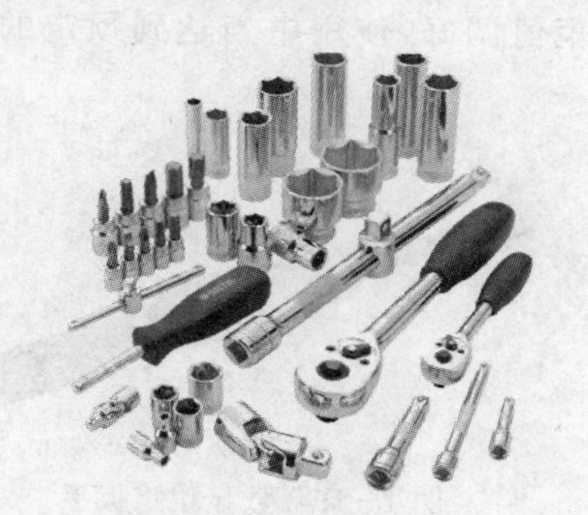

图 1-15　套筒扳手

图 1-16　套筒扳手轴向锁紧螺母

③ 内六角扳手。内六角扳手(如图 1-17 所示)用于装拆内六角螺钉。常用于某些机电产品的拆装。

(4)扭矩扳手

扭矩扳手又称测力扳手，可有效地控制扭矩值。现在使用的有两种形式的扭矩扳手：

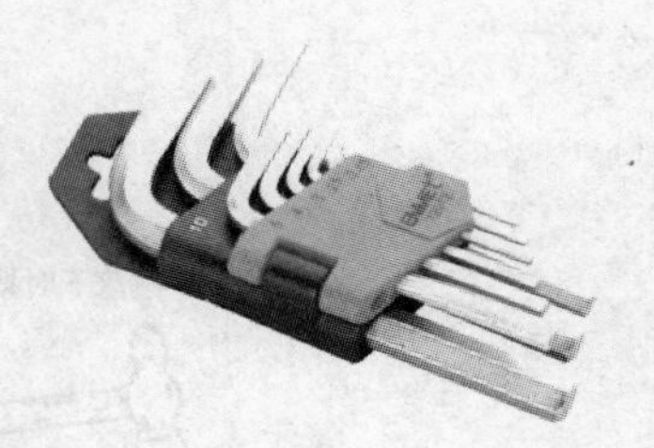

图 1-17　内六角扳手

① 扭力不可调式扭矩扳手。它有一根长的弹性杆，其一端装着手柄，另一端装有方头或六角头，在方头或六角头上套装一个可换的套筒，并用钢珠卡住，在顶端上还装有一个长指针，刻度板固定在柄座上，每格刻度值为 1 牛顿(或千克/米)，如图 1-18 所示。当要求一定数值的旋紧力，或几个螺母(或螺钉)需要相同的旋紧力时，用这种扳手。

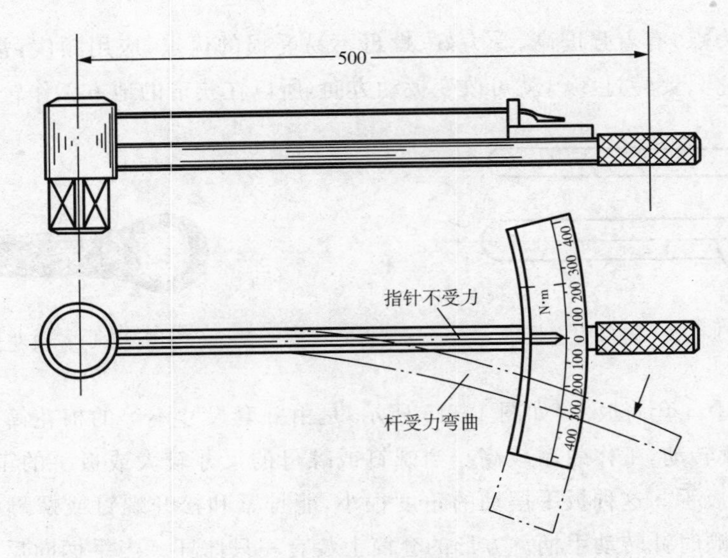

图 1-18　扭力不可调式扭矩扳手

② 扭力可调式扭矩扳手。图 1-19 所示的是数显扭矩扳手，扳手长度范围为 250～1500mm，扭矩为 20～1000N·m。使用前将所需扭矩值调好，使用中当达到预定的扭矩值时，工具便会发出声光信号提醒。

在使用扭矩设备前选择扳手应以工作值在被选用扳手的量限值 20%～80%之间为宜。

扭矩扳手除用来控制螺纹件旋紧力矩外，还可以用来测量旋转件的启动转矩，以检查配合、装配情况。

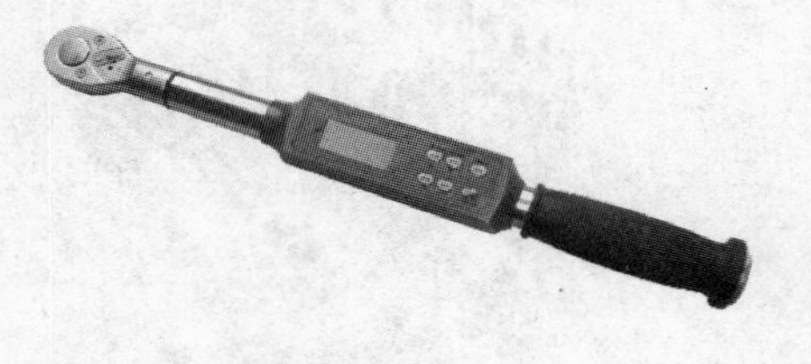

图 1-19　数显扭矩扳手

2. 手锤

手锤又称圆顶锤，如图 1-20 所示。其锤头一端为平面略有弧形，是基本工作面，另一端是球面，用来敲击凹凸形状的工件。手锤规格以锤头质量来表示，常用手锤的规格有 0.5kg、1kg、1.5kg 几种。

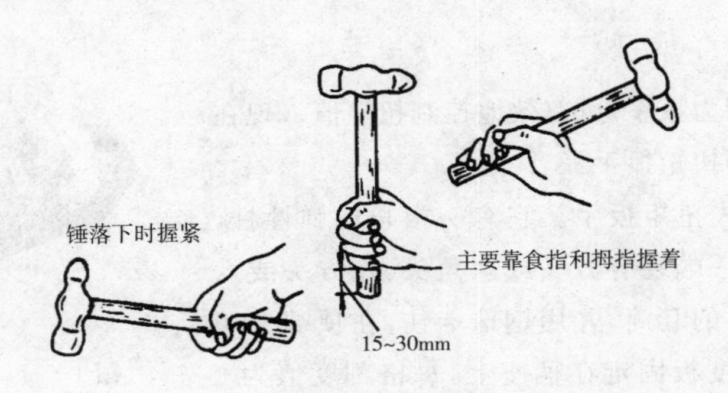

图 1-20　手锤及其握法

手锤的手柄为硬木制成，大小长短要适宜。锤柄应有适当的斜度，锤头上必须加铁楔，以免工作时甩掉锤头。

手锤使用前，应检查锤柄与锤头是否松动，是否有裂纹，锤头上是否有卷边或毛刺。如有缺陷必须修好后再使用。

3. 钳子

常见的钳子有鲤鱼钳、尖嘴钳等。

(1)鲤鱼钳

鲤鱼钳如图1－21所示。钳头的前部是平口细齿，适用于夹捏一般小零件；中部凹口粗长，用于夹持圆柱形零件，也可以代替扳手旋小螺栓、小螺母；钳口后部的刃口可剪切金属丝。由于一片钳体上有两个互相贯通的孔，又有一个特殊的销子，所以操作时钳口的张开度可很方便地变化，以适应夹持不同大小的零件，是检修作业中使用最多的手钳。鲤鱼钳规格以钳长来表示，一般有165mm、200mm两种。

(2)尖嘴钳

尖嘴钳如图1－22所示。其头部尖细，适用于在狭小空间中操作。尖嘴钳主要用于切断较小的导线、金属丝，夹持小螺钉、垫圈等。

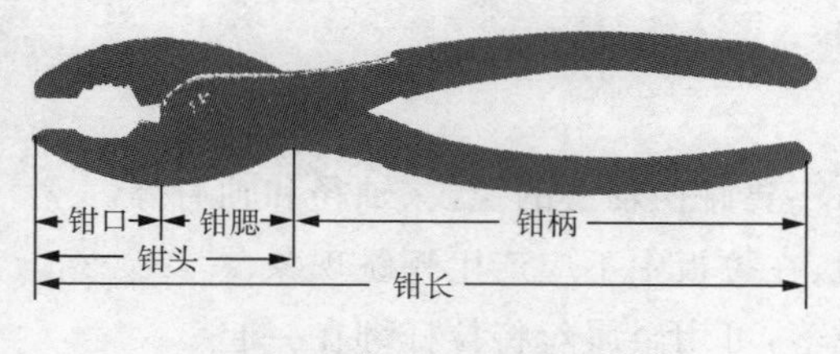

图1－21　鲤鱼钳

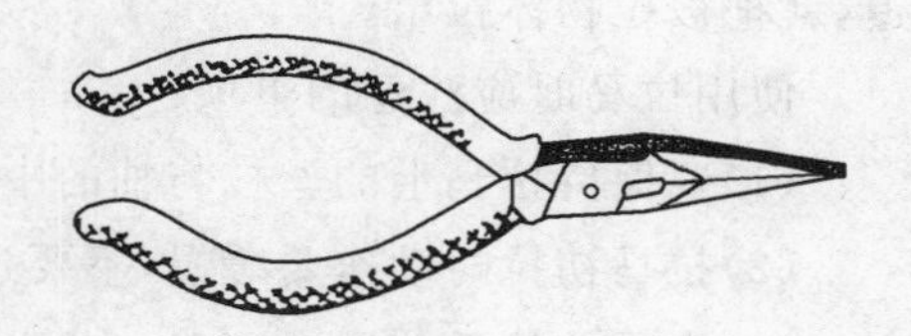

图1－22　尖嘴钳

4. 螺丝刀

螺丝刀又名改锥、旋凿或起子，如图1－23所示。按照其头部形状不同，螺丝刀可分为“一”字形螺丝刀和“十”字形螺丝刀。一字形螺丝刀是以柄部以外的刀体长度表示规格，单位为mm，常用的有100mm、150mm、300mm等几种。

十字形螺丝刀按其头部旋动螺钉规格的不同，分为Ⅰ、Ⅱ、Ⅲ、Ⅳ四个型号，分别用于旋动直径为2～2.5mm、6～8mm、10～12mm等的螺钉。

螺丝刀使用时，应根据螺钉沟槽的宽度选用相应的规格。

5. 拉马

拉马又叫拔轮器、拿子、拔子等，如图1－24所示。作为一种拆卸工具，在设备维修中常常用它来拆卸皮带轮、对轮、轴承和法兰盘等，如图1－25所示。

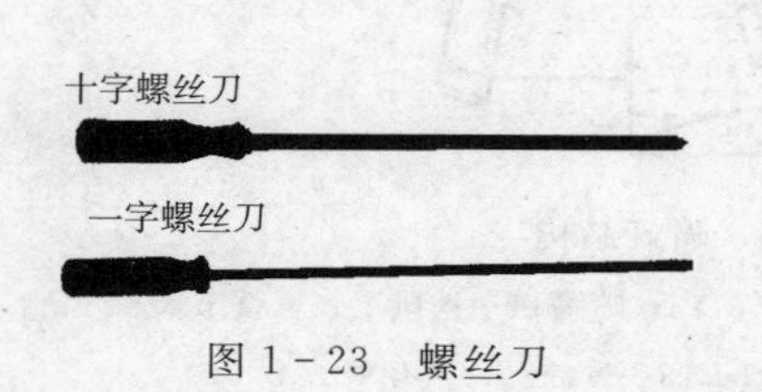

图1－23　螺丝刀

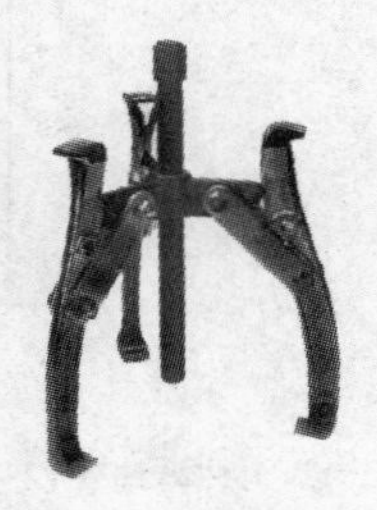

图1－24　拉马

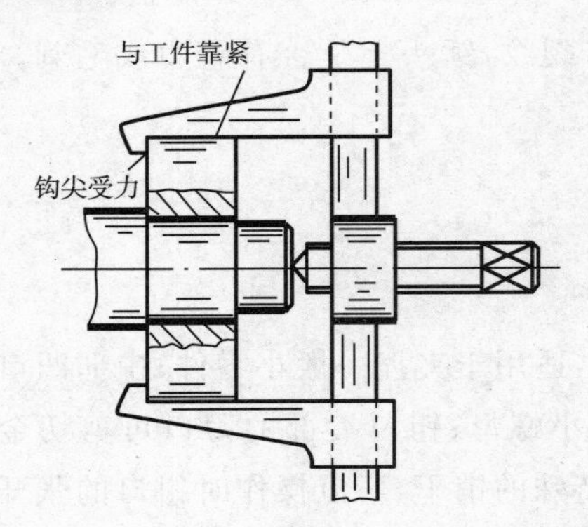

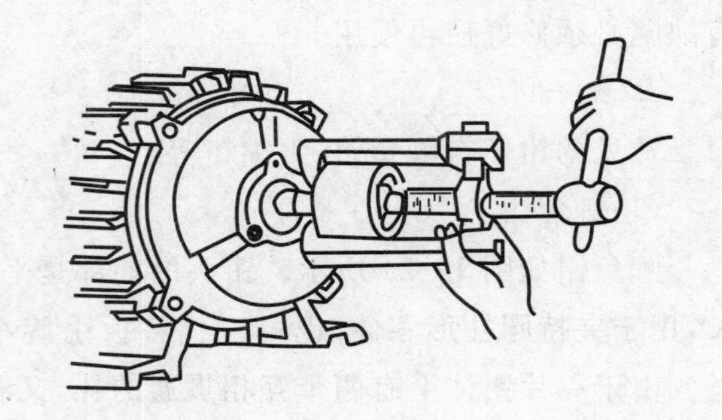

图 1-25　拉马的使用

常见的拉马有：螺杆式拉马、可张式拉马和液压拉马。其中液压拉马与液压千斤顶的原理相似，液压起动杆直接前进移动，推动杆本身不作转动。使用时，把调整杆拧入调整螺母的 M5 螺孔中，通过移动调整螺母，使得两个钩子张开，钩住被卸工件。钩爪座可随螺纹直接进行前进、后退之调距，操作时只要把手前后小幅度摆动，液压起动杆前移，钩爪相对应后退，就把被拉物体拉出。

使用拉马时应注意的事项：

(1)要保持拉马上的丝杠与轴的中心一致，不要碰伤轴上的螺纹、轴径和轴肩等。

(2)拉马初拉时动作要缓慢，不要过急过猛，在拉板中不应产生顿跳现象。

(3)拉马的拉爪位置要正确，为防止拉爪脱落，可用金属丝将拉杆绑在一起。

(4)各拉杆间距离及拉杆长度应相等，避免产生偏斜和受力不均。

6. 喷灯

喷灯是一种加热工具，如图 1-26 所示。喷灯是将燃油汽化后与空气混合喷出点燃的，会产生高温火焰。

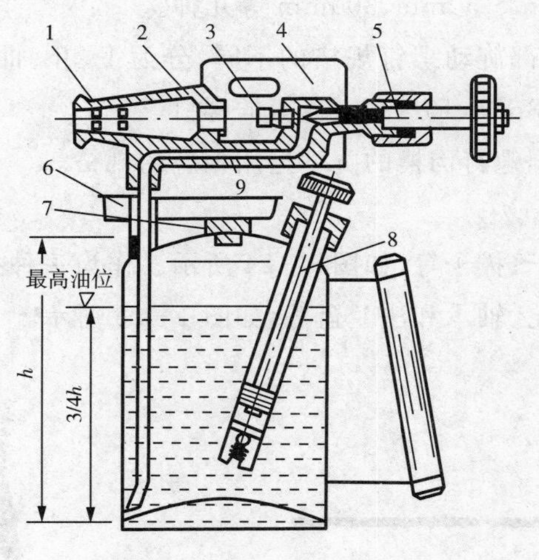

图 1-26　喷灯结构

1—喷焰管；2—混合管(空气与燃气)；3—喷嘴；4—挡风罩；5—调节阀；6—预热盘；7—加油螺母；8—气筒；9—汽化管

喷灯的使用方法：从加油孔把燃油注入油桶，油量只能加到油桶高度 h 的 3/4，余下的油桶空间贮存压缩空气。将一小团浸泡了燃油的棉纱放入预热盘中，然后点燃，加热汽化管。待预热盘中的油棉纱快燃尽时，用气筒打几下气，将桶中燃油压入已灼热的汽化管中，再拧开调节阀，燃油汽化气经喷嘴喷入喷焰管，与空气混合后燃烧，成为火焰。火焰必须由黄红色逐渐变成蓝色时，方可将气打足投入使用。

熄灭喷灯时，应先关闭调节阀，使火焰熄灭，待冷却数分钟后再旋松加油螺母，放出桶内空气。

喷灯常用的燃油是汽油或煤油，但注意这两种油不能混合使用。同时，用煤油的喷灯也不允许用汽油作燃油。

喷灯在使用过程中需要添油时，应首先把喷灯的火焰熄灭，然后慢慢地旋松加油防爆盖放气，待气放尽，灯体冷却以后，再添油。严禁带火加油。点喷灯时，喷火口的正前方要求宽敞，更不能对着人或易燃物。喷灯连续使用时间不宜过长，发现灯体发烫，应停止使用，以防止气体膨胀，发生爆炸引起火灾。

工作实践

工作任务	手动工具和电动工具的使用。
工作目标	正确使用常用检修工具。
工作准备	各类型扳手、手电钻、喷灯、拉马。
工作项目	手工工具使用练习： (1)识别各类扳手，并进行操作练习； (2)用扭力扳手测试每个人的单臂弯曲力与拉力，并作记录； (3)用普通扳手紧 M4～M6 螺栓至允许扭矩值，然后用扭力扳手进行复核； (4)观看拉马、喷灯使用。
	电动工具使用练习： 用手电钻在 1.5～4mm 钢板上进行钻孔练习，并进行小钻头的磨刃练习。

任务二　常用量具的认知

工作任务

学习常用量具的结构、原理、应用范围及使用方法，通过实践训练，认识常用量具，学会正确使用常用量具，并熟悉常用量具的使用、保养注意事项。

知识与技能

一、钢尺

常用钢尺有钢直尺、钢卷尺和钢折尺等。其中钢直尺(如图 1－27 所示)多用不锈钢薄钢板制成,它有 150mm、300mm、500mm、1000mm 几种规格。

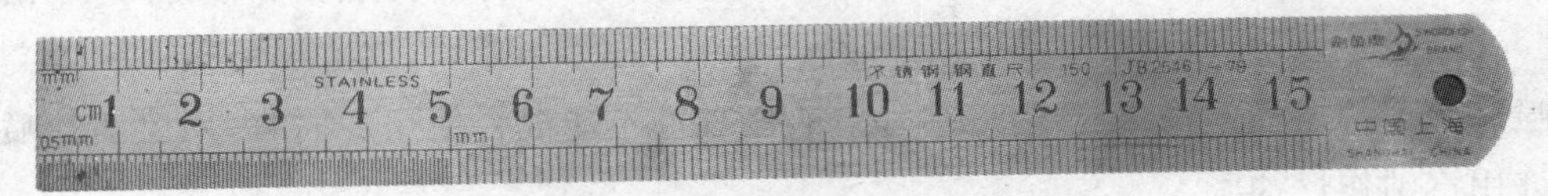

图 1－27　300mm 钢直尺

钢直尺的使用和测量方法：

(1)测量时使钢直尺的零线与工件边缘对齐。

(2)读数时视线应与钢直尺刻度线垂直。

(3)如果钢直尺零线损伤,可将某一整数线对齐工件边缘。测量时稳住这一端,然后慢慢摆动另一端,最小值为测量数值。

(4)测量圆柱形工件的外径和圆环内径时,先稳住钢直尺一端不动,然后慢慢摆动尺的另一端,最大值为测量数值。

(5)在平板上测量工件尺寸时,钢尺端面要紧贴平板。

(6)测量圆柱形工件的长度尺寸时,钢尺应与轴线平行。

二、刀口尺

刀口尺(如图 1－28 所示)主要用于以光隙法进行直线度测量和平面度测量,也可与量块一起,用于检验平面精度。刀口尺的精度一般都比较高,直线度误差控制在 1μm 左右。常用的规格有 75mm、125mm、175mm 等。

刀口尺的使用和测量方法：

(1)用光隙法测量工件的平直度或平面度时,将刀口尺的刀口顺工件平面对光滑过,观察工件整个平面的透光情况,以判断工件平面的平直度或平面度。测量平面度应从不同方向检测进行综合分析,如图 1－29 所示。

(2)用光隙法检测直线度的误差情况。如果看见的是一根均匀而纤细的亮光,工件的表面就是平直的;如果看见的是凹形、凸形或波浪形的亮光,则工件的表面就是不平的。

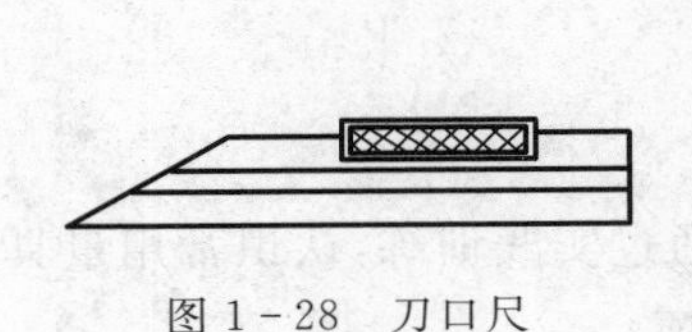

图 1－28　刀口尺

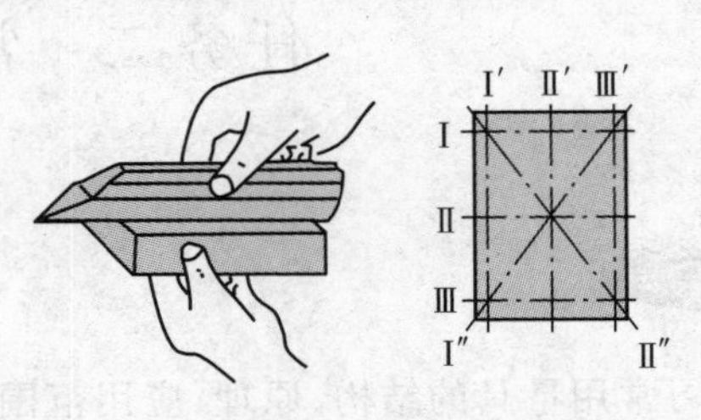

图 1－29　用刀口尺检验平面度

三、卡钳

卡钳是一种间接量具，常与钢直尺和游标卡尺等配合使用。

卡钳有外卡钳和内卡钳两种。外卡钳用来测量工件的外部尺寸，内卡钳用来测量工件的内部尺寸，结构如图 1－30 所示。

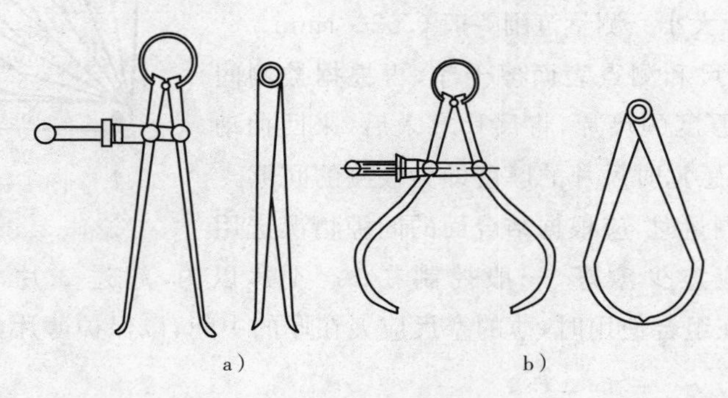

图 1－30　卡钳

a)内卡钳；b)外卡钳

卡钳多用不锈钢板制作。卡脚的松紧应适度，卡尖的形状应正确，其规格有 125mm、150mm、200mm 等。

卡钳的使用方法：

（1）测量外部尺寸时，将外卡钳两卡尖与被测面垂直，靠卡钳自身重量通过工件，通过手感判断工件的误差。

（2）测量内部尺寸时，将内卡钳上卡尖与工件被测面紧贴不动，另一卡尖前后、左右作轻微摆动，通过手感量出最大的孔径和准确的槽宽。用卡钳测量圆筒的内径时，要防止误将弦长当作直径。

四、角尺

角尺（如图 1－31 所示）是用来测量工件垂直度及工件相对位置垂直度的量具，常与塞尺配合使用。其规格用尺苗长度×尺座长度表示，如 63×40、125×80。

角尺的使用方法：

（1）用光隙法测量内、外角垂直度（图 1－32）。操作者面对光源将尺座紧贴测量基准面后轻轻移动角尺。

（2）根据透光情况确定垂直度是否正确。如果透光均匀，则垂直度等于 90°，反之则垂直度不等于 90°。

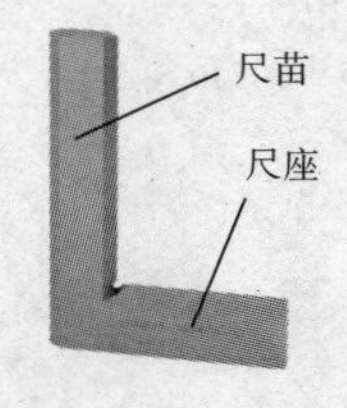

图 1－31　角尺

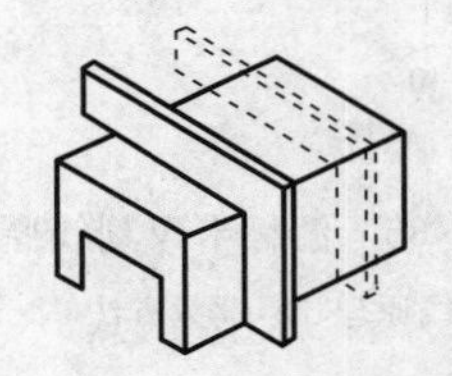

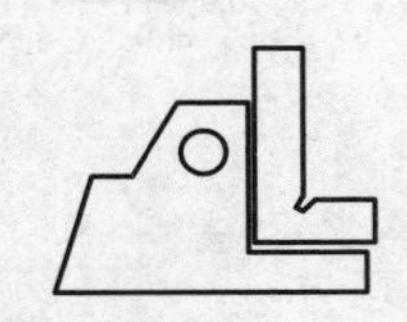

图 1－32　用角尺检查内、外角

(3)检测时，要注意角尺的放置，要求角尺与被测面和测量基准面均垂直。

五、塞尺

塞尺又称塞规、厚薄规，是由一组厚薄不等的金属薄片组成的一种量具，如图 1－33 所示。塞尺主要用于测量结合面间隙较小的尺寸大小。测量范围一般 0.02～1mm。

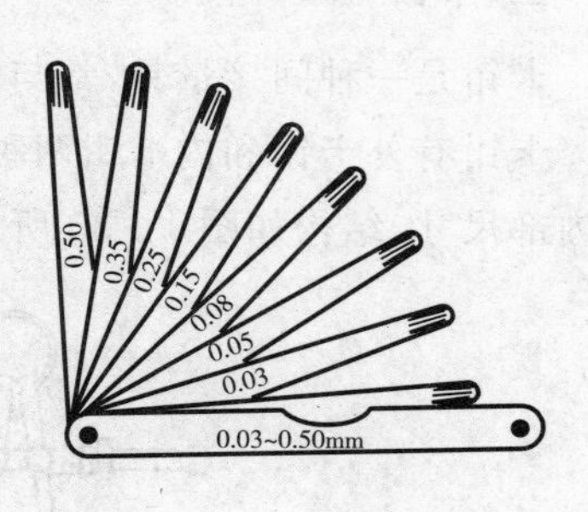

图 1－33　塞尺

使用时，先将塞尺和测点表面擦干净，再根据被测间隙的大小选择近似厚度的尺片，将尺片塞入后，来回抽动尺片，有轻微的阻滞感觉时尺片的厚度即为被测的间隙。

塞尺进行组合测量时，应根据结合面的间隙情况选用塞尺片数，但片数应愈少愈好，一般控制在 3～4 片以内，超过 3 片，应每增加一片加 0.01mm 的修正。在组合使用时，薄的塞尺应夹在厚的中间，以保护薄片，免遭弯曲和折断。

六、游标卡尺

游标卡尺是应用游标刻度线原理制成的一种中等精度的量具，可以直接测量出工件的外径、内径、长度、深度和孔距等，如图 1－34 所示。按测量精度不同，游标卡尺分为 0.1mm、0.05mm 和 0.02mm 三种，其中 0.02mm 游标卡尺应用最为广泛。按游标卡尺的构造分，有带微调游标卡尺、带表盘游标卡尺和电子数字显示游标卡尺等。

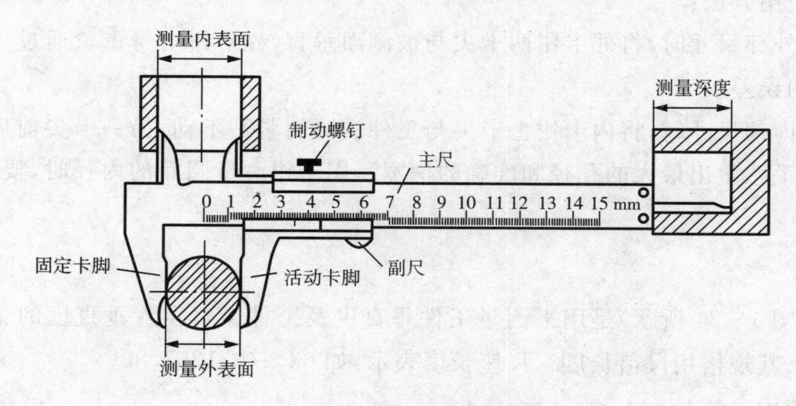

图 1－34　游标卡尺及其组成部分

游标卡尺的刻线原理及读数方法如图 1－35 所示。

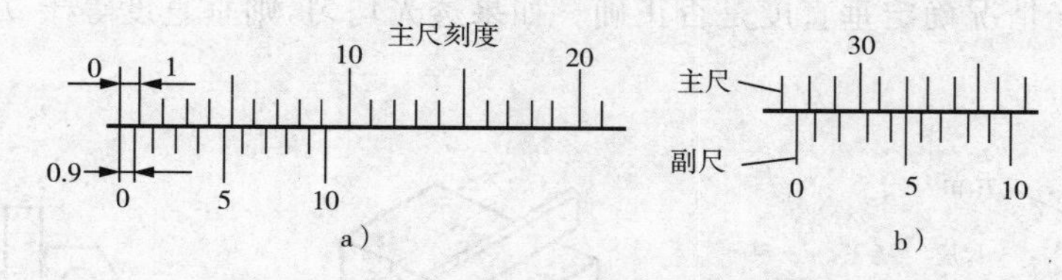

图 1－35　游标卡尺刻线原理及读数方法

a)刻线原理；b)读数方法 27＋0.5＝27.5mm

游标卡尺的使用方法：

(1)使用前，检查卡脚测量面有无间隙，主尺与副尺的零线是否对齐。不符合测量原理的游标卡尺不能使用。

(2)调整卡脚开度，使固定卡脚贴紧被测工件的一面。

(3)用拇指推动副尺，使活动卡脚贴紧工件。

(4)读出测量数值。

(5)带微调游标卡尺在使用时应松开副尺紧固螺钉，调整卡脚开度，旋紧微调紧固螺钉，用拇指旋动微调螺母，旋紧副尺的紧固螺钉。

七、螺旋测微量具

应用螺旋测微原理制成的量具，称为螺旋测微量具。它们的测量精度比游标卡尺高，并且测量比较灵活，因此，当加工精度要求较高时多被应用。常用的螺旋读数量具是百分尺。图 1-36 是测量范围为 0～25mm 的外径百分尺，主要用于测量或检验零件的外径、凸肩厚度、板厚或壁厚等(测量孔壁厚度的百分尺，其量面呈球弧形)，其测量精度为 0.01mm。百分尺由尺架、测微头、测力装置和制动器等组成。尺架的一端装着固定测砧，另一端装着测微头。固定测砧和测微螺杆的测量面上都镶有硬质合金，以提高测量面的使用寿命。尺架的两侧面覆盖着绝热板。使用百分尺时，手拿在绝热板上，防止人体的热量影响百分尺的测量精度。

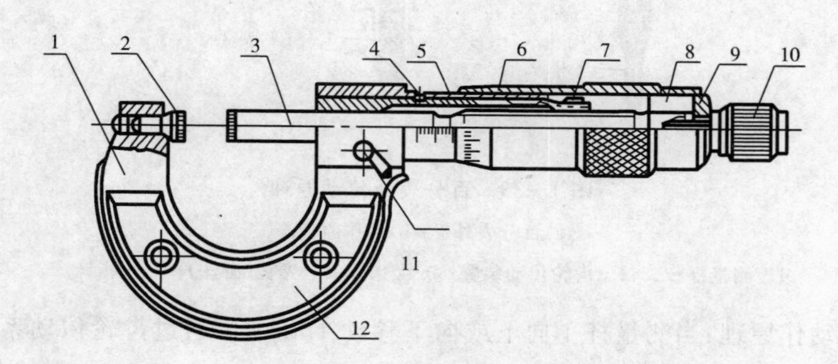

图 1-36　0～25mm 外径百分尺

1—尺架；2—固定测砧；3—测微螺杆；4—螺纹轴套；5—固定刻度套筒；6—微分筒；7—调节螺母；8—接头；9—垫片；10—测力装置；11—锁紧螺钉；12—绝热板

百分尺的具体读数方法可分为三步：

(1)读出固定套筒上露出的刻线尺寸，一定要注意不能遗漏应读出的 0.5mm 的刻线值。

(2)读出微分筒上的尺寸，要看清微分筒圆周上哪一格与固定套筒的中线基准对齐，将格数乘以 0.01mm 即得微分筒上的尺寸。

(3)将上面两个数相加，即为百分尺上测得的尺寸。

百分尺的分格原理与读法示例见图 1-37 所示。

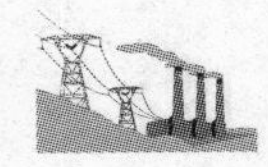

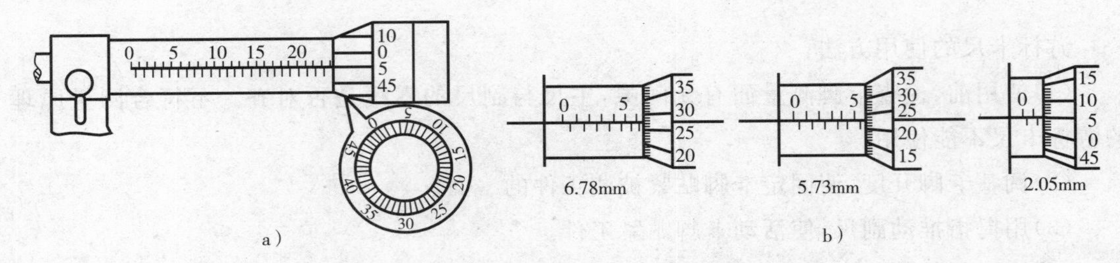

图 1-37　百分尺的分格原理与读法

a)百分尺的分格原理；b)百分尺读法

八、百分表和千分表

百分表是测量工件表面形状误差和相互位置的一种量具，其外观和结构如图 1-38 所示。

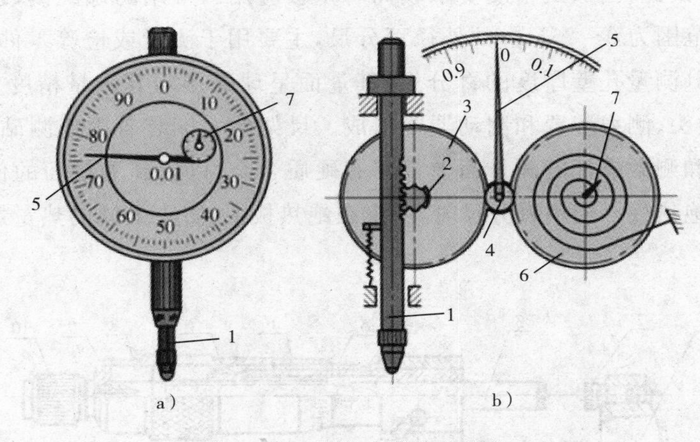

图 1-38　百分表及传动原理

a)百分表外形；b)动作原理

1—测量杆；2、3、4—齿轮传动装置；5—大指针；6—弹簧(游丝)；7—小指针

百分表的动作原理：当测量杆 1 向上或向下移动 1mm 时，通过齿轮传动系统带动大指针 5 转一圈，小指针 7 转一格。刻度盘在圆周上有 100 个等分格，各格的读数值为 0.01mm。小指针每格读数为 1mm。测量时指针读数的变动量即为尺寸变化量。刻度盘可以转动，以便测量时大指针对准零刻线。

在检修中，百分表都配有专用表架和磁性表座。磁性表座内装有合金永久磁钢，扳动表座上的旋钮，即可将磁钢吸附于导磁金属的表面。

百分表的使用方法及注意事项：

(1)使用前，应检查测量杆活动的灵活性，即轻轻推动测量杆时，测量杆在套筒内的移动要灵活，没有任何卡涩现象，且每次放松后，指针能回复到原来的刻度位置。

(2)在测量时，先将表夹持在表架上，如图 1-39 所示。表架要稳，在测量过程中，必须保持表架始终不产生位移。用夹持百分表的套筒来固定百分表时，夹紧力不要过大，以免因套筒变形而使测量杆活动不灵活。

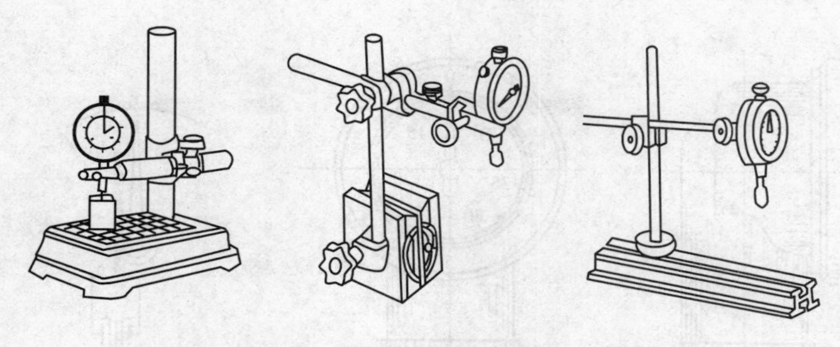

图 1-39　安装在专用夹持架上的百分表

(3)测量杆的中心应垂直于被测量表面，若测量轴类，则测量杆中心应通过轴心，否则将使测量杆活动不灵活或使测量结果不准确，如图 1-40 所示。

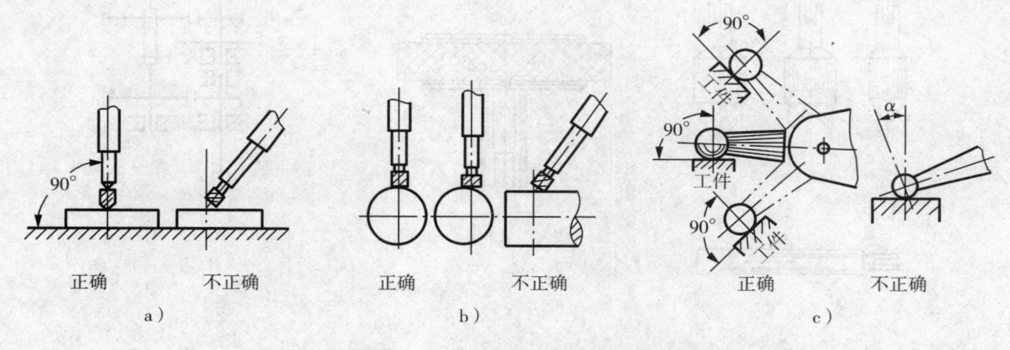

图 1-40　百分表的正确位置

(4)测量杆接触测点时，应使测量杆压入表内一小段行程，一般为 0.3～1mm 的压缩量，以保证测量杆的测头始终与测点接触。

(5)在测量中应注意大针的旋转方向和小针走动的格数。当测量杆向表内进入时，指针是顺时针旋转，表示被测点高出原位，反之则表示被测点低于原位。

九、测速仪

测速仪是专门用来测量旋转机械转速的。常用的测速仪有机械式、光学式、电磁式三类。

1. 机械式测速表

机械式测速表的结构及原理如图 1-41 所示。它通过机械测量传感器采集数据。传感器采集到的转速资料，还要经过仪器内部的电子分析。这种古老的转速测量方法现在仍被应用，但大多数用于 20～8000rpm 的低转速测量，它还可用来测量转体的线速度。图 1-42 是数字显示的机械式测速表。

在测速前，应先将转速表上的调速盘转到所需要的测速挡位。若被测物的转速不能预估，可先用高速挡位试测，切不可用低速挡位测高速。测速头接触被测物时，动作要缓慢，同时应使两者保持在同一旋转中心。测速头顶在被测物上不要过紧，松紧程度以不产生相对滑动即可。测速时间一般不要超过 1min。

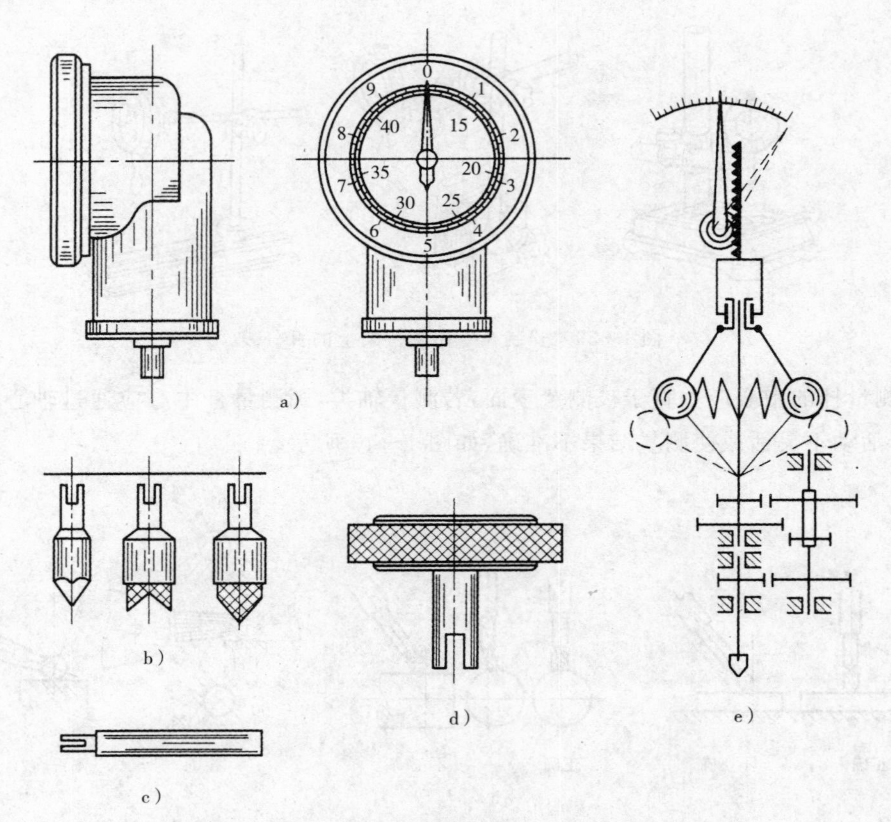

图 1－41　机械式手持测速表及原理

a)测速表外观；b)测速头；c)加长杆；d)测线速度滚轮；e)测速表动作原理

这种测量方法在测量过程中依赖于接触压力，其最大的缺点是加载运动不连续。另外，机械测量转速法不可应用于细微物体，如果转动率过高，易发生滑走情况。

2. 闪光测速仪

闪光测速仪由可调的频率发生器和闪光灯组成，其结构如图 1－43 所示。其原理是：当光源的闪光频率与转体的旋转频率相同时，转体就处于相对静止状态。

图 1－42　数显式机械测速表

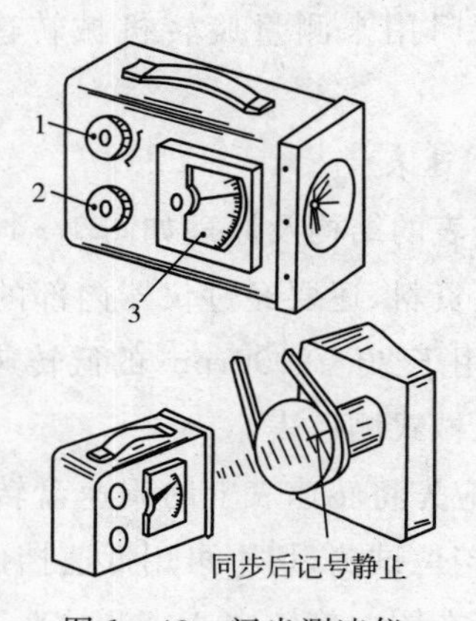

图 1－43　闪光测速仪

1－速度档位旋钮；2－速度微调旋钮；3－速度指示表

使用时，先接上电源使仪器预热几分钟，并将测速的旋钮拨到待测的速度档位，再将闪光灯打开并对准照射转轴上或转体上易于辨认的一点（可事先做一个明显记号），然后慢慢调整速度微调旋钮，直到轴上测点（记号）处于静止状态。此时仪表指针的指数即为转体的旋转频率。当光源闪光频率等于转体旋转频率的两倍时，轴上会出现两个静止测点（相对180°），因此在测速时要注意上述现象。

3. 测速电机

测速电机是由永磁式直流发电机（如图 1－44 所示）与电压表组成的测速装置。它是利用直流发电机的电压与该机的转子转速成正比的关系，再根据电压表的指数得出转子的转速。在测速时将永磁式直流发电机的轴与被测转体的轴用挠性联轴器对接，同时将发电机的引出线接在刻有转速刻度的电压表上。当被测转体带动测速电机旋转时，测速电机的电压值就反映了被测转体的转速。

十、测振仪

1. 弹簧式振动表

弹簧式振动表是按照地震仪的原理制造的，其外框的重量及支点的设计应使外框具有较低的自身振动频率（每分钟 300 次），因此每个振动表只能测量在一定转速范围内的振动。电厂所用的振动表多用百分表改装，结构如图 1－45 所示。

图 1－44　永磁式直流发电机
（测速电机的传感器）

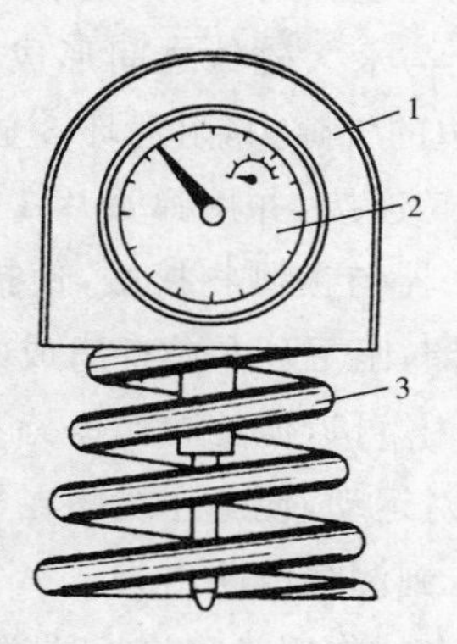

图 1－45　弹簧式振动表
1—外壳；2—百分表；3—弹簧

在测量时，将振动表放在被测物的平面上，被测物的振动大小，可从百分表指针的来回摆动范围看出。因表的指针来回摆动频率较高，而且不在同一位置上，所以在读表时要仔细。比较准确的读法是：指针来回摆动重复次数最多的较稳定的一段弧长，即为被测物的振动振幅。当表的指针无固定位置摆动时，则要检查振动表的零件是否松动、被测物是否紧固。

2. 电磁式测振仪

测振仪有电磁式测振仪（如图 1－46 所示）和数字测振仪（如图 1－47 所示）。

电磁式测振仪是目前广为采用的一种测振仪表，它由接收振动的拾振器与指示读数的测振表两部分组成，其结构与测量方法见图 1－46 所示。

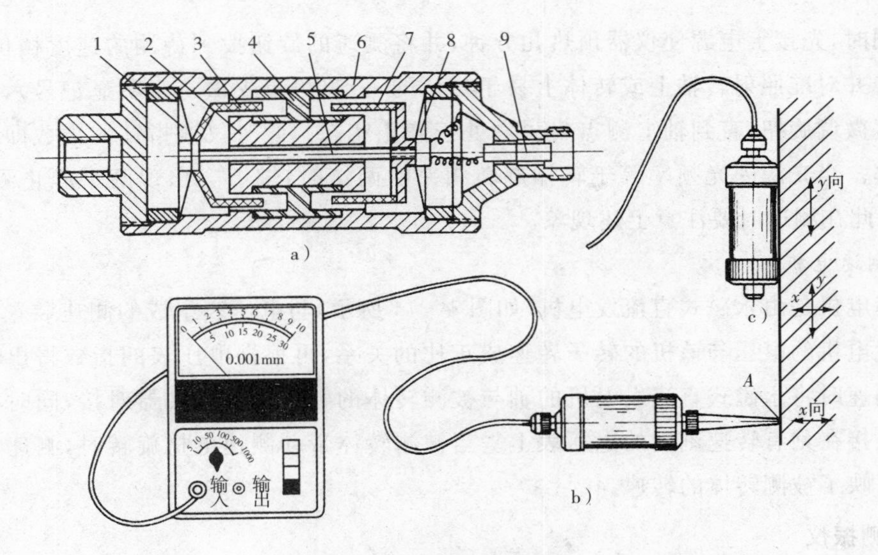

图 1-46　电磁式测振仪

a)拾振器结构；b)测 x 向振动；c)测 y 向振动

1、8—弹簧片；2—永久磁铁；3—阻尼环；4—铝架；5—芯杆(连接杆)；6—外壳；7—工作线圈；9—接头

拾振器(电磁式传感器)是利用电磁感应原理将振动转为电讯号。圆柱形的永久磁铁 2 用铝架 4 固定在外壳 6 里，使外壳与永久磁铁之间形成两个弧形气隙。工作线圈 7 放在右边的气隙中，阻尼环 3 放在左边的气隙中，它们之间用芯杆 5 连接，并用弹簧片 1 和 8 支承在外壳上。测量时，将拾振器与被测物接触，使拾振器随被测物一起振动。由工作线圈、阻尼环和芯杆组成的可动部分，由于支承弹簧的减震作用，可近似地看作保持不动，这样可动部分即与外壳产生相对运动，使工作线圈在气隙中切割磁力线而产生感应电动势。感应电讯号由接头 9 传出，输入到测量电路中去。

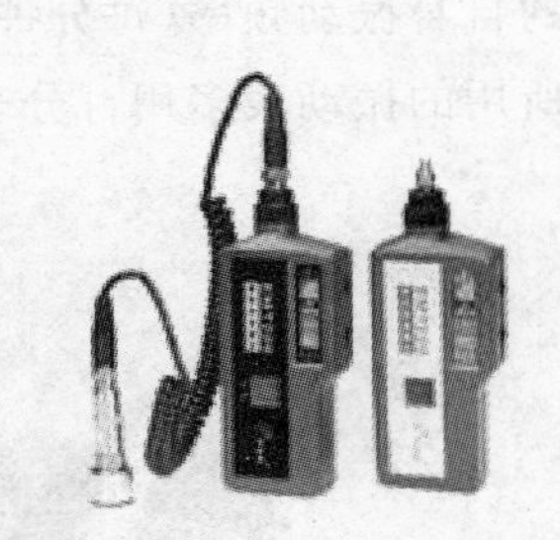

图 1-47　便携式数字测振仪

测振表的作用是将拾振器送来的电讯号进行阻抗变换、积分、微分、放大，最后通过表头读数取得被测物的振动振幅。

测振仪的用法是：手握拾振器筒形外壳，将顶杆压在被测物上，其压力的大小只需保证顶杆尖与被测物间不出现脱离现象即可。但要注意拾振的稳定，以免由于拾振器的摇晃而引起读数的偏差。拾振器所接收的振动是沿着拾振器的轴线方向的，比如被测物上 A 点(见图 1-46b)，同时有 x 方向和 y 方向振动分量，当顶杆轴线沿 x 方向顶在 A 点时，所得的是 x 方向的振动分量。当要测 A 点 y 方向振动分量而又无处顶时，可采用图 1-46c 所示方法进行接收。用两端带有插头的线连接拾振器与测振表上的输入端，按下“开关”键与“振幅”键，此时表头的读数即为被测物的振幅值。在读数时，应注意表头的振幅档位与振幅单位。

十一、水平仪

水平仪用于检验机械设备平面的平直度、机件的相对位置的平行度及设备的水平位置

与垂直位置。常用水平仪有以下列几种：

1. 普通水平仪

普通水平仪如图 1-48a 所示，它只能用来检验平面对水平的误差。

水平仪的水准器（气泡）是一个弧形的密封玻璃管，内装乙醚或酒精，但不能装满，要留有一个气泡。当被测面有倾斜时，水准器气泡就向高处移动，从刻在水准器上的刻度可读出两端高低相差值。

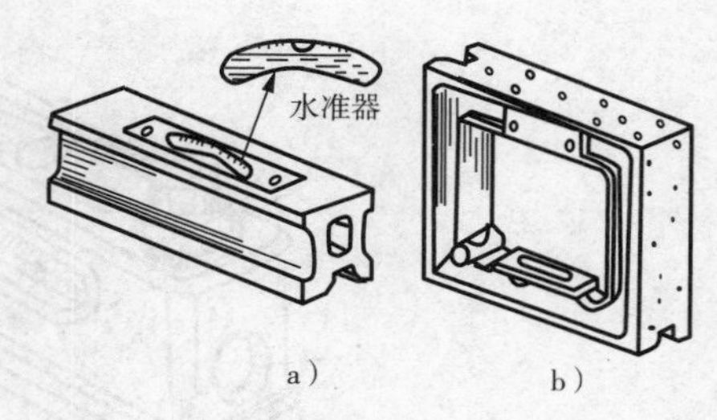

图 1-48 水平仪

a)普通水平仪；b)框式水平仪

2. 框式水平仪

框式水平仪又称方框水平仪，如图 1-48b 所示，这是应用最广泛的一种精度较高的水平仪。它有 4 个相互垂直的工作面，各边框相互垂直，并有纵向、横向两个水准器。因此，它不仅能检验平面对水平位置的偏差，还可以检验平面对垂直位置的偏差。

框式水平仪的规格有多种，最常用的是 200mm×200mm，它的刻度值有 0.02mm/m、0.05mm/m 两种。

水平仪使用注意事项：

(1)使用前先将水平仪底面和被测面用布擦干净，然后将水平仪轻轻地放在被测面上。若要移动水平仪时，只能拿起再放下，不许拖动，以免磨伤水平仪底面。

(2)观看读数时，视线要垂直气泡。第一次读数后，将水平仪在原位掉转 180°再读一次，其水平情况取两次读数的平均值，这样即可消除水平仪本身的误差。若在平尺上测量机体水平，则需将平尺与水平仪分别在原位置调头测量，共读数 4 次，4 次读数的平均值即为机体水平。

3. 光学合像水平仪

光学合像水平仪，广泛用于精密机械中，测量工件的平面度、直线度和找正安装设备的正确位置。

(1)合像水平仪的结构和工作原理

合像水平仪主要由测微螺杆、杠杆系统、水准器、光学合像棱镜和具有 V 型工作平面的底座等组成，如图 1-49a、b 所示。

水准器安装在杠杆架的底板上，它的水平位置用微分盘旋钮通过测微螺杆与杠杆系统进行调整。水准器内的气泡圆弧，分别用 3 个不同方向位置的棱镜反射至观察窗，分成两个半像，利用光学原理把气泡像复合放大（放大 5 倍），提高读数精度，并通过杠杆机构提高读数的灵敏度，增大测量范围。

当水平仪处于水平位置时，气泡 A 与 B 重合，如图 1-49c 所示。当水平仪倾斜时，气泡 A 与 B 不重合，如图 1-49d 所示。

测微螺杆的螺距 $P=0.5\text{mm}$，微分盘刻线分为 100 等分。微分盘转过一格，测微螺杆上螺母轴向移动 0.005mm。

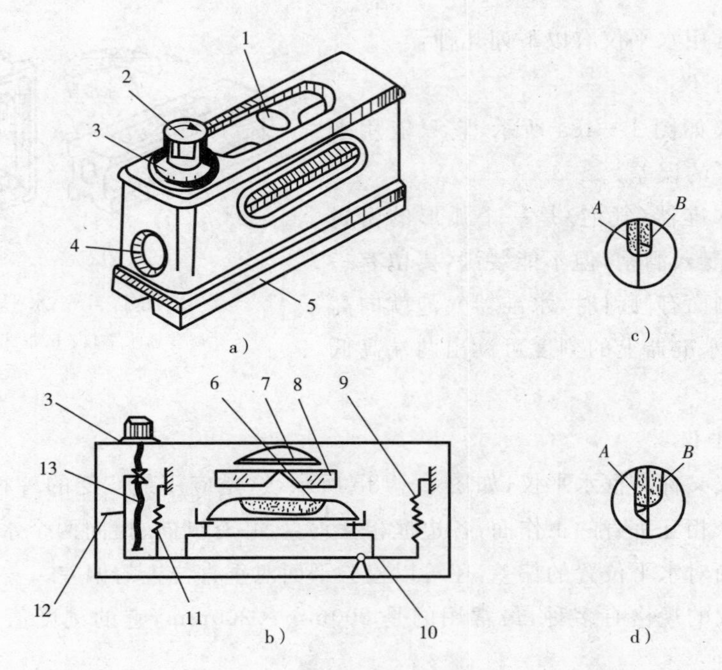

图 1-49　数字式光学合像水平仪

1、4—窗口；2—微分盘旋钮；3—微分盘；5—水平仪底座；6—玻璃管；7—放大镜；8—合成棱镜；9、11—弹簧；10—杠杆架；12—指针；13—测微螺杆

(2)合像水平仪的使用方法

将水平仪放在工件的被测表面上，眼睛看窗口 1，手转动微分盘，直至两个半气泡重合时进行读数。读数时，从窗口 4 读出毫米数，从微分盘上读出刻度数。

例如分度值为 0.01mm/1000mm 的光学合像水平仪微分盘上的每一格刻度表示在 1m 长度上，两端的高度差为 0.01mm。测量时，如果从窗口读出的数值为 1mm，微分盘上的刻度数为 16，这次测量的读数就是 1.16mm，即被测工件表面的倾斜度，在 1m 长度上高度差为 1.16mm。如果工件的长度小于或大于 1m 时，可按正比例方法计算：1m 长度上的高度差×工件长度。

(3)合像水平仪的使用特点

① 测量工件被测表面误差大或倾斜程度大时，使用框式水平仪，气泡就会移至极限位置而无法测量，光学合像水平仪就没有这一弊病。

② 环境温度变化对测量精度有较大的影响，所以使用时应尽量避免工件和水平仪受热。

十二、天平

在热力设备检修中，常用的一种普通天平如图 1-50 所示。使用天平时，先将天平放平，使指针指在标尺的中间位置；然后用手指轻轻点动称盘，指针左右摆动，动作灵活的天平其左

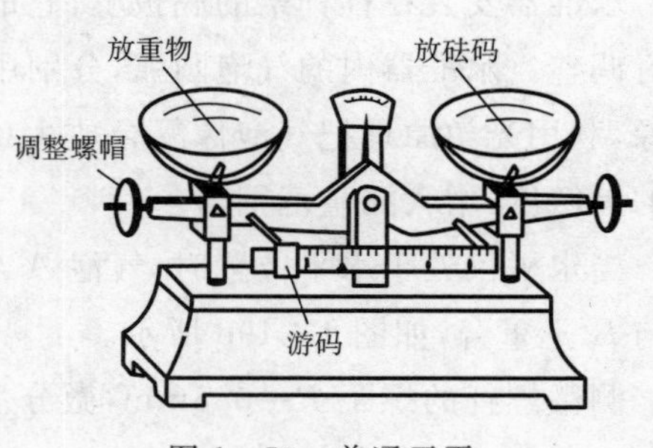

图 1-50　普通天平

右摆动值应相等。在静止状态，若指针不在标尺中间（天平处于水平位置），可调整天平两端的螺母。

根据习惯，称重时左称盘放重物，右称盘放砝码。加砝码时应先重后轻，微量调整时可移动游码。取放砝码应用镊子夹取，不要用手直接拿取，并要轻拿轻放。被称物体的质量不得超过该天平所配砝码的总质量，以免天平超载而受损。

十三、弹簧秤

弹簧秤（如图 1－51 所示）是用来测量拉力或弹力的，其外壳的正面刻有量度单位，单位为 N·m 或 kgf。使用时把要测的物体挂在钩上，拉动或提起圆环，弹簧就伸长，固定在弹簧上的指针也跟着移动，即得出被测力的大小。

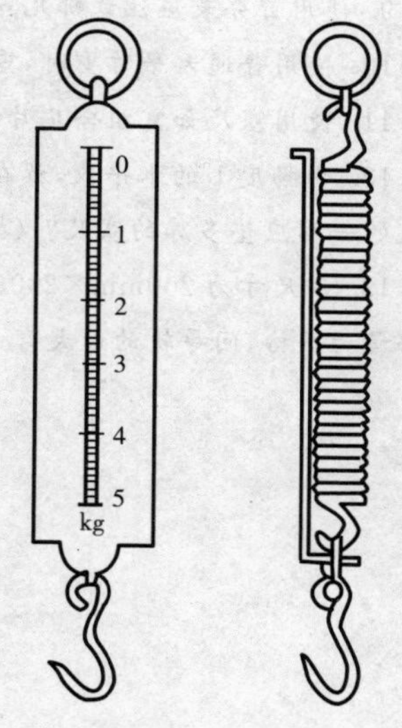

图 1－51　弹簧秤

工作实践

工作任务	量具的认知及使用。
工作目标	（1）熟悉检修常用量具的结构、适用范围、使用注意事项及保养知识； （2）会正确使用常用量具。
工作准备	平板（1000mm×700mm）或长平尺、游标卡尺、百分表、方框水平仪、光学合像水平仪。
工作项目	手工工具使用练习： （1）用游标卡尺测量 M4～M6 螺母尺寸； （2）百分表正确夹持、读数 L； （3）塞尺与弹簧秤的组合使用； （4）用方框水平仪测量长平尺的水平度，并计算出调整量（即长平尺两端高度差）； （5）在一已知水平度的平板上，用合像水平仪进行使用方法的练习，并计算出水平度，要求计算的水平度与已知值相同。

思考与练习

1. 使用电动工具应注意哪些事项？
2. 使用各类扳手应注意什么？
3. 拉马如何使用？
4. 喷灯如何使用？
5. 使用游标卡尺和螺旋测微器的注意事项有哪些？
6. 怎样正确使用机械式手持测速仪？
7. 叙述电磁式测振仪的用法。
8. 使用框式水平仪和光学合像水平仪，要注意什么问题？

9. 使用百分表应注意哪几点？

10. 使用普通天平称重时，重物习惯放在哪个称盘？

11. 使用塞尺如需组合几片进行测量时，一般控制在几片以内？为什么？

12. 用扬度1°的水平仪，放在长500mm平尺上测量其平尺的扬度为2°时，要保持水平仪读数为0，问在平尺的一端应垫多厚的塞尺？（提示：扬度1°＝0.1mm/1000mm）

13. 用尺寸为200mm×200mm、精度为0.02mm/m的方框水平仪测量导轨的直线度，已测得最大气泡位移量为5格，问导轨的最大弯曲量为多少？

项目二　起重技术

【项目描述】

物件的捆绑、起吊、搬运、装卸等作业统称为起重。起重作业在发电厂热力设备检修中应用非常广泛，无论是汽轮机本体及辅助设备、锅炉本体及辅机，还是管道、阀门等，在检修中都离不开起重。因此，合理组织起重工作，正确使用起重设备，对快速、优质、安全地进行热力设备检修具有十分重要的意义。

【学习目标】

(1)理解起重作业的重要性，熟悉起重安全知识和起重作业注意事项。

(2)会正确选用绳结，并掌握常用绳结的打法、重物的捆绑方法和栓连工具的使用方法。

(3)能够正确使用常用起重机具。

任务一　起重索具的使用

工作任务

学习起重索具的相关知识与技能，通过实践训练，学会各种常用绳结的打法、捆绑重物的方法及栓连工具的使用方法。

知识与技能

起重索具包括麻绳、钢丝绳及栓连工具等，其作用是绑扎重物（系重）及牵引重物（吊重）。

一、麻绳

1. 麻绳的种类

麻绳是用大麻纤维捻制而成，分为浸油麻绳和不浸油麻绳（又叫白麻绳）两种。浸油麻绳系用松油浸透，防腐性能好，多用于潮湿场所。

2. 麻绳的用途

麻绳在起重作业中主要用于绑扎重物，一般不作为牵引索具。

3. 麻绳的受力

麻绳在使用过程中会同时受到拉伸、弯曲、挤压和扭转的作用，再加上新旧麻绳的极限强度相差很大，难以精确计算其综合应力。麻绳的允许受力在现场作业中通常根据表 2-1 进行估算。

表 2-1　新麻绳允许受力

用　　途	允许受力 F(N)	举　　例
一般起吊	$7d^2$	若 d 为 10mm，用于一般起吊，则允许受力 $F=7\times10^2=700$(N)
捆　　绑	$4.5d^2$	
吊　　人	$3d^2$	

注：d 为新麻绳直径，mm。

二、锦纶绳

1. 锦纶绳的特点

锦纶绳是化纤制品，其强度高于麻绳，具有抗油、防潮、耐腐蚀及弹性好的优点，它除可制成绳状外，还可制成一种定长带扣的锦纶带或环形不带扣的锦纶带，进行重物起吊时，可减少打绳结的麻烦。因此，在起重作业中，锦纶绳将逐渐替代麻绳。

2. 锦纶绳的受力

锦纶绳的强度大约是新麻绳的 3.5 倍，其允许受力可采用式(2-1)估算。

$$F=25d^2 \tag{2-1}$$

式中：F——允许受力，N；

d——锦纶绳直径，mm。

三、绳结

在使用绳索时，应根据绳索用途不同，打出各种不同的绳结。打出的绳结既要牢固、不易松脱，又要求打法方便、容易解开。

常用的绳结打法及用途见表 2-2。

表 2-2　绳结打法

绳结图形示例	绳结名称	绳结用途
活头	平结与活平结	用于绳头的连接。

（续表）

绳结图形示例	绳结名称	绳结用途
扣中	单组合结（单帆索结）	用于绳头的连接，双组合结比单组合结连接更为牢固。
扣中	双组合结（双帆索结）	
	双套结	长绳中段（无绳头）作绳的固定。
	系木结（8字结）	用于系吊横向圆木、管子等小荷重物件，此结在受力时方起作用，失去拉力则会自行松散。
	双头系木结	与系木结用途相同，但稳定性好、强度高、不易松散。
	梯形结（双套结）	用于物体的绑扎。
	拔桩结	用于系吊直立圆木、钢管、电杆等细长杆件。
	抬缸结	用于搬抬缸类或系吊桶形物件。

（续表）

绳结图形示例	绳结名称	绳结用途
	放溜结	绕在地锚桩上放溜重物（重物越重，在桩上绕圈越多）。
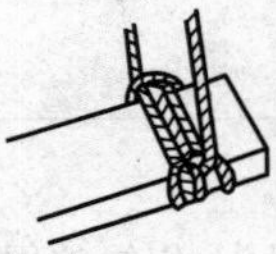	跳板结	专用于跳板的悬吊。
	水手结（琵琶结）	用于绳头固定。其特点是打结方便，绳结不会自行松散，形成的圈套不会收缩与扩大，故可用于救人。
	系人结（蝴蝶结）	系住人作短暂的悬空作业，也可用于救人。
	瓶口结	用于系住瓶口状物体，具有受力对称、越拉越紧的特点。
	抬结	专用于搬抬物品时穿杠子用。
	挂钩结	专用于绳索在吊钩上的拴挂，此结可防止绳索从吊钩开口处滑脱。

四、钢丝绳

1. 钢丝绳的特点

钢丝绳具有重量轻、挠性好、应用灵活、弹性大、韧性好、耐冲击、高速运行中没有噪声、

破断前有断丝预兆的优点。在起重作业中，钢丝绳是必不可少的牵引索具。

2. 钢丝绳的结构

钢丝绳多数是用优质高强度的碳素钢丝制成的。钢丝绳中心有一根浸了油的麻制绳芯，不仅能润滑钢丝，防止锈蚀，还能增加钢丝的柔性。钢丝绳先由若干根钢丝绕成股，再由几股围绕麻芯绕捻成绳，如图 2-1 所示。

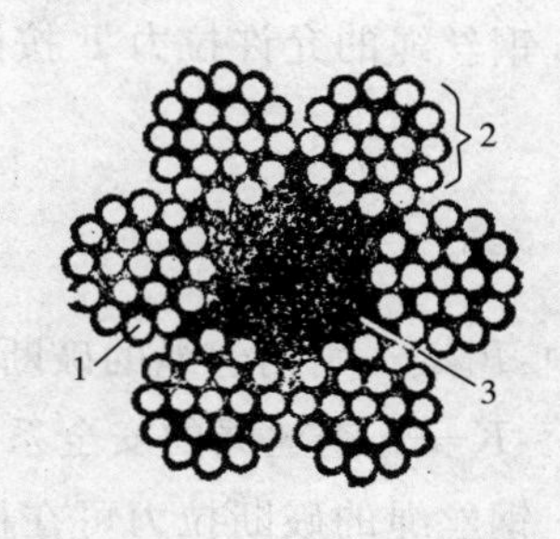

图 2-1　钢丝绳断面

1—钢丝；2—绳股；3—绳芯

3. 钢丝绳的种类及性能

钢丝绳按其绕捻方向分为顺绕、逆绕、混绕三种。

顺绕钢丝绳：钢丝绕成股和股绕成绳的方向相同，如图 2-2a所示。其特点是挠性大、表面平滑、磨损小；但容易自行扭转和松散。

逆绕钢丝绳：钢丝绕成股和股绕成绳的方向相反，如图 2-2b 所示。其特点是不易自行扭转和松散，广泛应用于起重机械，但挠性小、表面不平滑、易磨损。

混绕钢丝绳：相邻两股的绕捻方向相反，如图 2-2c 所示。兼有前两种钢丝绳的优点。

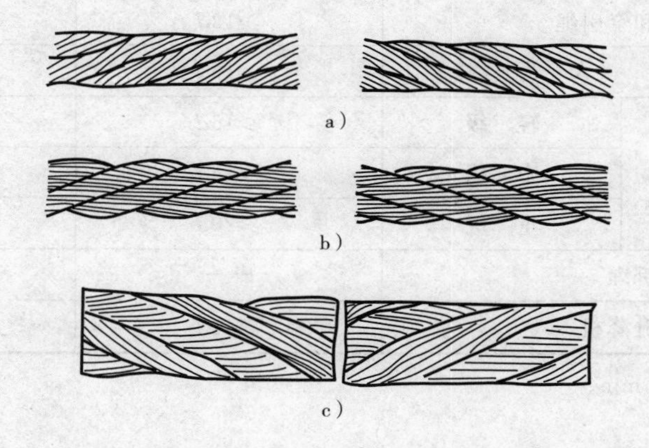

图 2-2　钢丝绳绕捻方向

4. 钢丝绳的技术规范及代号

国产常用钢丝绳的直径一般为 6.2～83mm，所用的钢丝直径为 0.3～3mm，其抗拉强度分为 1400MPa、1550MPa、1700MPa、1850MPa 和 2000MPa 共 5 个等级。钢丝直径的大小和钢丝数量的多少直接影响钢丝绳性能，钢丝直径越小、数量越多，钢丝绳越柔软、越不耐磨；反之，钢丝直径越大、数量越少，钢丝绳刚性越大、越耐磨。

钢丝绳的代号用 3 组数字表示，其中第一组数字表示钢丝绳的股数，第二组数字表示每股中的钢丝数，第三组表示油浸绳芯数。热力设备检修常用的钢丝绳代号有：6×19+1、6×37+1、6×61+1 等。

5. 钢丝绳的允许拉力和安全系数

由于构件的材质不匀、加工误差、设计不周，再加上构件在使用过程中可能受到振动、冲击、磨损、高温、锈蚀等因素影响，实际工作中构件的允许应力要远远小于组成构件材料的破坏应力。

钢丝绳的允许拉力 F 按照下式计算：

$$F \leqslant \frac{F_{破断}}{K} \quad (2-2)$$

式中：$F_{破断}$——钢丝绳的破断拉力，N；

K——钢丝绳的安全系数。

钢丝绳的破断拉力可在机械手册中查取。

安全系数是人们在生产实践中总结出的一个重要系数。安全系数取得过大，会造成构件笨重、材料浪费；取得过小，则安全得不到保证。实际工作中钢丝绳的安全系数可参考表 2-3 选取。

表 2-3　钢丝绳的安全系数 K

钢丝绳的用途与载荷性质			滑轮最小允许直径 D (mm)	安全系数 K
缆风绳和牵引绳			$\geqslant 12d$	3.5
驱动方式	人　力		$\geqslant 16d$	4.5
	机械	轻　级	$\geqslant 16d$	5
		中　级	$\geqslant 18d$	5.5
		重　级	$\geqslant 20d$	6
捆绑绳			——	10
载人升降机			$\geqslant 40d$	14

注：d 为钢丝绳直径，mm。

6. 系绳受力

系绳是指起重钩与重物之间的连接绳。作业时，系绳应不少于两根，以保证起吊平稳。系绳的实际受力 F 与系绳受力系数 C 成正比，而受力系数 C 的大小与系绳夹角 α 有关。α 越大，C 越大，则系绳受力 F 越大（见图 2-3 和表 2-4）。因此，为安全起见，在选择系绳时，应使其具有足够的长度，以尽量减小系绳夹角 α（一般不超过 90°），从而减小系绳受力。

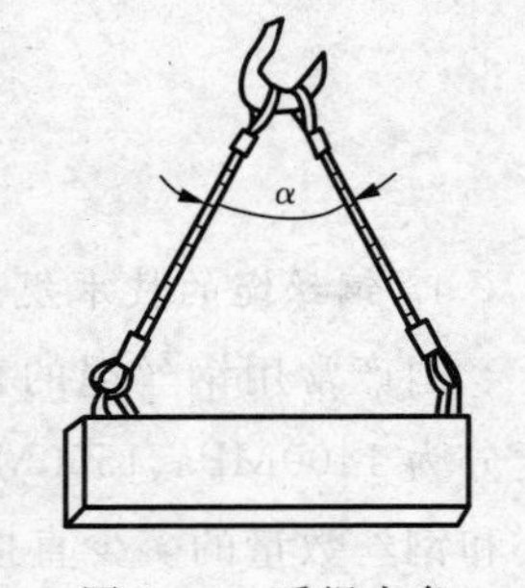

图 2-3　系绳夹角

表 2-4　受力系数 C 与系绳夹角 α 的关系

α	50°	60°	70°	80°	90°	100°	110°	120°
C	1.1	1.2	1.25	1.3	1.4	1.55	1.75	2

五、绳索使用注意事项

(1)绳索在使用前,应检查其新旧程度,严禁使用受损、腐蚀严重的绳索,并根据绳索直径进行强度估算。

(2)使用时要将绳索理顺,不许在打绞的情况下强行拉直,以免造成绳索受力不均或因受超常扭、剪应力使绳索允许应力下降。

(3)在捆绑、起吊重物时,应避免绳索与物件的尖锐棱角直接接触,在接触处应垫以软材料,同时避免绳索在粗糙物件及地面上拖拉。

(4)不许用绳索直接捆绑、起吊强酸碱等腐蚀物品,应用专用吊具间接起吊。

(5)绳索用后应盘卷好,放置在干燥木板上或悬挂在干燥的库房内。为防止钢丝绳生锈,应定期涂抹无水分的油脂。

六、栓连工具

在起重作业中,与钢丝绳配合使用的栓连工具有索卡、卸卡、吊环等。

1. 索卡

索卡又称钢丝绳夹头、钢丝绳卡子,用于钢丝绳的连接、钢丝绳末端绳头的固定等。常用的索卡有以下几种:

(1)臼齿型索卡,如图 2-4a 所示。由于是标准件,因此又叫标准夹头,其压紧力大,应用广泛。

(2)U 型索卡,如图 2-4b 所示,又称为压板式索卡。

(3)L 型索卡,如图 2-4c 所示,又称为对卡式索卡。

在使用索卡时,其大小要适合钢丝绳的粗细;索卡之间的距离约为钢丝绳直径的 6~8 倍;索卡的 U 型圈应卡在绳头一边,U 型圈受力后,迫使绳头弯曲,绳头不易滑动;U 型圈上的螺母一定要拧紧,直到钢丝绳被压扁约 1/3 为止,如图 2-4d 所示。

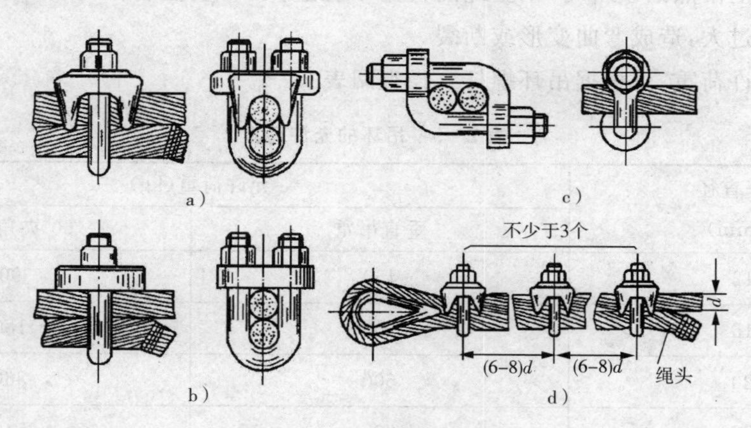

图 2-4　索卡及使用方法

a)臼齿型(标准型);b)U 型(压板式;c)L 型(对卡式);d)索卡的使用

2. 卸卡

卸卡又称为卡环、卸扣,如图 2-5 所示,用于钢丝绳与钢丝绳、钢丝绳与滑轮组、钢丝绳与设备的连接，是起重作业中应用最广的栓连工具。

卸卡的种类很多，基本是由弯环和横销两个主要部分组成，按卸卡的弯环形状可分为U形和马蹄形，按弯环与横销的连接方式可分为螺旋式和销孔式。

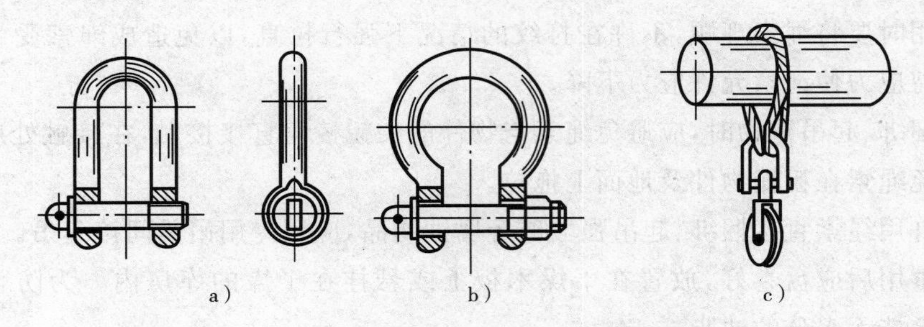

图2-5 卸卡及应用

a)U形卸卡(螺旋式)；b)马蹄形卸卡(销孔式)；c)卸卡的应用

3. 吊环

吊环是起吊设备的一种专用工具，如图2-6所示。吊环靠其下部的螺杆旋入设备的螺孔内而固定在设备上，如电动机外壳、汽轮机轴承盖上都装有吊环。这样，在起吊设备时便于系结和解除绳索。

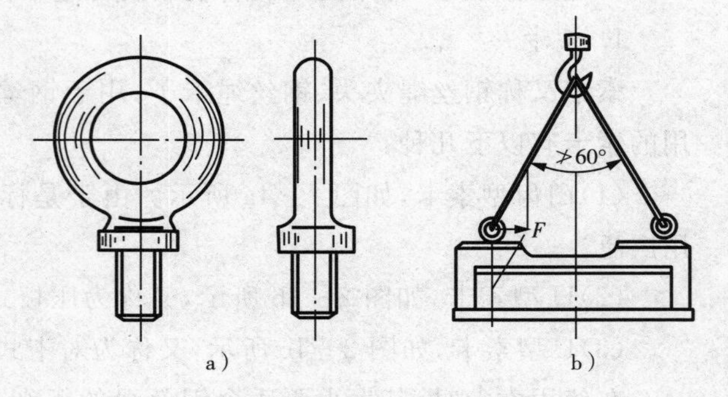

图2-6 吊环及使用

使用吊环时，如果只有一个吊点，吊环只受单纯拉伸；如果有两个吊点，吊环既受拉伸又受弯曲。因此，在用吊环起吊具有两个以上吊点的设备时，钢丝绳的夹角不宜过大(一般控制在60°以内)，以防吊环所受的水平分力过大，造成弯曲变形或断裂。

吊环的允许荷重，可根据吊环螺杆直径查阅表2-5。

表2-5 吊环的允许荷重

螺杆直径 d(mm)	允许荷重(kg)	
	垂直吊重	60°夹角吊重
12	150	90
16	300	180
20	600	360
22	900	540
30	1300	800
36	2400	1400

工作实践

<table>
<tr><td>工作任务</td><td>起重索具的使用。</td></tr>
<tr><td>工作目标</td><td>(1)会正确选用绳结,并掌握各种常用绳结的打法及重物的捆绑方法;
(2)认识常用栓连工具,并掌握其使用方法。</td></tr>
<tr><td>工作准备</td><td>索具及起吊物:麻绳,钢丝绳,索卡,卸卡,吊环,杆状物件等。</td></tr>
<tr><td rowspan="3">工作项目</td><td>打绳结:
在教师指导下练习各种常用绳结的打法,熟练掌握其操作要领。</td></tr>
<tr><td>捆绑重物:
结合绳结打法,练习捆绑重物的方法。</td></tr>
<tr><td>索卡的使用:
按照图 2-4d 所示,练习标准钢丝绳夹头的使用方法。</td></tr>
</table>

任务二　起重机具的使用

工作任务

学习起重机具的相关知识与使用方法,通过一系列相关实践训练,学会正确使用常用的起重机具。

知识与技能

常用的起重机具有千斤顶、链条葫芦、滑轮和滑轮组、卷扬机等。

一、千斤顶

千斤顶是一种轻便的起重设备,顶升高度一般为 100～400mm,既可以用很小的力顶起很重的机械设备(最大起重能力约 5×10^5kg),又可以用来校正设备位置偏差和构件变形,因此,在起重工作中得到了广泛的应用。千斤顶的种类较多,常用的有螺旋式千斤顶和油压式千斤顶。

1. 螺旋千斤顶

螺旋千斤顶结构如图 2-7 所示。其壳体内装有螺母套筒、螺杆和伞齿轮传动机构,底部装有推力轴承。螺杆只转动不升降,套筒由于外壁铣有定向键槽并装有滑键,只升降不转动。工作时扳动把手 4,通过棘齿拨动棘轮 6 带动伞齿轮 7、8 转动,并使螺杆 3 转动,套筒 2 沿着导向滑键 1 升降。换向棘齿 5 可控制伞齿轮的正、反转,从而决定套筒上升或下降。

螺旋千斤顶的顶升高度可达 250～400mm,起重量约为 3×10^3～5×10^4kg,顶起重物后可以实现自锁，但机械磨损大，效率低（约为 40%）。螺旋千斤顶的规格及技术性能见表 2－6。

表 2－6 螺旋千斤顶的规格及技术性能

型号	起重量(kg)	最低高度(mm)	顶升高度(mm)	手柄长度(mm)	操作力(N)	操作人数	自重量(kg)
LQ－5	5×10^3	250	130	600	130	1	7.5
LQ－10	1×10^4	280	150	600	320	1	11
LQ－15	1.5×10^4	320	180	700	430	1	15
LQ－30D	3×10^4	320	180	1000	600	1～2	20
LQ－30	3×10^4	395	200	1000	850	2	27
LQ－50	5×10^4	700	400	1385	1260	3	109

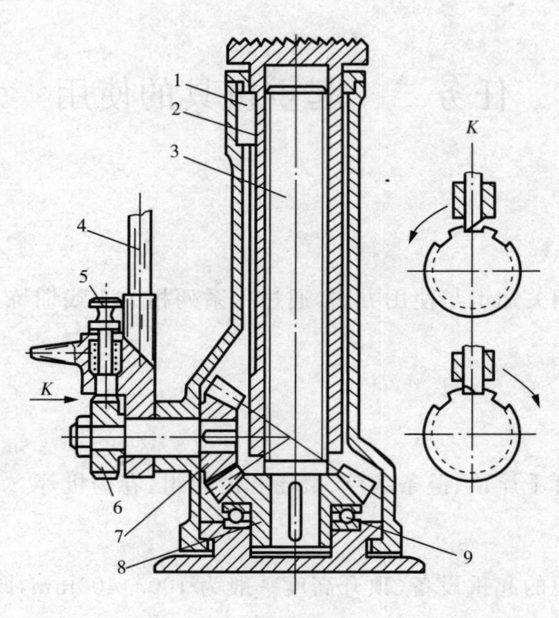

图 2－7 螺旋千斤顶

1－滑键；2－套筒；3－螺杆；4－把手；5－棘齿提手；6－棘轮；7－小伞齿轮；8－大伞齿轮；9－推力轴承

2. 油压千斤顶

油压千斤顶是一部小型油压机，其结构如图 2－8 所示。提起压把时，压力活塞上升，油室 4 的油经逆止阀 8 进入压力缸 7；下压压把时，压力活塞下降，压力油顶开逆止阀 9 进入工作缸 10，推动工作活塞 2 上升，顶起重物。若使工作活塞下降，只需拧开回油阀 11，工作缸 10 的油就会回到油室 4 中。注意：当千斤顶顶着重物下降时，务必缓慢拧开回油阀，否则，重物会迅速落下，产生冲击现象。

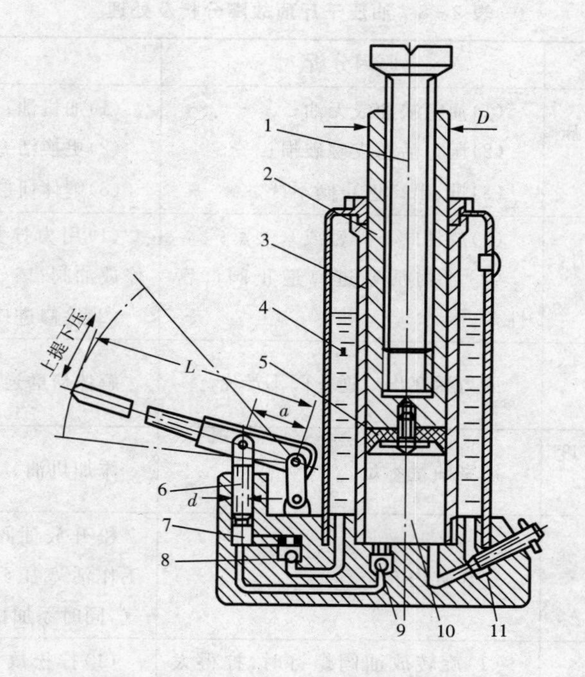

图 2-8　油压千斤顶

1—丝杆；2—工作活塞；3—缸套；4—油室；5—皮碗；6—压力活塞；
7—压力缸；8—逆止阀；9—逆止阀；10—工作缸；11—回油阀

油压千斤顶的传动比大，操作省力，上升平稳，安全可靠；但顶升速度较慢，起重高度较小，约为 100～200mm。油压千斤顶的部分规格及技术性能见表 2-7。

表 2-7　油压千斤顶的规格及技术性能

型号	起重量 (kg)	最低高度 (mm)	顶升高度 (mm)	手柄长度 (mm)	操作力 (N)	贮油量 (L)	自重量 (kg)
YQ—5A	5×10^3	235	160	620	320	0.25	5.5
YQ—8	8×10^3	240	160	620	365	0.3	7
YQ—16	1.6×10^4	250	160	850	280	0.4	13.8
YQ—50	5×10^4	300	180	1000	310	1.4	43
YQ—100	1×10^5	360	200	1000	400	3.5	133
YQ—320	3.2×10^5	450	200	1000	400	11	435

油压千斤顶的可靠性取决于活塞和逆止阀的严密程度，因而在使用和保养时应特别注意。油压千斤顶的常见故障、分析及处理方法见表 2-8。

表2-8 油压千斤顶故障分析及处理

故障现象	原因分析	处理方法
压把下压时，手感无压力，工作活塞不上升。	(1)油室缺油或无油； (2)压力活塞皮碗破损； (3)进、出口逆止阀不严。	(1)加机油； (2)更换活塞皮碗； (3)解体研磨逆止阀。
压把下压时，手感有力，但工作活塞不上升。	(1)放油阀不严密或未关紧； (2)压力活塞进口逆止阀严密性差。	(1)用力拧紧放油阀，若不行则检修放油阀； (2)检修进口逆止阀。
压把下压有力，但一松手，压把自动弹起。	压力活塞出口逆止阀不严密。	解体研磨逆止阀。
工作活塞升到一定高度后，不再上升。	油室油量不足。	添加机油。
工作活塞上升时，活塞一跳一跳地上升。	工作缸内有空气。	松开放油阀，取下加油孔螺钉，把工作活塞压到底，排除工作缸内空气，同时添加机油。
用放油阀控制重物下落时，重物迅速下落。	(1)旋转放油阀螺钉时，拧得太多、太快； (2)放油阀不严密。	(1)拧松放油阀动作须又慢又稳，并随时做好拧紧的准备； (2)检修放油阀。
顶升重物时，压把下压特别费力。	(1)重物被卡住； (2)千斤顶已超载。	(1)若正常压力压不动时，严禁强行用力下压或加长把手长度，应仔细检查重物是否被卡住； (2)更换大起重量千斤顶。

3. 千斤顶的使用注意事项

(1)顶升重物时，千斤顶底座必须放置在平整、坚固的地方，或在底座下铺设垫板以增大承压面积；千斤顶顶部与重物之间应垫木板，以防滑移或损伤物体；千斤顶的中心线应与被顶面垂直，同时注意顶升高度不要超过千斤顶的高度限制线，如图2-9所示。

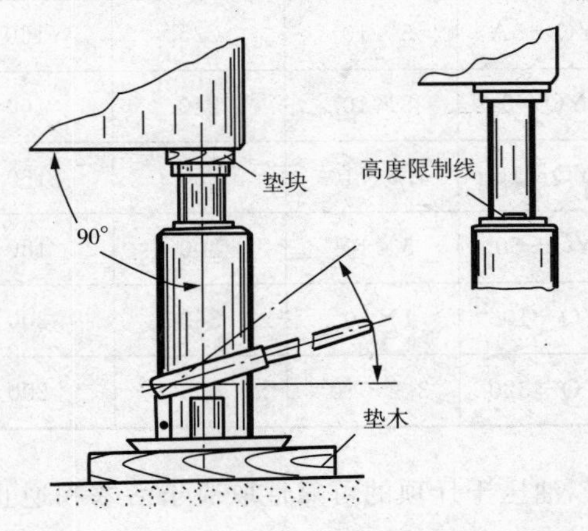

图2-9 千斤顶的使用

(2)不许随意加长千斤顶的压把，也不许增加人力，以防千斤顶超载。

(3)用千斤顶升起重物后，应立即用垫块将重物垫好，并取出千斤顶，禁止用千斤顶作支撑物。如果顶升高度较高，应事先在重物下面准备好垫块，随着重物的不断升高，重物下面的垫块也不断增加，以防千斤顶歪斜或失控，造成重物掉落、翻倒。

(4)如果需要同时使用两个或两个以上的

千斤顶，各千斤顶必须同步升高，保持各千斤顶承重一致。

二、葫芦

1. 链条葫芦

链条葫芦又称倒链，适用于小型设备或物件的短距离起吊和搬运，起重量一般不超过 1×10^4 kg，最大可达 2×10^4 kg。

链条葫芦的结构如图 2-10 所示。它由链轮、手拉链、传动机构、起重链及上下吊钩等几部分组成。其中传动部分又可分为蜗轮式和齿轮式传动两种。由于蜗轮式传动的机械效率低，零件易磨损，现已很少使用。现在普遍采用行星齿轮式传动链条葫芦，其规格及技术性能见表 2-9。

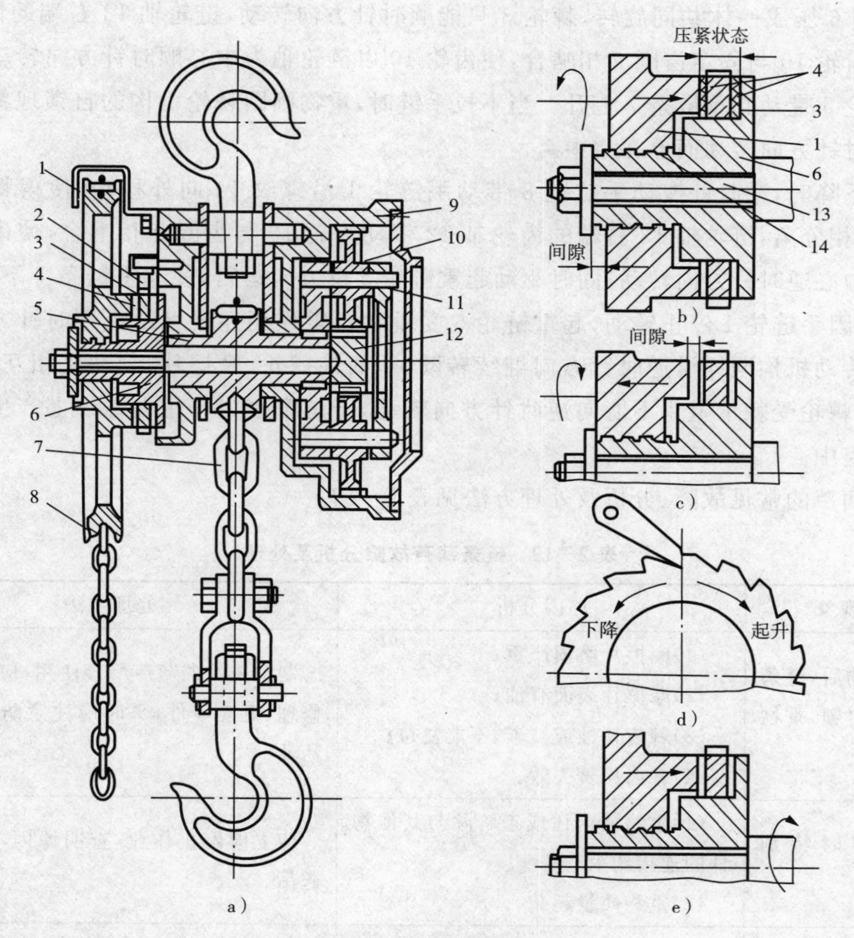

图 2-10　链条葫芦结构

a)链条葫芦结构；b)提升时自锁状态；c)下降时自锁状态；

d)提升或下降时棘轮状态；e)在重物重力作用下的自锁状态

1—手链轮；2—棘齿；3—棘轮；4—摩擦片；5—起重链轮；6—制动座；7—起重链；8—手拉链；

9—齿圈；10—齿轮；11—小轴；12—齿轮轴；13—链轮轴；14—螺纹

表 2-9 链条葫芦的规格及技术性能

型号	SH1/2	SH1	SH2	SH3	SH5	SH10
起重量(kg)	500	1000	2000	3000	5000	10000
试验重量(kg)	625	1250	2500	37500	6250	12500
提升高度(m)	2.5	2.5	3	3	3	5
满载时手拉力(N)	200	210	340	350	375	385
自重(kg)	11.5	12	16	32	47	88

重物提升时,顺时针拽动手拉链 8 带动手链轮 1 沿螺纹 14 向里移动,将棘轮 3、摩擦片 4 和制动座 6 压成一体共同旋转,棘轮 3 只能顺时针方向转动,链轮轴 13 右端的齿轮轴 12 带动行星齿轮 10 与固定齿圈 9 相啮合,使齿轮 10 以链轮轴为中心顺时针方向转动,同时驱动起重链轮 5 带动起重链条 7 上升。当不拉手链时,重物则因棘轮机构的自锁现象,棘爪阻止棘轮逆时针方向转动而停在空中。

重物下降时,逆时针拽动手拉链 8 带动手链轮 1 沿螺纹 14 向外移动,使得棘轮、摩擦片、制动座相分离,链轮轴 13 右端的齿轮轴 12 带动齿轮 10 与齿圈 9 相啮合,使齿轮 10 以链轮轴为中心逆时针方向转动,同时驱动起重链轮 5 反方向运行,使起重链条 7 下降。当不拉手链时,因手链轮 1 停止转动,起重链轮 5 受重物自重作用还要继续沿逆时针方向转动,行星齿轮传动机构同样沿逆时针方向继续转动,从而使棘轮、摩擦片、制动座相互压紧而产生摩擦力,棘轮受棘爪阻止不能向逆时针方向转动,于是摩擦力作用在螺纹上产生自锁,使重物停在空中。

链条葫芦的常见故障、分析及处理方法见表 2-10。

表 2-10 链条葫芦故障分析及处理

故障现象	原因分析	处理方法
吊起重物后,链条葫芦不能自锁,重物自行下滑。	(1)摩擦片磨损严重; (2)摩擦片表面有油; (3)棘齿锈蚀或被卡,不能复位; (4)棘齿压簧失效。	制动失灵的葫芦严禁使用,应立即解体修理、更换零件,平时应注意防止摩擦片沾油。
拉手链时特别费力。	(1)重物被卡住或未解除与其他物件的连接约束; (2)重物质量超载。	应立即停止作业,查明原因,严禁强行起吊。
手链打滑或掉链。	(1)操作不当,如拉链过快、拉链方向歪斜; (2)手链与手链轮磨损严重; (3)手链的导向装置磨损或间隙过大。	(1)拉链时用两手分别控制手链两端平稳拉链,拉链方向与手链轮处在同一平面内; (2)更换磨损严重的手链与手链轮; (3)检修导向装置,更换磨损的零件,调整间隙。

（续表）

故障现象	原因分析	处理方法
重载时，起重链出现有规律地跳动，工作不平稳。	链条葫芦使用时间过长，起重链、起重链轮及齿轮磨损严重。	停止使用，如不能修复应报废更换。

链条葫芦的使用注意事项：

(1)使用前检查各传动部件是否灵活，吊钩、起重链是否有裂纹、变形等异常现象。

(2)在链条葫芦受力以后，检查制动机构能否自锁。

(3)起吊重物时，严禁两人同时拉手链，如果感到一人拉手链时特别费力，应立即停止作业，并查明原因。

(4)重物吊起后，如需暂时停在空中，应将手拉链拴在固定物件上或起重链上，以防自锁失效，发生滑链事故。

(5)转动部位应定期加注润滑油，但要防止摩擦片上沾油，从而失去自锁功能。

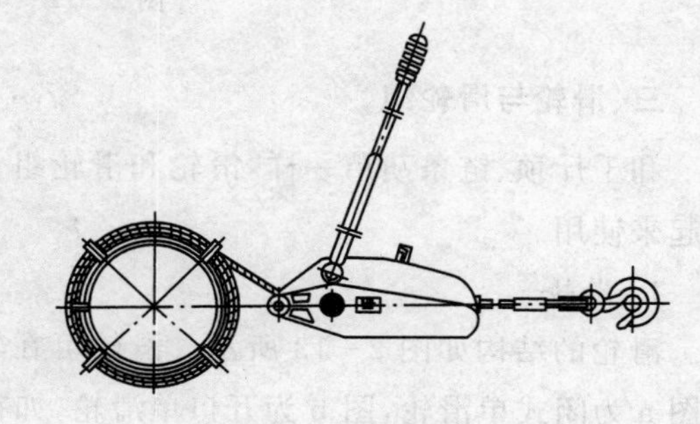

图 2－11　钢丝绳手扳葫芦

2. 手扳葫芦

钢丝绳手扳葫芦十分轻巧，通常用来牵拉物品或张紧系物绳索等，如图 2－11 所示。手扳葫芦使用中钢丝绳的牵引长度不受限制。若重物超过手扳葫芦的牵引能力时，还可以与滑轮组配合使用。

钢丝绳手扳葫芦的规格性能见表 2－11。

表 2－11　钢丝绳手扳葫芦规格性能

型号	起重量(kN)	手扳力(N)	钢丝绳规格(mm)	手柄往复一次钢丝绳行程(mm)
HSS0.8	8	430	ϕ7.7	50
HSS1.5	15	450	ϕ9.0	50
HSS3	30	450	ϕ13.5	≥25

3. 电动葫芦

电动葫芦是一种小型、轻便的起重机具，它由运行和提升两部分组成。运行部分是一个电动小车，能在工字梁上行走。提升部分由电机、减速器、卷筒、制动器、钢丝绳、吊钩和电气控制等组成。各部件放在一个机体内，结构非常紧凑，广泛应用在中小型物体的起重工作中。国产 MD 型电动葫芦结构如图 2－12 所示，起重量为 500～10000kg，起升高度为6～30m。

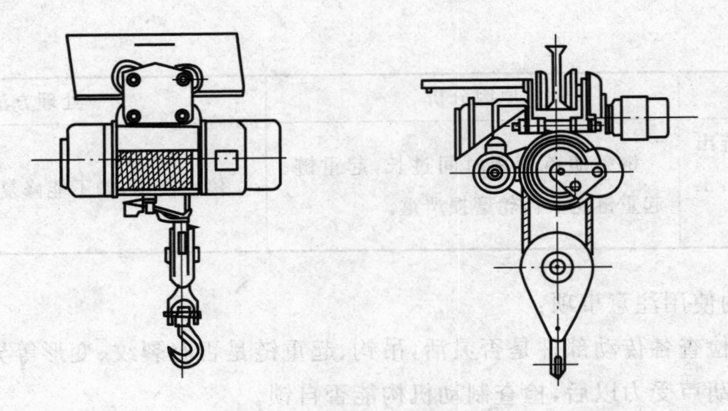

图 2-12　电动葫芦结构

三、滑轮与滑轮组

和千斤顶、链条葫芦一样，滑轮和滑轮组也是重要的起重机具之一，它通常和卷扬机配合起来使用。

1. 滑轮

滑轮的结构如图 2-13 所示。滑轮可在轴上自由转动，而轴却不能在夹板中转动。其中图 a 为闭式单滑轮，图 b 为开口单滑轮，如在轴上装两个、三个乃至更多滑轮，则分别称为双门滑轮、三门滑轮及多门滑轮。

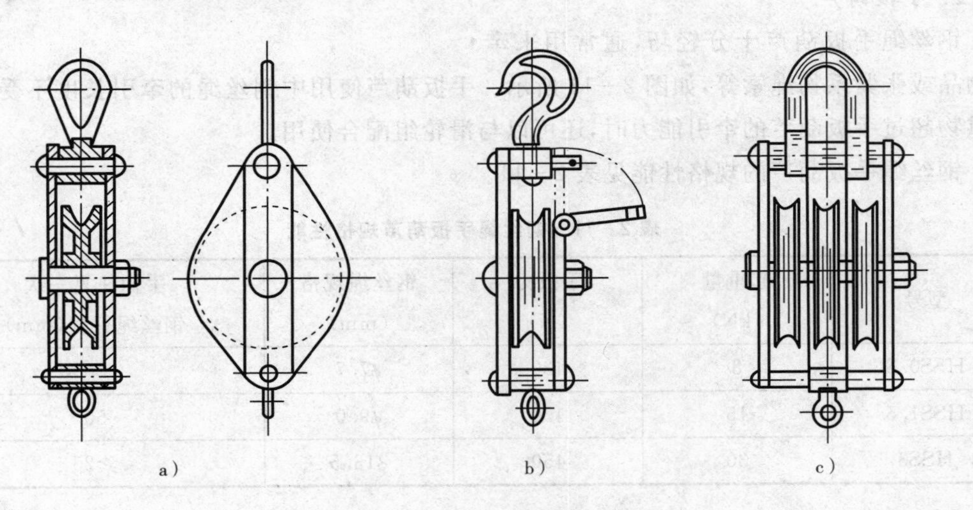

图 2-13　滑轮结构

a)闭式单滑轮；b)开口单滑轮；c)三门滑轮

根据滑轮的安装方式不同，滑轮可分为定滑轮和动滑轮两种，如图 2-14 所示。

安装在固定轴上的滑轮叫做定滑轮，它只能改变重物或绳索的方向，而不能改变重物的运动速度和拉力的大小，因此又称为转向滑轮。

安装在运动轴上的滑轮叫做动滑轮，它与牵引的重物一起升降，但不能改变绳索的拉力方向。动滑轮又可分为省力滑轮和增速滑轮。如不考虑滑轮的摩擦力，省力滑轮的拉力等

于重力的一半；而使用增速滑轮时，重物的上升速度为动滑轮上升速度的两倍，但同时拉力也是重力的两倍，因此这种增速滑轮的实际应用价值不大。在起重作业中，大多采用省力滑轮。

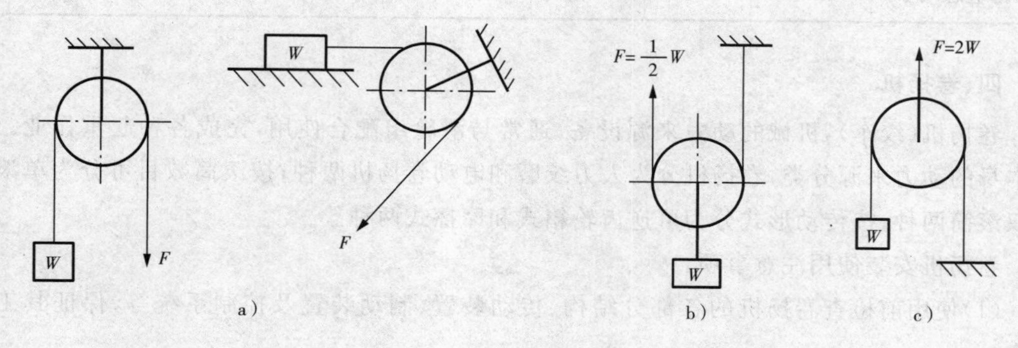

图 2-14　滑轮

a)定滑轮；b)动滑轮(省力滑轮)；c)动滑轮(增速滑轮)

2. 滑轮组

将若干定滑轮和动滑轮用一根绳索穿绕起来就组成了滑轮组。使用滑轮组不仅可以改变绳索的拉力方向，而且可以省力。由于滑轮组使重物的质量均匀地分配在绳子的数根分支上，因此可以选用较细的钢丝绳。

在滑轮组中，穿绕在动滑轮上的绳索根数称为有效分支数，又叫"走数"。滑轮组的称呼是用定滑轮数目在前，动滑轮数目在后，再加上有效分支数来表示的，以反映滑轮组的轮数及穿绕方式。如"二(定)一(动)走 3"滑轮组，表示该滑轮组中有两个定滑轮，一个动滑轮，穿绕在动滑轮上的绳数是 3 根，如图 2-15a 所示；"二(定)二(动)走 4"滑轮组，表示该滑轮组中有两个定滑轮，两个动滑轮，穿绕在动滑轮上的绳数是 4 根，如图 2-15b 所示。

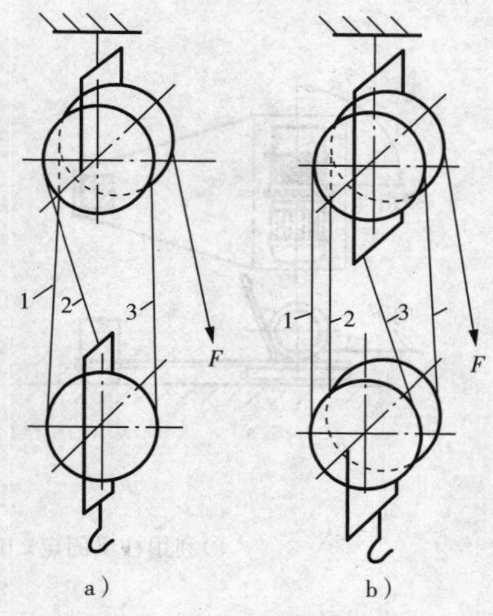

图 2-15　滑轮组绳索穿绕示意

滑轮组的走数决定了滑轮组的省力倍数，走数越多越省力，但同时效率降低。

滑轮组的拉力计算方法如下：

$$F=\frac{W}{n\eta} \tag{2-3}$$

式中：F——滑轮组的出端拉力(滑轮组中钢丝绳与绞车相连的一端叫做出端头)；

W——重物重力；

n——走数；

η——滑轮组总效率，可查表 2-12 获取。

表 2-12　滑轮组总效率

有效分支数	2	3	4	5	6	7	8	10
滑轮组总效率	0.94	0.92	0.90	0.88	0.87	0.86	0.85	0.82

四、卷扬机

卷扬机(绞车),机械的动力来源设备,通常与滑轮组配合使用,完成各种起重作业。按其本身的动力来源分类,卷扬机分为人力绞磨和电动卷扬机两种;按滚筒数目可分为单滚筒和双滚筒两种;按传动形式分为可逆齿轮箱式和摩擦式两种。

卷扬机安装使用注意事项:

(1)使用前检查卷扬机的各部分结构、传动装置、制动装置及控制系统等,保证其工作可靠。

(2)卷扬机的固定必须保证有足够的强度,尽量利用附近建筑物或地锚来固定,如图 2-16 所示。

(3)卷扬机装设的位置及其牵引绳,不得妨碍物件的起吊与拖运,要使操作人员在工作时能够看到吊装物件。

(4)卷扬机的牵引绳索应和地面保持平行,并垂直于卷扬机滚筒的中心线。

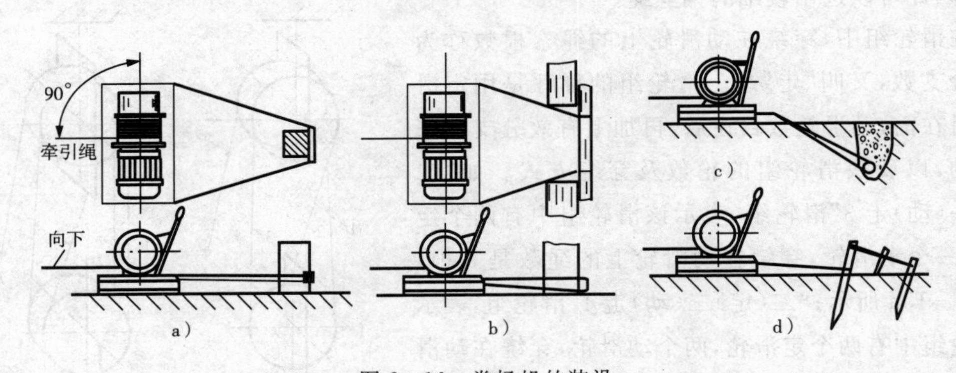

图 2-16　卷扬机的装设

a)利用柱梁固定；b)利用建筑物固定；c)地锚固定；d)打桩固定

五、起吊支架

在吊装物件时,如果施工现场狭窄,吊车无法施展,或者现场无吊车、无起吊用横梁,可采用桅杆作为起吊支架。常用的桅杆有独脚桅杆与人字形桅杆。架设桅杆时必须用缆绳固定,依靠缆绳的牵引力使桅杆处于稳定状态,提高桅杆工作时的可靠性。桅杆上端悬挂滑轮组,其钢丝绳出端头通过转向滑轮引至卷扬机。桅杆的架设应符合图 2-17 的要求。

当吊装小型设备或起吊较轻物件时,为避免使用繁杂的绳索捆绑或缆绳固定,可使用三角支架。

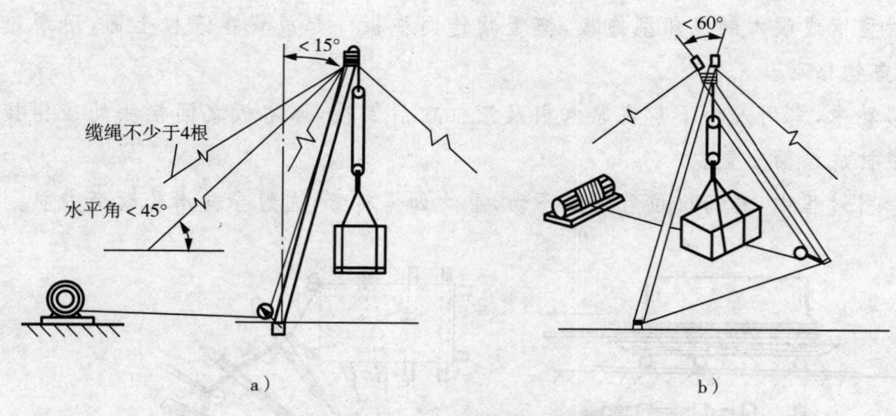

图 2－17　桅杆的架设

a)独脚形桅杆；b)人字形桅杆

工作实践

工作任务	起重机具使用训练。
工作目标	学会常用起重机具的使用方法。
工作准备	千斤顶、链条葫芦、滑轮、实习专用重物等。
工作项目	千斤顶的使用： 使用千斤顶在重物(实习专用)下面进行重物的升降操作练习。
	倒链的使用： 使用链条葫芦(倒链)进行重物(实习专用)的起吊操作练习。
	滑轮组的穿绕： 在滑轮上进行“走 2”、“走 3”、“走 4”的绳索穿绕练习，并计算出端拉力。

能力拓展

一、重物的拖动

重物的拖动是指重物在地面上作短距离的移动，如将设备运入、运出库房、车间以及设备的就位等。拖动重物通常采用滚移法和滑移法两种。

1. 滚移法

滚移法是利用滚动摩擦原理拖动重物的方法，如图 2－18 所示。具体操作如下：

(1)地面上放置若干滚杠，若地面松软，应在滚杠下面加放厚木板，以减小滚动摩擦阻力。滚杠的数量和规格按重物的重量大小决定，一般移动 3×10^4 kg 以下的重物时，用 $\phi76\times6$的无缝钢管；移动 4×10^4～5×10^4 kg 的重物时，用 $\phi108\times12$ 的无缝钢管；5×10^4 kg 以上时，则需在管内灌满砂子并封闭好。滚杠数量通常为 6～10 根，不少于 4 根。

(2)用型钢或硬木制成船型拖板，把重物连同拖板一起放置在滚杠上面，用滑轮组或卷扬机牵引重物移动。

(3)移动中，需用人力不断将厚木板及滚杠前后倒换，厚木板之间接头处应错接。转弯时，可把滚杠成扇面布置。

(4)牵引过程中，卷扬机位置固定不动，重物如需转弯，通过导向滑轮改变方向。

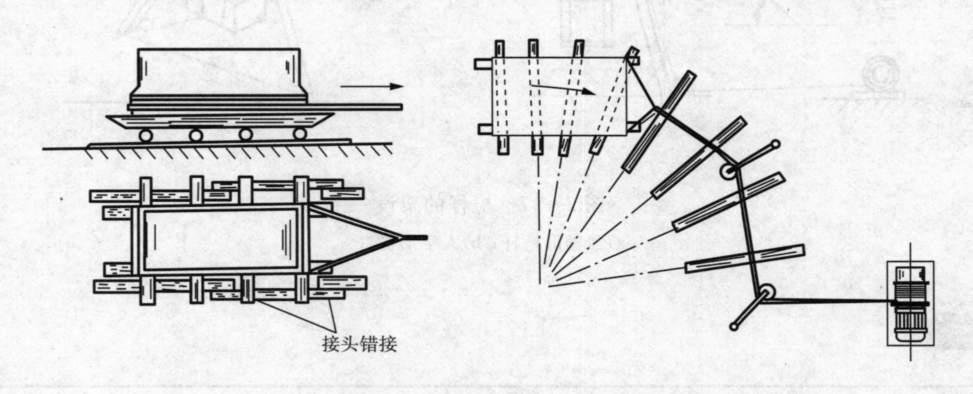

图 2-18　滚移法拖动重物

2. 滑移法

滑移法是利用滑动摩擦原理拖动重物的方法，如图 2-19 所示。具体操作如下：

(1)将滑台架 5 置于重型钢轨 4 上，滑台架用型钢焊成，其下部槽钢两端翘起且口朝下扣在重型钢轨上，以避免滑移时脱轨倾翻。

(2)将重物 1 连同装箱拖板 2 一起放在滑台架上，用卷扬机牵引滑台架移动重物。转弯处设有带轨道的转盘，以改变前进方向。

由于滑动摩擦的承载面积大，所以滑移法多用于发电机静子等重型设备的运输。

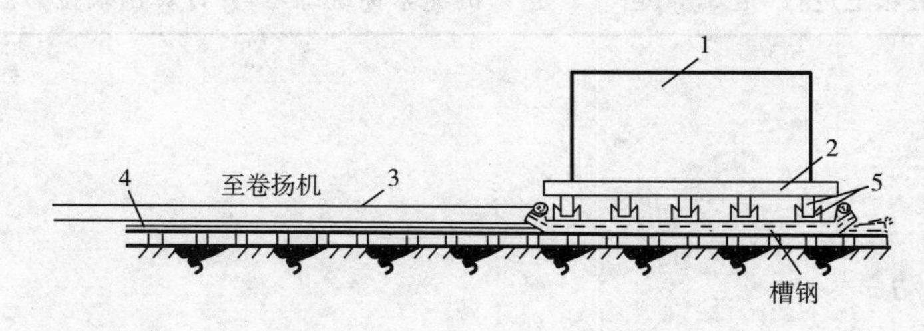

图 2-19　滑移法拖动重物

1—重物；2—装箱拖板；3—钢丝绳；4—重型钢轨；5—滑台架

滑移法还用于从高台或车辆上将重物滑到地面上，此时，只需用型钢在高台和地面之间搭成斜架，然后利用重物在斜面上的向下分力使重物下移即可。重物向下滑动时，应在重物上栓系放溜绳索，并控制好下滑速度。

二、撬棍的使用

在生产现场中，若需对重物进行少量移动、抬高、拨正和止退等作业时，常使用撬棍，利

用杠杆原理来完成。撬棍多用中碳钢锻制而成，形状如图 2－20a 所示，其使用方法如下：

1. 抬高重物

用撬棍抬高重物的工艺步骤如图 2－20b 所示。

(1)作业前先准备好若干硬质方木块或金属块，用于重物升起后支垫重物。

(2)用撬棍撬起重物，在重物下面垫上垫块。

(3)若一次撬起高度不够，可将支点垫高继续撬。

(4)第二次撬起后，先垫好新的厚垫块，再取出第一次放置的垫块。

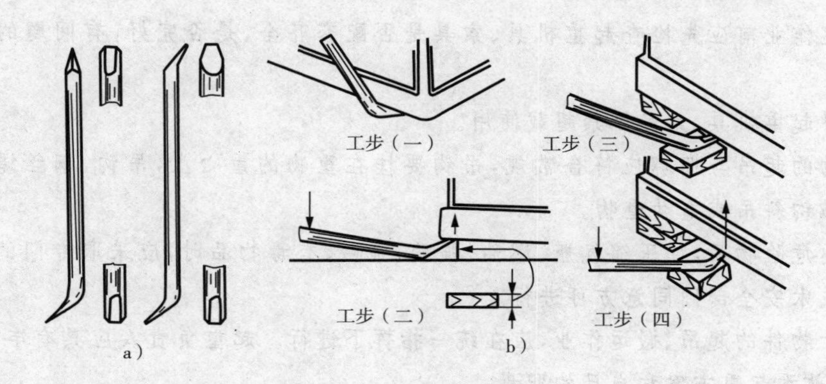

图 2－20 用撬棍抬高重物

2. 移动重物

用撬棍移动重物的工艺步骤如图 2－21 所示。

(1)先用撬棍将重物撬起，在重物下面垫上扁铁之类的垫块使重物离地。

(2)将撬棍插入重物底部，用双手握住撬棍上端同时作下压、后移动作。注意要在重物的两侧对称同步进行。

(3)随着撬棍的不断下压、后移，重物即可逐步前移。

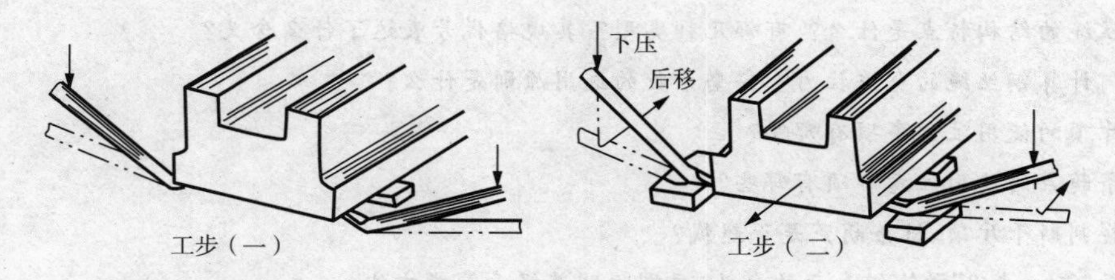

图 2－21 用撬棍移动重物

3. 拨正与止退重物

拨正与止退重物的方法基本相同，如图 2－22a、b 所示。当止退的重物退力较大时，不能用人力止退，而应当使用三角木楔止退，如图 2－22c 所示。

需要注意的是，在使用撬棍时应防止撬棍打滑。要试着用手臂用力，决不允许用胸部或腹部压着撬棍用力，以免人力稳不住时，重物下落将撬棍弹飞，造成人身、设备事故。

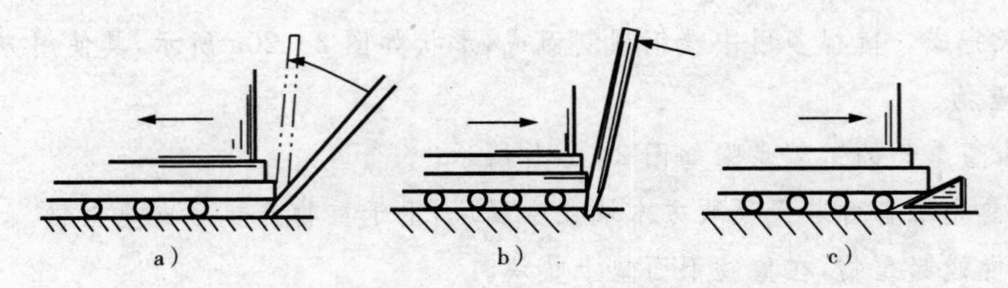

图 2-22　拨正与止退重物

三、起重作业的安全事项

(1)起重作业前应先检查起重机具、索具是否配套齐全、是否完好,有问题的绝对不许使用。

(2)各种起重机具、索具严禁超载使用。

(3)重物的起吊与捆绑应符合常规,吊钩要挂在重物的重心上,吊钩、钢丝绳应保持垂直,禁止用吊钩斜吊或拖动重物。

(4)吊运危险物品,如压缩气瓶、燃油、强酸、强碱、有毒物品时,应采取专门的安全防护措施,并经技术安全部门同意方可进行。

(5)重大物件的起吊、搬运作业,应在统一指挥下进行。起重负责人应具有丰富经验,参加人员必须熟悉起重方案和自己的职责。

(6)不许在大雾、照明不足、看不清指挥信号及六级大风的情况下进行起重作业。

(7)各种起重机具的技术检查工作每年应进行一次,并进行静载和动载试验。试验应有专人记录并保管。

(8)起重作业结束后,应将机具、索具一一清点,并认真按照技术规程的规定进行保养、维护、存放。

思考与练习

1. 起重作业中要用到哪些常用绳结?有什么用途?试练习这些绳结的打法。
2. 钢丝绳的结构特点是什么?有哪几种类型?其规格代号表达了什么含义?
3. 如何计算钢丝绳的允许拉力?安全系数的选用原则是什么?
4. 千斤顶的使用注意事项有哪些?
5. 链条葫芦的使用注意事项有哪些?
6. 怎样判断千斤顶、链条葫芦是否超载?
7. 解释“二一走 3”滑轮组表示的含义,画图说明其绳索穿绕方法。
8. 起重作业有哪些安全注意事项?

项目三　轴承检修

【项目描述】

滑动轴承和滚动轴承是转动机械的重要组成部件，广泛应用于发电厂热力设备。它承受转子的径向和轴向载荷，对轴起到支承和定位作用。轴承检修的质量将直接影响到转动机械的工作性能、使用寿命和安全经济运行。

【学习目标】

(1)了解轴承检修的工作内容。

(2)熟悉轴承的结构特点及常见缺陷。

(3)掌握轴承检修的操作工艺。

任务一　滑动轴承检修

工作任务

学习滑动轴承检修的相关知识和技能，了解滑动轴承检修的工作内容，熟悉滑动轴承的结构、特点以及常见缺陷，初步掌握轴瓦刮削的工艺要领，掌握轴承间隙及轴瓦紧力的测量方法。

知识与技能

一、认识滑动轴承

滑动轴承是在滑动摩擦状态下工作的，滑动表面被润滑油膜分开而不发生直接接触，油膜有吸振能力，故运行噪声小，使用寿命长，抗磨性能好，承载能力大，抗振性好，旋转精度高，在热力发电厂得到广泛应用，如汽轮机、给水泵、风机等大型动力设备上的轴承。

滑动轴承的起动摩擦阻力比较大，其最大缺点是无法保持足够的润滑油储备，一旦润滑剂不足，会立刻产生严重磨损并导致失效。

滑动轴承按其承载方向的不同，可分为径向滑动轴承、推力滑动轴承；按其结构形式的不同，可分为整体式滑动轴承、剖分式滑动轴承和调心式滑动轴承。

1. 径向滑动轴承

径向滑动轴承又称向心滑动轴承，主要承受径向载荷。如汽轮机的支持轴承，用于支持转子的质量以及由于转子振动所引起的冲击力等，并固定转子的径向位置，保证转子与静子的同心。

(1)整体式径向滑动轴承

常见的整体式径向滑动轴承结构如图 3－1 所示。套筒式轴瓦(或轴套)压装在轴承座中(或直接压装在机体孔中)。润滑油通过轴套上的油孔和内表面上的油沟进入摩擦面。这种轴承结构简单，制造方便，刚度较大。缺点是轴瓦磨损后间隙无法调整，只能更换轴套，且轴颈只能从端部装入。因此，仅适用于轴颈不大、低速、轻载或间歇工作的转动机械。

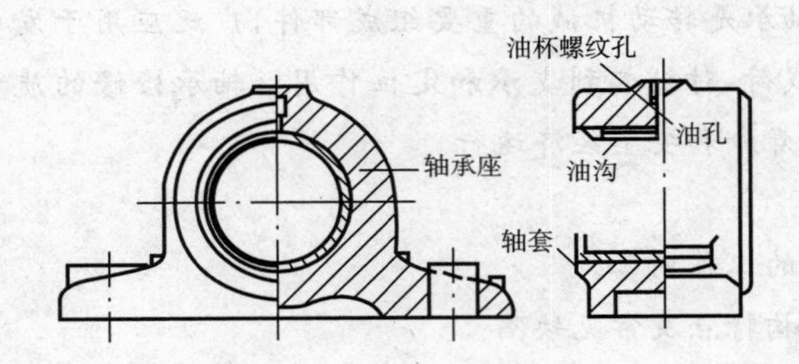

图 3－1　整体式径向滑动轴承

(2)剖分式径向滑动轴承

剖分式径向滑动轴承结构如图 3－2 所示，其中图 a、图 b 两种结构虽然有所不同，但均由轴承盖、轴承座、剖分式轴瓦(上轴瓦、下轴瓦)、螺柱连接组件等构成。a 图的轴承盖与轴承座的剖分面做成阶梯形，以便安装时对中和防止工作时错动。在轴瓦的剖分面间装一些薄垫片，用以调整轴承的径向间隙。由于剖分式轴承装拆方便，轴瓦磨损后容易调整，所以应用较为广泛。

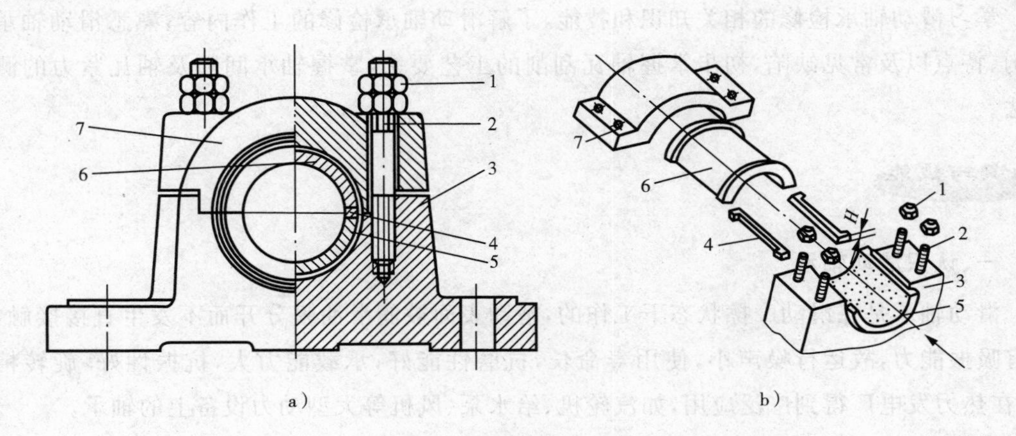

图 3－2　剖分式径向滑动轴承

1—螺母；2—双头螺柱；3—轴承座；4—垫片；5—下轴瓦；6—上轴瓦；7—轴承盖

(3)调心式径向滑动轴承

当轴承的宽径比 B/d(宽度与直径之比)大于 1.5 时,为避免轴的挠曲变形引起轴颈与轴瓦接触不良(如图 3-3 所示),从而导致轴瓦两端剧烈磨损,应采用调心式滑动轴承,又称自位式滑动轴承(如图 3-4 所示)。其结构及工作特点是:轴瓦外支承面为球面,与轴承盖和轴承座的球状内表面相配合,球面中心位于轴颈的轴线上,轴瓦能随轴的弯曲变形沿任意方向转动,自动调位,以适应轴挠曲变形所产生的偏斜。

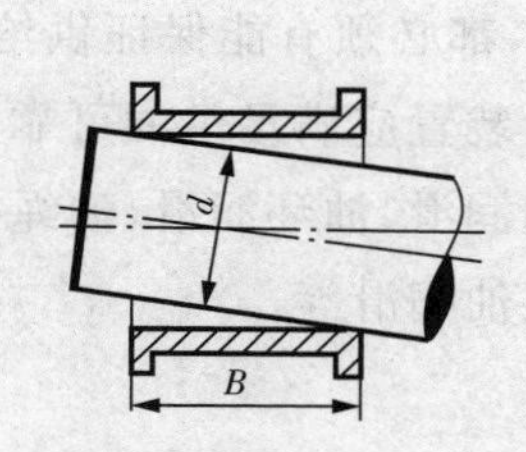

图 3-3　轴颈与轴瓦接触不良

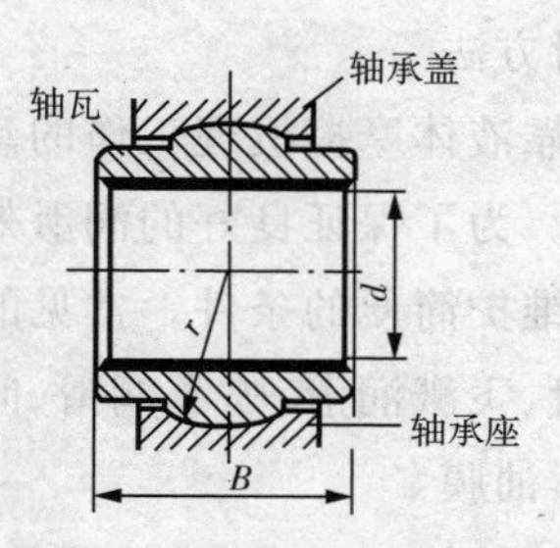

图 3-4　调心式滑动轴承

2. 推力滑动轴承

推力滑动轴承主要承受轴向载荷。如汽轮机的推力轴承,用于承受转子上的轴向推力,确定转子的轴向位置,并保持合理的动静部分轴向间隙。常见推力滑动轴承的止推面结构如图 3-5 所示。

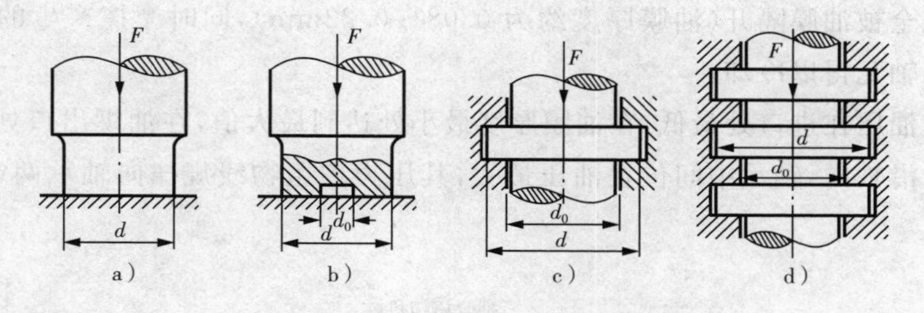

图 3-5　推力轴承止推结构

a)实心式; b)空心式; c)单环式; d)多环式

实心式结构:支承面上压力分布不均匀,中心处压力最大,线速度为零,不利于润滑,导致支承面磨损不均匀,现很少使用。

空心式结构:支承面上压力分布较均匀,润滑条件较实心式有所改善。

单环式结构:利用轴环的端面止推,结构简单,润滑方便,广泛用于低速、轻载的场合,但只能承受单向轴向载荷。

多环式结构:也是利用轴环的端面止推,不仅可承受较单环式更大的载荷,还能承受双向轴向载荷。

3. 滑动轴承的润滑

滑动轴承润滑的目的在于减轻工作表面的摩擦和磨损,提高效率和使用寿命,同时还起到冷却、吸振、缓蚀的作用。轴承能否正常工作,与润滑情况密切相关。滑动轴承的正常运行必须以油膜润滑为基础，轴承应当具有完备的供油系统，不间断地向轴承内供给合格的润滑油，其工作可靠性取决于在轴瓦和轴颈之间是否形成一层稳定的、完整的楔形油膜。

(1)润滑剂

能够起到降低摩擦阻力作用的介质称为润滑剂。润滑剂主要包括：润滑油、润滑脂、固体润滑剂、气体润滑剂和添加剂等。其中，矿物油和皂基润滑脂性能稳定，成本低，应用最广。此外，石墨、二硫化钼、水、空气等也可作为润滑剂，用于一些特殊场合。

(2)润滑方法

对于依靠液体摩擦机理工作的动压轴承和静压轴承，都必须有能保证供给充足润滑油的润滑装置。为了保证良好的润滑效果，润滑方式和润滑装置应满足供油可靠、均匀、连续，安全，使用、维护简便的条件。常见的润滑方式包括：滴油润滑、油环润滑、油绳润滑、油垫润滑、油浴润滑、飞溅润滑、喷雾润滑、间歇供油润滑、压力供油润滑等。

(3)楔形油膜

从轴承的结构可以看出，轴颈与轴瓦之间形成楔形间隙。当转子达到一定转速后，由于油的黏度和附着力的作用，轴颈将油带入楔形间隙形成楔形油隙。由于润滑油具有不可压缩性，油在楔形油隙的压强随着楔形通道变窄而增大，同时油压产生的挤压力也随之升高；随着转速的上升，油压不断升高，当油压超过轴颈上的载荷时，便把轴颈抬起。轴颈的抬起，又会造成楔形间隙增加，使油压有所下降；当油压作用在轴颈上的力与轴颈上的载荷相平衡时，轴颈便稳定在一定的位置上旋转，轴颈的中心由 O_1 移至 O'，如图 3－6a、b 所示。此时，轴颈与轴瓦完全被油膜隔开(油膜厚度约为 0.08～0.22mm)，同时摩擦产生的热量由回油带走，使轴颈、轴瓦得以冷却。

油楔内的油压在进口处最低，在油膜厚度最小处达到最大值，在油楔出口处，油膜破裂，油压降为零。沿轴向，轴承中间位置油压最大，其压力按抛物线规律向轴承两端下降，如图 3－6c、d 所示。

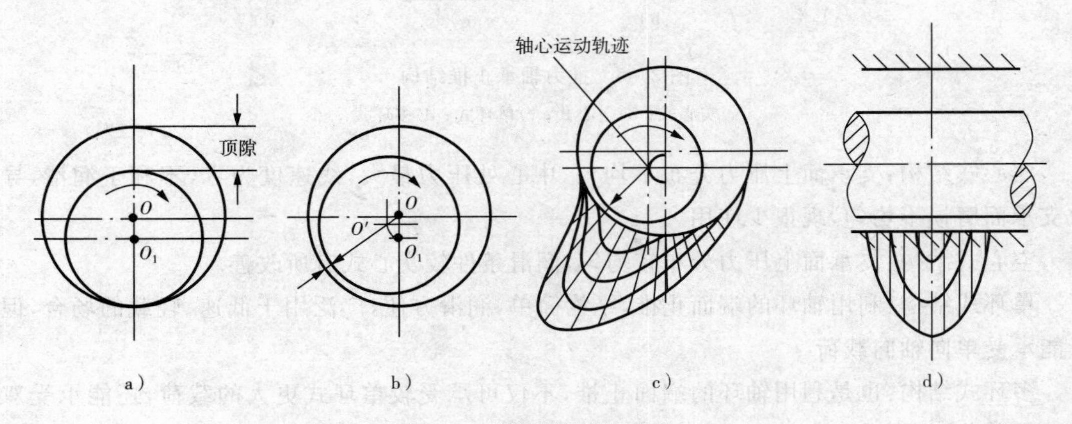

图 3－6　楔形油膜的形成

4. 滑动轴承的瓦形

滑动轴承有各种不同的轴瓦形状。因为瓦形不同，形成的油膜形状和数量也不同，产生

的效果也具有差异。发电厂热力设备常用的有圆筒形轴瓦、椭圆形轴瓦、固定式三油楔轴瓦、可倾式多油楔轴瓦等。

(1)圆筒形轴瓦

圆筒形轴瓦如图 3-7a 所示。其内孔为圆筒形,结构简单,承载能力大,耗油量低,摩擦损失小。由于只有一个楔形油膜,故运行中的径向稳定性差,转子易失稳。该类轴瓦通常用于中小设备,一些高速、重载的设备很少选用。

(2)椭圆形轴瓦

椭圆形轴瓦如图 3-7b 所示。其内孔为椭圆形,椭圆的长轴位于水平方向,短轴位于铅垂方向。其上、下各有一个楔形油膜,刚度和稳定性得到增强,铅垂方向的抗振性也大大提高,但油耗及摩擦损失较大。由于该瓦便于制造、维修,运行稳定、可靠,故为热力设备广泛采用。

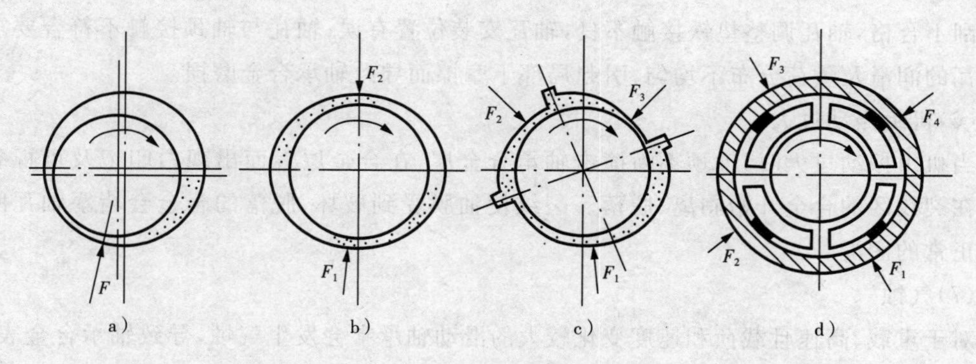

图 3-7　轴瓦形状

(3)三油楔轴瓦

三油楔轴瓦如图 3-7c 所示。内孔有 3 个楔形油槽,运行中可形成 3 个楔形油膜,提高了旋转精度和稳定性,但承载能力低,摩擦损耗大。

(4)可倾式轴瓦

可倾式轴瓦如图 3-7d 所示。可倾式轴瓦具有 3 块以上的扇形瓦块,轴瓦的工作表面是圆弧面,瓦块在运行时可以随着转速、载荷及轴承温度的不同而自由摆动,在轴颈的周围形成多个楔形油膜。该瓦具有较高的稳定性,良好的减振性,承载能力大,摩擦耗能小,越来越多地为现代大功率机组所采用。

二、滑动轴承的缺陷及检查

1. 常见故障及原因分析

滑动轴承的常见故障,主要表现在轴承合金表面磨损、合金层产生裂纹、局部脱落、脱胎及电腐蚀。这些缺陷,若得不到及时检修,最后将导致轴承合金熔化。产生上述故障的原因在于以下几个方面:

(1)供油系统发生故障

出现供油中断、油压下降和油量不足,造成轴承合金缺油而熔化。

(2)油质不良

如酸性值超标，油中有水、有杂质等，造成轴承合金与轴颈的磨损和腐蚀，严重时油膜被破坏，出现半干摩擦，导致轴承合金熔化。

(3)冷却装置及系统发生故障

出现油温过高，润滑油黏度下降，从而导致轴承承载能力下降，降低到某临界值，轴承将出现早期疲劳损坏。

(4)轴承合金质量不合格或浇铸工艺不良

如轴承合金熔化时过热、有杂质，瓦胎清洗工作做得差，浇铸后冷却速度控制得不好等，都会造成轴承合金出现气孔、夹渣、裂纹、脱胎等缺陷。

(5)轴承安装、检修质量不合格

如轴瓦与轴承座孔配合不当，轴瓦可能松动，使轴瓦摩擦表面温度过高；油间隙及接触角修刮不合格，轴瓦调整垫铁接触不良，轴瓦安装位置有误；轴瓦与轴颈接触不符合要求，造成轴瓦的润滑及负荷分布不均匀，引起局部干摩擦而导致轴承合金磨损。

(6)机组振动过大

当机组振动过大时，轴颈不断撞击轴承合金层，在合金层表面出现白印记及可视裂纹，进而在裂纹区的合金开始剥离、脱落。裂纹使油膜受到破坏，脱落的合金会堵塞轴瓦间隙，破坏正常的润滑。

(7)气蚀

对于重载、高速且载荷和速度变化较大的滑动轴承常会发生气蚀，导致轴承合金表面出现小凹坑。

(8)电侵蚀

因轴电流而产生的电侵蚀，在轴承摩擦表面造成点状伤痕，尤其是较硬的轴颈表面。若继续发展，会破坏轴瓦与轴颈的正常接触，造成重大事故。

(9)加工质量

轴颈几何精度误差和表面粗糙导致轴承合金磨损，破坏油膜的完整性，以至发生烧瓦事故(此类事故多发生在球磨机大瓦上)。

2. 滑动轴承检修前的测量与检查

在轴承解体过程中应测量并记录以下各项数据及实际状况。

(1)轴瓦紧力。

(2)轴瓦顶隙、侧隙及侧隙对称度。

(3)下瓦与轴颈的接触状况。

(4)轴颈圆度及表面粗糙度。

(5)油系统的清洁程度及油质化验结果。

(6)轴承合金面有无划伤、损坏和腐蚀。

(7)轴承合金面有无裂纹、局部脱落和脱胎。

(8)轴承中分面有无毛刺等现象。

(9)其他检查项目(根据轴瓦的结构而确定)。如油挡间隙及磨损情况,调整垫铁与轴承座的接触情况及调整垫片的片数、总厚度,球面瓦的接触状况等。

测记以上数据及实际状况的目的是为本次检修提供依据,同时可作为原始资料保存,以供备查。

3. 滑动轴承解体注意事项

(1)起吊轴承盖、压盖、瓦枕及轴瓦时,应做好标记并标明方向,以防回装时弄错方向。

(2)吊出下瓦及瓦枕后,应立即堵好轴瓦油孔及顶轴油口,以防异物掉入油孔中。

(3)翻转下瓦时应在轴颈上垫以橡胶皮或石棉纸,以防损伤轴颈,同时应注意不要碰断温度引出线。

4. 轴瓦磨合印迹检查

轴承解体后,对下瓦的实际磨合印迹应进行检查、分析并判断该瓦在运行中的状态和存在问题,同时临摹印迹的展开图,用作图法计算出磨合印迹面积,其方法如图 3-8 所示。图中,标准接触面积为 $a\times b$;实际接触面积为Ⅰ+Ⅱ+Ⅲ。

在工作中,允许实际磨合印迹的面积与形状出现偏差,但实际磨合印迹面积不得小于标准面积的 70%。同时应指出,一个工作状况良好的轴瓦在解体后其接触区不仅接触良好,而且在合金的接触表面上还保留着上次大修的精刮花纹。

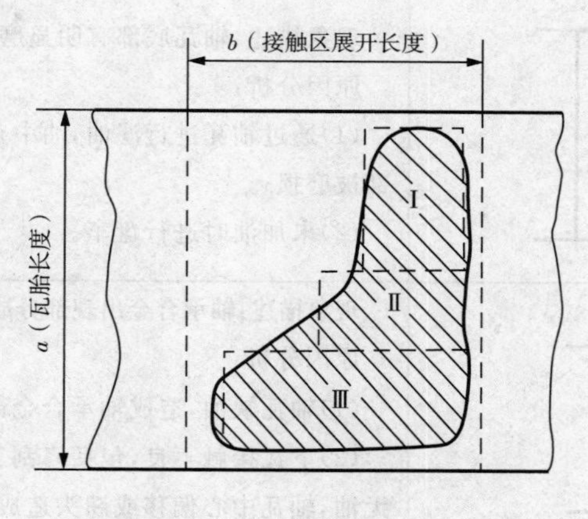

图 3-8　磨合印迹面积计算

从下瓦磨合印迹检查中可能发现的问题及原因分析见表 3-1。

表 3-1　磨合印迹的现象及原因分析

图　示	现象描述及原因分析
空角 空角	现象描述:磨合区出现空角。 这种现象很常见,只要磨合面积超过标准接触面积的 70%,就可认定为合格。

（续表）

图　示	现象描述及原因分析
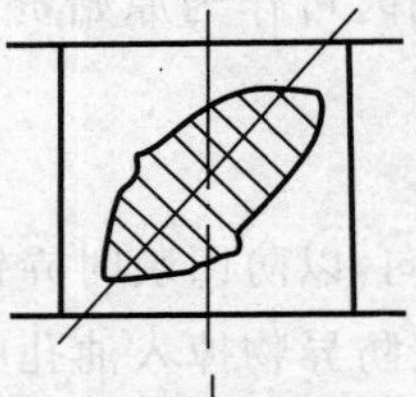 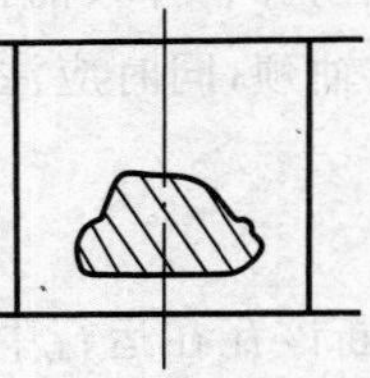	现象描述：轴瓦中心产生显著的偏移（上图）；轴瓦的扬度与轴颈的扬度不一致（下图）。 原因分析： （1）轴承座因膨胀不均，造成偏移（上图）； （2）轴承座在基础台板上膨胀时受阻，产生翘头（下图）；或非平行位移（上图）； （3）球形瓦的球面接触不良或紧力过大，球面未起到应有的调心作用； （4）轴瓦调整垫铁的调整或修刮工艺有误。
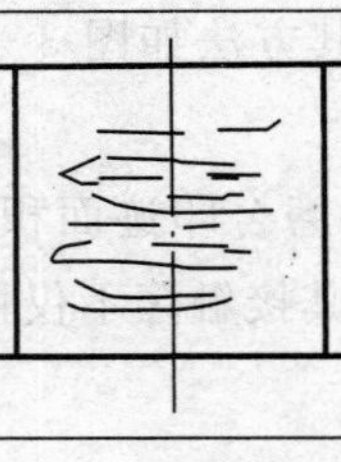	现象描述：沿旋转方向出现条状磨痕。 原因分析： （1）油中含有杂质； （2）轴颈粗糙度超标。
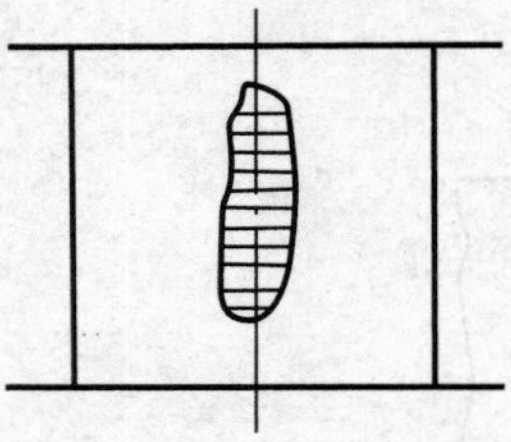	现象描述：轴瓦底部有明显磨痕。 原因分析： （1）通过轴瓦进行滤油，油中杂质积于下瓦，转动后轴瓦底部被磨损； （2）未加油时进行盘车。
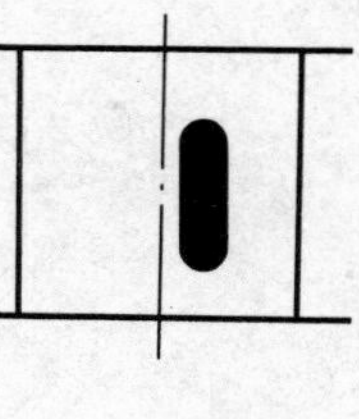	现象描述：轴承合金出现部分或大面积堆积层，俗称“赶瓦”。 原因分析： （1）轴瓦缺油，造成轴承合金部分熔化； （2）下瓦接触不良，包括修刮工艺粗糙，造成合金突出部位无油，轴瓦中心偏移或翘头造成部分合金过载被熔化； （3）机组的超常振动造成油膜被破坏，形成干摩擦。
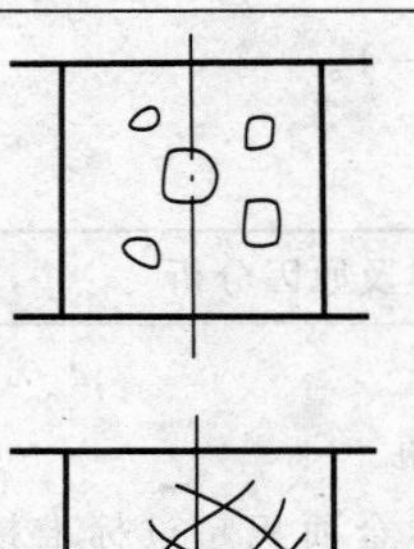 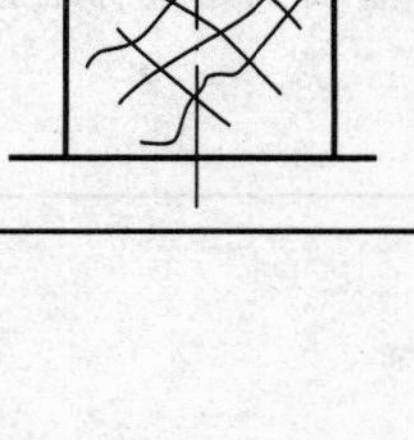	现象描述：部分轴承合金起层（上图）或出现裂纹（下图）。 原因分析： （1）轴承合金的质量较差，或浇铸补焊的工艺有误； （2）机组振动长期超标，造成轴承合金疲劳。

（续表）

图　示	现象描述及原因分析
	现象描述：轴承合金出现大面积麻点，合金面失去光泽或成黑色，检查轴颈也会发现同样现象。 原因分析：轴电流造成的电腐蚀。

5. 轴承合金的检查

滑动轴承解体后，用煤油将轴瓦表面清洗干净，检查轴承合金的磨合印迹及磨损程度，有无裂纹、脱胎及电腐蚀等。

根据轴瓦的图纸尺寸核算轴承合金的现存厚度，也可用直径为 5～6mm 的钻头在轴瓦磨损最严重处或端部钻一小孔，实测其厚度。

检查轴承合金是否脱胎，除非常明显处可直接目测外，一般的方法是：将轴承合金与瓦胎的结合处浸在煤油中，经 3～5min 取出擦干；将干净纸放在结合处或用白粉涂在结合处，然后用手挤压轴承合金面，若纸或白粉有油迹，说明轴承合金已脱胎。

轴瓦经过检查后，对一般缺陷可采用补焊的方法加以处理。若缺陷较为严重，如轴瓦间隙过大，轴承合金现存厚度已不能再继续修刮，轴承合金表面有大面积的砂眼、气孔、杂质、脱胎、裂纹等，就必须重新浇铸轴承合金。

在检查轴瓦时，除认真检查轴承合金外，也应仔细检查瓦胎，若发现瓦胎有裂纹或变形，应及时更换新的瓦胎。

三、轴瓦刮研

新浇铸轴承合金的轴瓦在经过车削之后，或在轴瓦检修中，需要对磨损的轴承合金进行刮研，即按照轴瓦与轴颈的配合来对轴瓦表面轴承合金进行刮削和研磨加工，做到在接触角范围内贴合严密，并刮出与轴颈的配合间隙，提高轴瓦的形状精度和配合精度，并形成存油间隙，减小摩擦阻力，同时提高轴承的耐磨性，延长轴承的使用寿命。

1. 刮研工具及材料

(1)刮刀

轴承合金的刮削一般采用柳叶刮刀和三角刮刀。刮刀在使用前需要细致地进行刃磨。刃磨好坏对刮削质量有直接影响。刃磨时将刮刀的前端三角边平放在油石上，沿着刮刀前弧形做前后弧形推磨，如图 3-9a 所示。磨好的刮刀不但要求锋利无缺口，而且要求刃口弧面连续。

刮削时，通常是右手直握刀柄，左手掌向下横握刀体；右手作半圆运动，左手沿轴瓦曲面拉动或推动刮刀，同时沿轴向作微小的移动。刃口的运动轨迹是螺旋形。

刮刀的刮削角度大致可分为 3 种，如图 3-9b 所示。一般负前角愈小，刮削量愈大。

(2)显示剂

刮研用显示剂普遍采用红油（红丹粉加机油调成糊状）。显示剂必须保持清洁，不得混

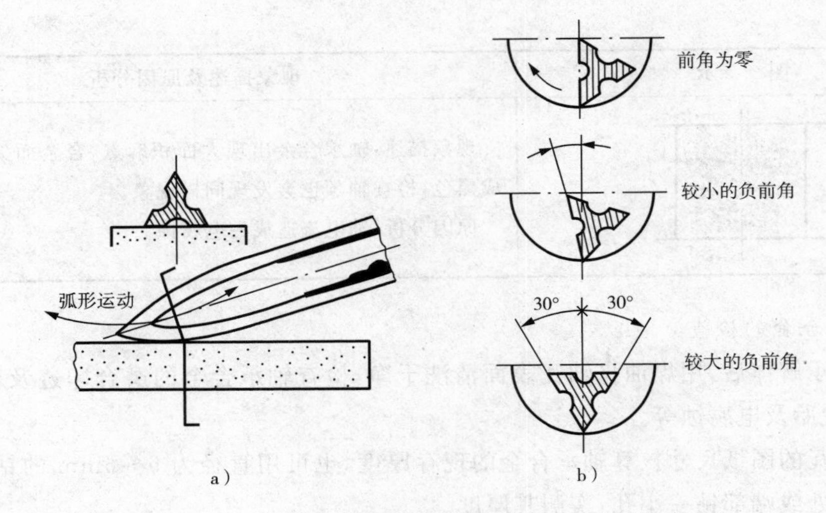

图 3-9　刮刀刃磨与刮削角度

入砂粒、铁屑等杂质。显示剂可以涂在轴瓦上，也可以涂在轴颈上。涂抹时，先用手指粘上少许红丹点在工件上，再用手掌将红丹抹匀。

2. *刮研方法及要求*

刮削分为粗刮和精刮。粗刮主要用于大刮削量刮研，如刮下瓦侧隙及车加工后的车削刀痕。粗刮时，可将轴瓦放在轴颈上或与轴颈等直径的假轴上进行磨合着色。精刮的重点是下瓦接触面的刮削，其目的主要是增加轴瓦与轴颈的接触点。精刮时，必须将轴瓦放入轴承座内，置于使用状态，用转子进行磨合着色，只有这样刮削出来的下瓦接触面才是真实的。

具体刮研方法如下：

(1)将轴瓦内表面和轴颈擦拭干净，在轴颈上涂以薄薄一层红油，然后把轴瓦扣放在轴颈处，用手压住轴瓦，同时沿周向对轴颈做往复滑动，几个来回后，将轴瓦取下查看接触情况。此时，就会发现轴瓦内表面有的地方有红油点，有的地方有黑点，有的地方呈亮光。无红油处就表明轴瓦与轴颈没有接触，且间隙较大；红点处表明虽然没有接触，但间隙较小；黑点处表明比红点处高，轴瓦与轴颈略有接触；而亮点处表明接触最重，即为最高处，经往复研磨发出了金属光泽。

(2)为了使轴瓦与轴颈接触均匀，要对高点进行刮削。每次刮削都是针对各个高点。刮削时，应根据情况，采取先重后轻、刮重留轻、刮大留小的原则。开始几次，手可以重一些，多刮去一些金属，以便较快地达到较好的接触。当接触区达到50％时，就应该轻刮。愈接近完成刮削就得愈轻、愈薄。下一遍与上一遍刮刀的刀痕要呈交叉状态，形成网状，使得轴承运行时润滑油的流动不致倾向一方。如果只在同一方向刮削或刀刃伸出过长，都会使刮削表面产生振痕。

(3)每刮完一次，擦净瓦面，将显示剂涂在轴颈上校核检查，再根据接触情况进行刮研。刮削和研磨检查交替进行。通常情况下，刮研检查可以使用显示剂，但对接触点要求很高的精密轴承，刮研的最后阶段不能使用显示剂。因为，涂显示剂后，轴承上的着色点过大，不易

判断实际接触情况。此时，可将轴颈擦净，直接放在轴承内校核，然后将轴取出，可以看出轴承上的亮点，即为接触点。再对亮点进行刮研，直到符合技术要求为止。

(4)刮研时，不仅要使接触点符合技术要求，而且还要使侧间隙和接触角达到技术要求。一般先刮研接触点，同时也照顾接触角，最后再刮侧间隙。但是，接触部分与非接触部分不应有明显的界限，用手指擦抹轴承表面时，应觉察不出痕迹。在接触角之外，应刮出相应的间隙，以便形成楔形油膜。不可用砂布擦瓦面，因砂布的砂粒很容易脱落而附着在瓦面上，在运转中会造成轴和轴瓦损伤。

3. 轴瓦刮削后的最终形状及质量标准

一般动力设备的轴瓦刮削后的最终形状如图 3－10 所示，其质量标准如下：

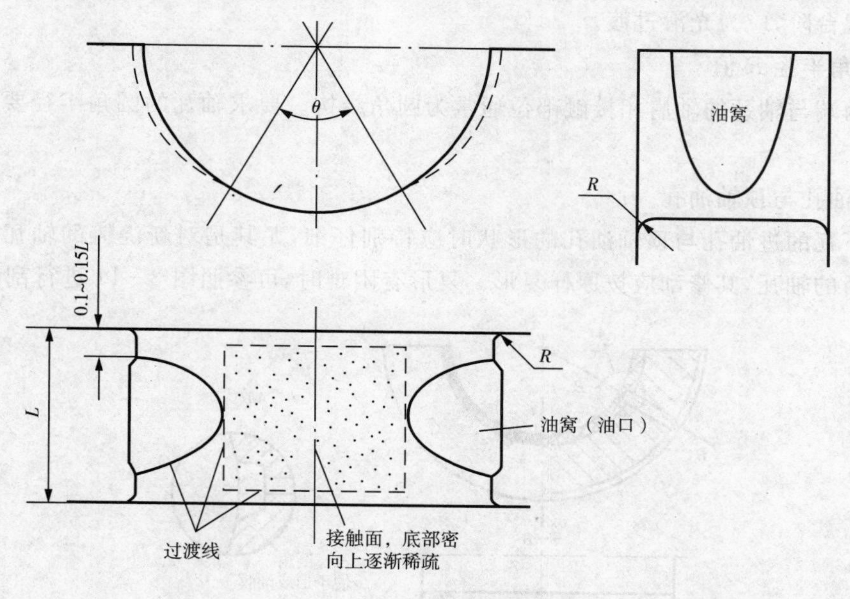

图 3－10 轴瓦刮削后的最终形状

(1)接触面

轴承工作时，下轴瓦与轴颈相接触的表面，称为接触面。接触面上的刮点要求底部密，向上逐渐稀疏，离开接触面后，在瓦的其他位置不允许出现接触点。对于接触点的要求通常由图样给出，如图中没有标注，也无技术文件要求的，可按通用技术标准规定执行，参照表 3－2中数值要求，对轴瓦接触面进行刮削和检验。

表 3－2 下瓦接触面的研点数

轴承直径(mm)	机床或精密机械主轴轴承			锻压设备、通用检修轴承		动力机械、冶金设备轴承	
	高精度	精密	普通	重要	普通	重要	普通
	每 $25\times25mm^2$ 内的研点数						
≤120	25	20	16	12	8	8	5
＞120		16	10	8	6	6	2

(2)接触角 θ

下瓦接触面的弧长所对应的圆心角称为接触角。接触角的角度通常由制造厂商确定。若无厂家明确规定时,接触角取 60°～70°;当轴颈直径与轴瓦长度之比小于 0.8～1 或轴承压强大于 0.8～1MPa 时,其接触角可达 75°～90°。

(3)油窝

油窝又称油口,一般轴瓦的进油口均在油窝内。润滑油进入轴瓦后,在油窝内散开将油均布,增大油流通道,以利于油膜的形成及对轴瓦的冷却。

(4)过渡线

过渡线是指下瓦接触面与非接触面的分界线,以及油窝与瓦面的分界线。要求分界处不允许出现台阶,应为光滑过渡。

(5)圆角半径 R 值

轴瓦两端与轴颈的轴肩相接触部位通常为圆角结构。要求轴瓦的圆角半径要大于轴肩圆角半径。

(6)进油孔与顶轴油孔

刮削下瓦的进油孔与顶轴油孔的形状时应特别仔细,尤其是对新浇铸的轴瓦或在该处进行补焊后的轴瓦,其修刮应按原样复形。复形有困难时,可参照图 3－11 进行刮削。

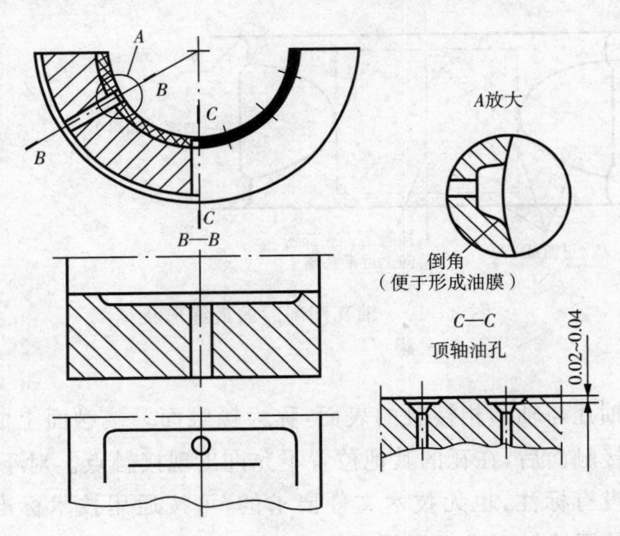

图 3－11　进油孔与顶轴油孔形状

4. 加工与刮研新浇铸轴瓦

新浇铸的轴瓦经检验合格后,将上下瓦结合面多余的合金刨去研磨好,再用夹具把上下瓦合成整体,进行车削加工。

对于圆筒形轴瓦,通常按轴颈的直径车削内圈,再刮出瓦顶间隙和瓦口间隙;也可以按轴颈直径加上瓦顶间隙来加工,这样可以减少上轴瓦刮研的工作量。为此,应在轴瓦结合面处加一厚度为 $a/2$ 的垫片(a 为瓦顶间隙),并在车床上按上瓦的结合面为中分面进行找正,如图 3－12a 所示,使预留的刮研余量全部留在下瓦上,上瓦基本上不需刮研。

对于椭圆形轴瓦，应在轴瓦的水平结合面上放入垫片，垫片的厚度 δ 为两侧瓦口间隙 b 之和减去瓦顶间隙 a，即 $\delta=2b-a$，如图 3-12b 所示。车削加工时，以上瓦的结合面为中分面进行找正。车削加工的直径 D_1 为轴颈直径 D_0 加上瓦口间隙 $2b$，即 $D_1=D_0+2b$。

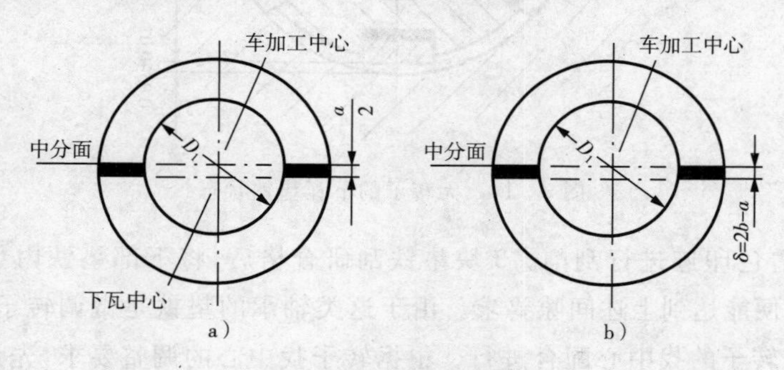

图 3-12　加工轴瓦内圆

轴瓦车好后，对下瓦进行体外粗刮，通过粗刮大致得到如图 3-13 所示的间隙与接触要求，然后将轴瓦装入机体内进行精刮。

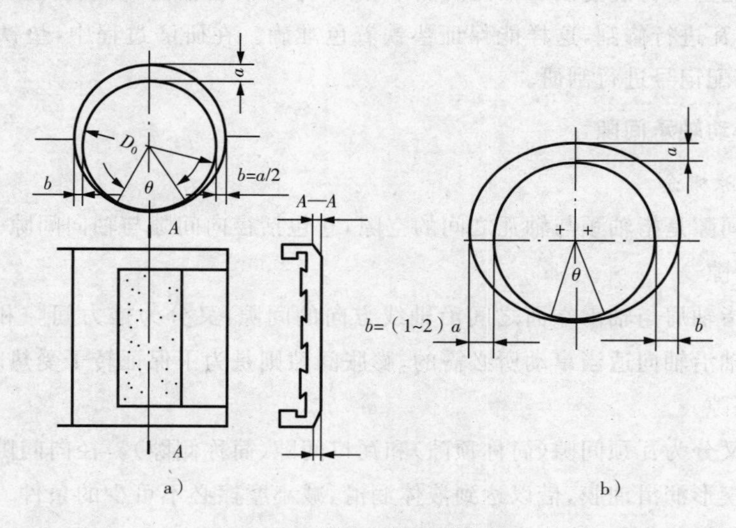

图 3-13　轴瓦的间隙及接触区

5. 检修调整垫铁

有调整垫铁的轴承，当垫铁接触情况不良时，会引起机组的振动，因此应对调整垫铁的接触情况进行检查、刮研、调整。

先检查垫铁工作痕迹的分布情况，再用塞尺测量。在不承受转子质量的状态下，下轴瓦三块垫铁与洼窝的理想接触状态是：两侧垫铁应塞不进 0.03mm 的塞尺，底部垫铁应有 0.05～0.07mm 的间隙，如图 3-14 所示。在转子质量的作用下，下瓦将产生少许变形，底部垫铁的间隙消失，从而保证了垫铁受力均匀，每块垫铁的有效接触面积应占总面积的 70% 以上。

垫铁接触情况不符合要求时应进行刮研。在轴承洼窝内涂上红丹，将垫铁装在下瓦内

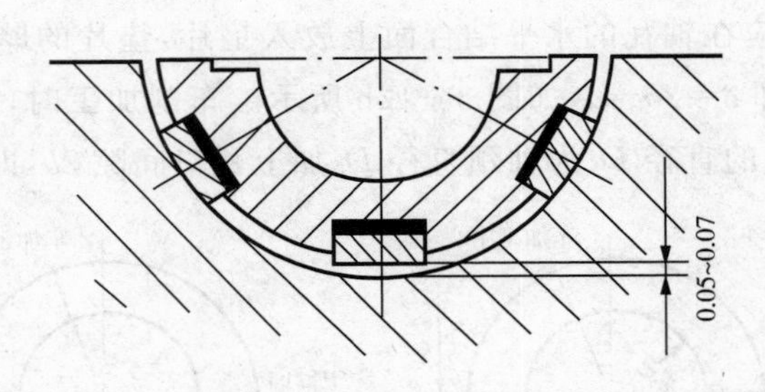

图 3-14　无转子的下瓦垫铁状态

研磨着色，根据着色印迹进行刮削。3 块垫铁刮研合格后，将下部垫铁内垫片的厚度减薄 0.05～0.07mm 便能达到上述间隙要求。由于这类轴承的垫铁是微调转子中心用的，所以垫铁的刮研应与转子的找中心配合进行。根据转子找中心的调整要求，先计算出底部垫铁内垫片的调整数值，再加上根据垫铁接触情况估计的刮削量，来调整垫铁内垫片的厚度，再刮研垫铁。在刮研垫铁的后一阶段，应吊入转子。用铁马将轴稍微抬起(注意仍使转子的部分质量压在轴瓦上)，将撬棍插入轴瓦两侧吊环内，来回活动轴瓦，使其着色。然后用铁马将轴提高，取出下瓦进行修刮，这样能保证垫铁着色准确。在研磨过程中，垫铁不许换位或调头，必须按原装配记号进行刮研。

四、测量滑动轴承间隙

1. 轴承间隙概念

滑动轴承间隙是指轴颈与轴瓦之间的空隙，它包括径向间隙与轴向间隙。

(1)轴向间隙

轴向间隙指轴肩与轴承端面之间沿轴线方向的间隙，又分为推力间隙和膨胀间隙。推力间隙是保证轴沿轴向适当窜动所必需的，膨胀间隙则是为了保证转子受热时的自由膨胀。

(2)径向间隙

径向间隙又分为瓦顶间隙(简称顶隙)和瓦口间隙(简称侧隙)。径向间隙是保证轴颈和轴瓦之间形成楔形润滑油膜，借以达到液体润滑、减小摩擦必不可少的条件。其大小会影响到转动机械的运转精度，间隙越小运转精度就越高，但间隙过小又会影响油膜的形成，达不到液体摩擦的目的；间隙过大也不能形成稳定的润滑油膜，而且运转精度很低，甚至在运转中会产生跳动和噪音。径向间隙的大小取决于轴瓦的结构、运行参数及工作要求，其数值通常应按照制造厂家提供的资料来确定。对于发电厂动力设备，应着重考虑转子旋转的稳定性及长期运行的可靠性，为此间隙不宜过小，以保证油膜的稳定及有充足的油量通过轴瓦，使轴瓦保持恒温。

设轴瓦的顶隙为 a，轴瓦的侧隙为 b，轴颈直径为 D_0，间隙系数为 K，则

$$A=K\,D_0$$

$$b=a/2\text{(圆筒形轴瓦)}$$

$$b=2a\text{(椭圆形轴瓦)}$$

间隙系数 K 值的大小反映了不同设备的结构及工作特点，检修中可参照表 3－3 的标准选取。

表 3－3　间隙系数 K 值选取

设备类别		K 值	间隙(设 $D_0=100$mm)
汽轮发电机及高速动力设备	圆筒形轴瓦	$\leqslant 2/1000$	$a\leqslant 0.20, b=0.10$
	椭圆形轴瓦	$>1/1000$	$a\geqslant 0.10, b=0.20$
切削机床主轴瓦		$<0.5/1000$	$a<0.05$
一般通用设备轴瓦		$\approx 3/1000$	$a=0.30$
连杆及曲轴轴瓦		$<1/1000$	$a<0.10$

2. 测量瓦顶间隙

测量瓦顶间隙采用压铅丝法。测量方法步骤如下：

① 在下瓦水平结合面的两侧和轴颈顶部共放置 6 根铅丝(铅丝直径以压扁后不小于一半为宜，铅丝长度以轴瓦长度的 1/6～1/5 为宜)，其所放位置与方向如图 3－15a 所示。

② 合上上瓦，对称拧紧结合面螺栓，压紧铅丝。

③ 拧下螺栓，移出上瓦，取出铅丝，测量压扁后的铅丝厚度并记录。

④ 用顶部铅丝厚度的平均值减去两侧铅丝厚度的平均值，即为瓦顶间隙为

$$(a_1+a_2)/2-(b_1+b_2+b_3+b_4)/4$$

为防止瓦顶间隙出现楔形，而其平均值却是合格的假象，如图 3－15b 所示，可将轴瓦前后两端的测量值分别进行计算，求出前端顶隙和后端顶隙，两者应该近似相等，即

$$a_1-(b_1+b_2/2\approx a_2-(b_3+b_4)/2$$

若前后两端顶隙不相等，则说明顶隙出现楔形。

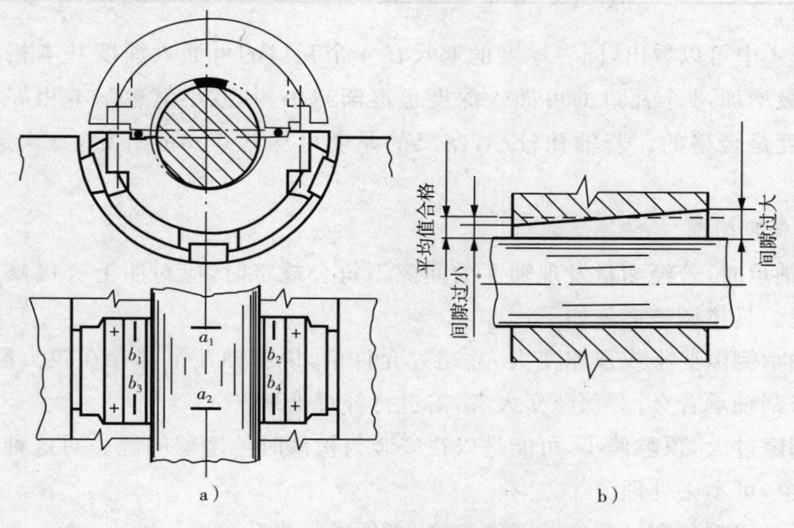

图 3－15　测量轴瓦顶隙

3. 测量瓦口间隙

测量瓦口间隙是用塞尺在轴瓦水平结合面的四角瓦口进行的。由于侧隙是楔形的，故塞尺不可能插入过深。侧隙大小是以可插入深度为轴颈直径的1/12～1/10的塞尺厚度计算的，如图3-16所示。

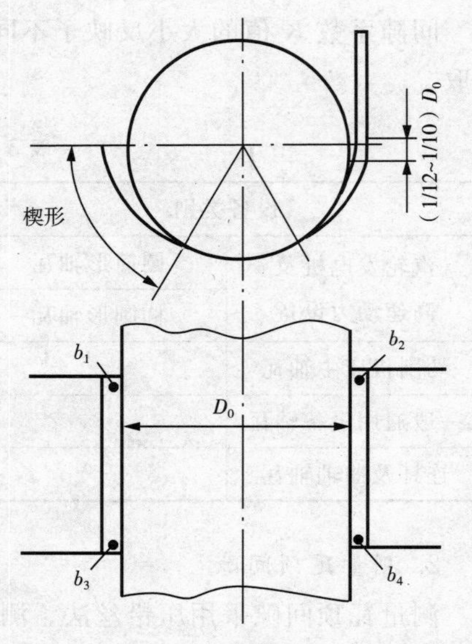

图3-16 测量轴瓦侧隙

4. 检查侧隙对称度

轴瓦的侧隙不仅要求瓦口处的间隙合格，而且要求侧隙的形状是一规则的楔形。通过侧隙对称度的检查还可以判断下瓦接触角是否正确。检查下瓦侧隙对称度时，先用最薄的塞尺沿4个瓦口插入，直到插不动为止；取出塞尺，记录塞尺插入长度；然后递增塞尺厚度（每次增加值相等），按前述方法测量并记录每次插入深度；最后将测量值列表进行分析，见表3-4测量实例。

表3-4 轴瓦侧隙对称度测量记录

塞尺厚度(mm)	瓦口编号及塞尺插入深度			
	b_1	b_2	b_3	b_4
0.05	140	135	138	141
0.10	121	118	120	122
0.15	102	105	108	109
0.20	85	87	89	92
0.45	30	31	33	34

从表3-4中可以看出，同一厚度的塞尺在4个瓦口的可插入深度基本相同，且随着塞尺厚度的逐级增加，4个瓦口的可插入深度也逐渐减小，其减小值也基本相等，说明该轴瓦的侧隙对称度是合格的。若轴瓦较小，塞尺的厚度可从0.03mm开始，每次递增0.03mm进行测量。

5. 调整轴瓦间隙

在检修轴承时，若经测量发现轴瓦的间隙不符合规定时，应对照上次检修记录，查明原因，再做处理。具体调整措施如下：

(1)若轴承侧隙变小或顶隙变大，并超过允许值，说明轴瓦下部存在较大磨损。对侧隙变小者，可修刮轴承合金；对顶隙变大者，需进行补焊处理。

(2)若侧隙过大，顶隙偏小，可能是以往安装与检修时的遗留问题。对这种情况，如运行中无异常现象，可不必处理。

(3)若瓦口间隙与塞尺深度关系不正确，必须进行修刮。

(4)若轴瓦两侧及瓦顶的前后间隙不同,往往是轴瓦的安装位置不正确或轴瓦在车削加工时造成的偏差,此时应检查垫铁是否接触不良或轴瓦中分面的圆形销是否蹩劲而使轴瓦歪斜。

(5)下轴瓦的接触面无论是增大、过小或偏斜都应修刮,在修刮时要注意顶部间隙的变化。

上述轴瓦的修刮工作除三油楔轴瓦外,均应将下瓦装入轴承座,盘动转子磨合着色,取出下瓦,根据痕迹修刮。对于有调整垫铁的轴瓦,应在垫铁修刮后再修刮轴瓦。取下瓦的方法可用铁马(见图 3-17)将轴颈抬起 0.20～0.30mm,并用事先在轴头上装好的百分表监测轴的抬起值,然后用铜棒在轴瓦一侧轻击,使轴瓦从另一侧滑出。也可采用"8"字钩和撬棍将下瓦取出,如图 3-18 所示。

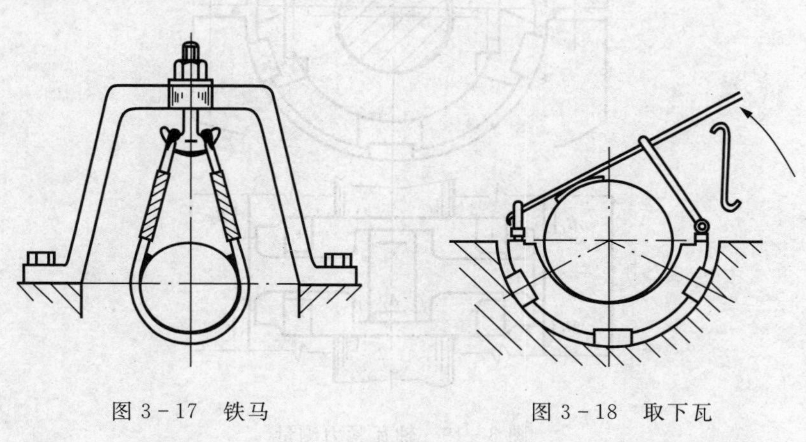

图 3-17　铁马　　　　图 3-18　取下瓦

五、测量滑动轴承紧力

1. 轴瓦紧力概念

轴承盖与轴承座的联接螺栓拧紧后,轴瓦与轴承盖间应是紧配合,即轴承盖给予轴瓦以压紧的力,称为轴瓦紧力。其作用是为了防止轴瓦在轴承盖中振动,保证轴瓦在运行中的稳定。

轴瓦紧力的大小应符合制造厂家的要求。若无规定时,圆柱形轴瓦紧力值为 0.05～0.15mm;球形轴瓦紧力值要小一些,通常为 0.03mm 左右,过大会使轴瓦产生变形,失去自动调心作用,轴瓦还会在轴承座内发生颤动,下瓦两侧也会翘起。

上述紧力值适用于在运行中轴瓦与轴承盖温差不大的轴承。如果在运行中轴瓦与轴承盖温差较大,则应考虑温差对紧力带来的影响。

2. 测量轴瓦紧力

轴瓦紧力的测量方法与瓦顶间隙的测量方法相似,也采用压铅丝法,区别在于放置铅丝的位置不同。测量时,将铅丝分别放在轴承座的结合面上和上瓦的顶部,如图 3-19 所示。测量完毕后,用两侧铅丝厚度的平均值与顶部铅丝厚度的平均值的差值,来表示轴瓦紧力 C 的大小。即

$$C=(B_1+B_2+B_3+B_4)/4-(A_1+A_2)/2$$

若 C 为负值,表明轴瓦顶部有间隙,轴瓦无紧力。若 C 为正值,还要分别计算轴瓦前后

两端的紧力值，两者应该近似相等，即

$$(B_1+B_2)/2-A_1\approx(B_3+B_4)/2-A_2$$

若轴瓦前后两端的紧力值不相等，表明轴瓦前后两端的紧力不一致，应该对轴瓦顶部的垫铁做适当的调整。

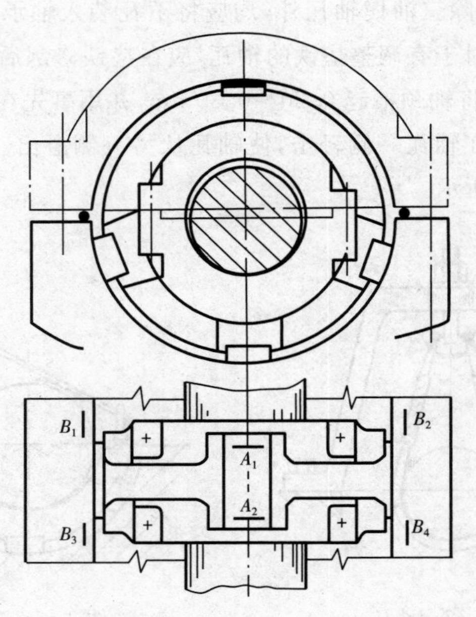

图 3-19　轴瓦紧力测量

3. 调整轴瓦紧力

当测量出的轴瓦紧力不符合要求时，对圆柱形轴瓦及球形轴瓦瓦枕，应调整顶部垫铁内垫片的厚度。若球形轴瓦球面上的紧力不足，可在轴瓦结合面上加与结合面形状相似的铜垫片(注意不能将垫片加在球面之间，以免影响球面的自调心作用)；若球面紧力过大，可以在瓦枕结合面上加铜垫片来调整。

六、轴瓦补焊及脱胎处理

1. 轴瓦的补焊

当轴瓦合金层表面出现砂眼、气孔、裂纹、磨损及熔化等缺陷时，需采用补焊的方法进行修复。补焊工艺的注意事项如下：

(1)补焊前，必须先对瓦上缺陷进行处理：对轴瓦进行加热脱脂，除去补焊面上的残留油污；对气孔、砂眼处的金属杂物用錾子剔除，露出新的合金表面，如图 3-20a 所示；对裂纹及深度较大的气孔、砂眼用窄錾将缺陷处剔成坡口型以增加新旧合金的接触面积，但不要伤及镀锡表面，如图 3-20b 所示；对磨损、烧损、缺损等缺陷，应将缺陷表面层的陈旧面用刮刀刮除，直到露出新的合金表面为止。

(2)补焊时所用的合金应与原轴瓦合金的牌号相同。

(3)补焊用的合金形状可采用合金焊条(将合金熔化制成 $\phi6$ 左右的细条)，也可用合金

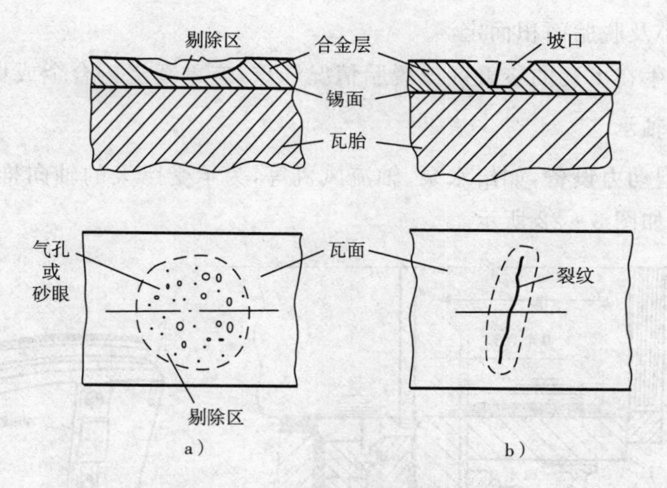

图 3－20　合金层表面缺陷处理

碎末(仅用于小缺陷的补焊)。

(4)用合金碎末补焊时,用小号火嘴先对被焊处的合金进行预热;接近熔点后,立即将合金碎末堆积在被焊处进行加热、熔化,并与被焊处的合金熔合成一体;随后将焊处合金吹平并略高出瓦面。若补焊的面积较大,则应选用合金焊条,用一般氧焊工艺进行堆补。

(5)在补焊过程中,必须严格控制瓦胎温度,除补焊处外,瓦胎其他部位的温度不许超过100℃。为防止瓦胎受热过于集中,对大面积的补焊应采用交换位置的焊补线路。若施焊时间较长,就可将瓦胎浸泡在水中,焊处露出水面,如图 3－21 所示,以保证瓦胎上的锡层不被熔化。

(6)补焊的面积不大时,焊后可用粗锉刀对焊疤进行粗加工,熔化后再修刮。面积较大时,应采用机床加工,以保证有良好的刮削基准。

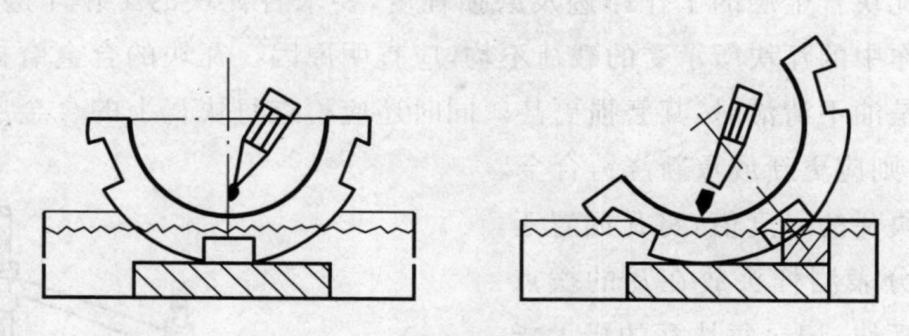

图 3－21　补焊时的冷却

2. 脱胎的处理

脱胎是指合金层与瓦胎部分或全部分离。造成脱胎的主要原因是合金层的浇铸工艺存在偏差、机组的振动长期超标。由于合金层的脱胎面积会随着运行时间的延长而扩大,故在检查出脱胎现象后应及时处理。常见处理工艺如下:

(1)对于瓦口处的合金脱胎,用锯、铣、錾等方法除去易脱胎的合金,再重新补焊合金。若脱胎处的镀锡层不完整或无锡,则必须进行烫锡处理,然后再进行补焊。

(2)用螺钉进行机械固定作为临时性急救措施。在脱胎区钻孔、攻丝,拧上铜、铝制作的平头螺钉,螺钉头平面要低于合金表面,也可用合金条插入螺孔进行铆合。螺钉的直径及数

量可依据轴瓦大小及脱胎面积而定。

(3)若脱胎发生在下瓦的接触区或脱胎情况严重,应重新浇铸合金或更换新瓦。

七、检修推力轴承

汽轮机及大型动力设备,如给水泵、轴流风机等,为承受巨大的轴向推力,大都采用推力滑动轴承,其结构如图 3-22 所示。

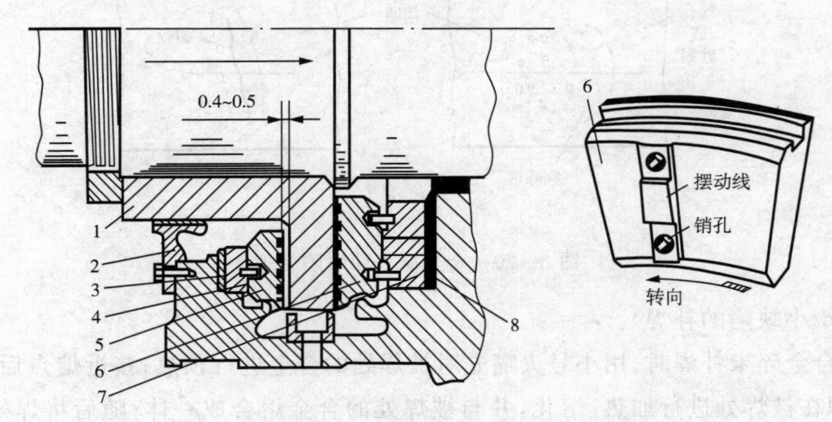

图 3-22　推力滑动轴承结构

1—推力盘;2—油挡;3—调整垫环;4—非工作瓦块挂瓦环;5—非工作瓦块;
6—工作瓦块;7—工作瓦块挂瓦环;8—调整垫环

推力滑动轴承的检修要点及质量标准如下:

(1)检查推力盘的瓢偏度与盘面的表面粗糙度,要求瓢偏度不超过 0.02mm,盘面光滑无磨痕及腐蚀现象。

(2)检查各瓦块合金层的工作印迹及磨损程度,要求各瓦块的工作印迹大小一致,如不一致,则说明工作中的瓦块所承受的载荷不均,应查明原因。瓦块的合金磨损多发生在瓦块的进油侧,尤其是油不清洁时,其磨损更甚。同时还应检查每块瓦上的合金层是否有脱胎现象,若发现脱胎,则应更新或重新浇铸合金。

(3)测量每块瓦的厚度值,将瓦面置于平板上,再将百分表测杆头放在瓦的摆点上,并微微移动瓦块,记录每块瓦的最大指示值,如图 3-23 所示。要求其值的相对误差不超过 0.02mm。

(4)瓦块上轴承合金层的厚度一般不超过 1.5mm,新瓦粗刮后应留 0.10mm 左右的组合修刮量。

(5)推力瓦的推力间隙应小于转子与静子之间的最小轴向间隙。

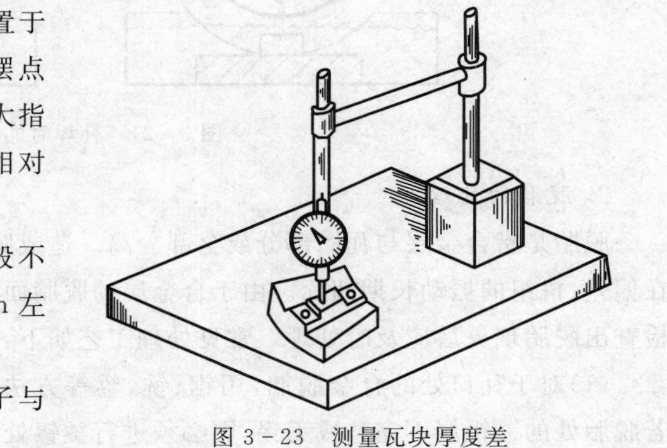

图 3-23　测量瓦块厚度差

(6)对于磨损严重的推力瓦块可采取补焊的方法处理,补焊后应进行刮研,直至合格。

(7)当推力瓦块出现轴承合金熔化事故需要更换新瓦时,应对新瓦进行质量检查,特别

需注意轴承合金有无脱胎，轴承合金厚度不能超过 1.5mm，各瓦块间的总厚度差不能大于 0.02mm。如不符合要求，可进行修刮。各瓦块检查合格后，将瓦块编号并按顺序装入轴承壳内。检查各瓦块位置是否正确。下瓦就位后放入转子，扣上半轴瓦并组合好后将转子推向一侧，使新瓦块全部吃力后盘动转子若干周，然后解体检查推力瓦块的摩擦印迹，如果印痕分布不均，则应进行修刮，直至合格。

工作实践

工作任务	滑动轴承轴瓦紧力和轴承间隙测量。
工作目标	掌握轴瓦紧力及轴瓦间隙的测量方法和操作工艺。
工作准备	滑动轴承及转动设备、工具、量具、材料等。
工作项目	测量轴瓦紧力： (1)将铅丝分别放置在上瓦顶部以及轴承座的结合面上； (2)扣上轴承盖，拧紧联接螺栓，拆下轴承盖，用分厘卡测量各铅丝厚度； (3)计算轴瓦紧力，并分别计算前后两端轴瓦紧力，并进行比较分析。
	测量瓦顶间隙(顶隙)： (1)将铅丝分别放置在轴颈顶部以及下瓦结合面上； (2)放好上轴瓦，扣上轴承盖，拧紧联接螺栓，拆下轴承盖，取出上轴瓦，用分厘卡测量各铅丝厚度； (3)计算瓦顶间隙，并分别计算前后两端瓦顶间隙，并进行比较分析。
	测量瓦口间隙(侧隙)： (1)用塞尺从瓦口的 4 个角分别插入测量，注意插入深度； (2)测出瓦口间隙后，还要检测下瓦侧隙对称度。

思考与练习

1. 简述滑动轴承的类型、结构与工作原理。
2. 滑动轴承的检测项目有哪些？
3. 楔形油膜是怎样产生的？其作用是什么？
4. 滑动轴承的常见故障有哪些？分析其产生的原因。
5. 什么叫"赶瓦"？简述轴承合金出现"赶瓦"的原因。
6. 轴瓦刮研的目的是什么？
7. 简述轴瓦刮削后的最终形状及质量标准。
8. 怎样测量滑动轴承的瓦顶间隙？
9. 怎样测量滑动轴承的瓦口间隙？
10. 怎样检测侧隙对称度？
11. 怎样调整轴瓦间隙？
12. 怎样测量轴瓦紧力？

任务二　滚动轴承检修

工作任务

学习滚动轴承检修的相关知识和技能，了解滚动轴承检修的工作内容，熟悉滚动轴承的结构、特点以及常见缺陷，学会向心轴承间隙的测量方法，掌握常用滚动轴承的拆装工艺。

知识与技能

一、认识滚动轴承

1. 滚动轴承基本结构

滚动轴承一般由内圈、外圈、滚动体和保持架等零件组成，如图 3-24 所示。在轴承装配中，内圈与轴颈配合并与轴一起旋转；外圈与轴承座配合起支承作用；滚动体（如图 3-25 所示，包括球、球面滚子、圆锥滚子、圆柱滚子、滚针等）在内圈和外圈之间滚动；保持架将滚道中的滚动体均匀分开，引导并保持滚动体在滚道上正常滚动。

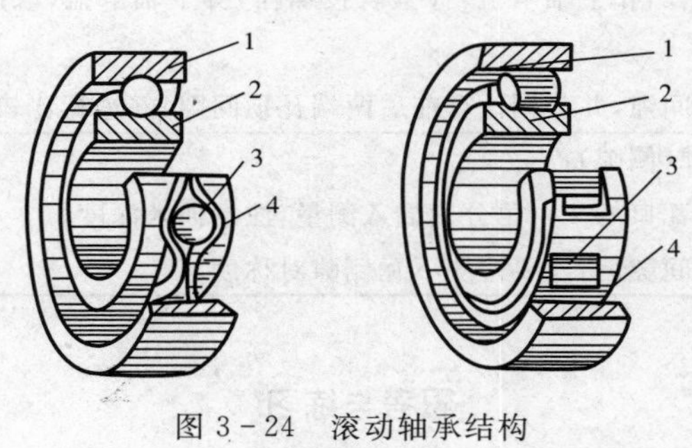

图 3-24　滚动轴承结构

1—外圈；2—内圈；3—滚动体；4—保持架

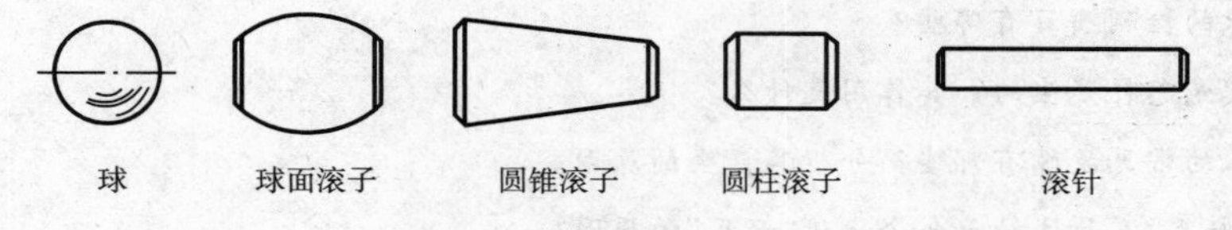

图 3-25　常见滚动体

滚动轴承的摩擦系数小，消耗功率少，起动力矩小，易于密封，耗油少，轴向尺寸小，拆装方便，能自动调整中心以补偿轴弯曲及装配误差。其缺点是承受冲击载荷的能力差，径向尺寸大，转动噪音大。

2. 滚动轴承的固定及配合

为使轴和轴上的零件在机体内有稳定的位置，并使轴承能够承受转体的轴向推力，滚动轴承沿轴向必须固定。

(1)轴承内圈固定

① 轴承内圈端面紧贴轴肩,用轴肩单向固定,如图 3-26a 所示。为了方便轴承的拆装,轴肩的高度应低于轴承内圈的厚度,一般为轴承内圈厚度的 1/2～2/3,余下的 1/3～1/2 是供拆卸工具着力的地方。若轴肩过高拆卸时卡不住内圈,过低则易压坏轴肩。这种固定方法只能承受轴向单向推力。

② 用弹性挡圈、轴端挡圈及圆螺帽固定,如图 3-26b、c、d 所示。这些固定方法能够承受双向推力,弹性挡圈结构紧凑,装拆方便,用于轴向载荷较小和转速不高的场合;轴端挡圈用螺钉固定在轴端,可承受正等轴向载荷;圆螺帽用于轴向载荷较大、转速较高的场合。

③ 用轴上的套装件固定,如图 3-26e 所示。

④ 用锥套固定,如图 3-26f 所示。这种固定方法仅适用于内锥形轴承。

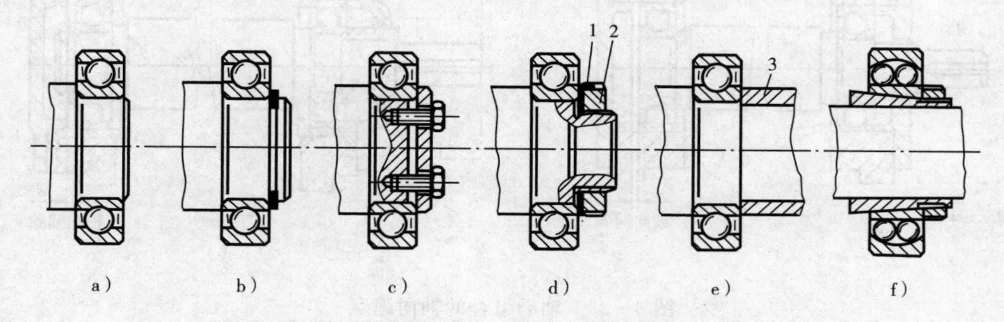

图 3-26 轴承内圈固定方法

1—止退垫圈;2—圆螺帽;3—轴套

(2)轴承外圈固定

① 用轴承端盖单向固定,如图 3-27a 所示。

② 用轴承端盖和轴承座内挡肩双向固定,如图 3-27b 所示。这种结构可承受双向推力,但拆装比较麻烦。图 3-27c 所示的是类似结构,用弹簧挡圈代替端盖。

③ 用内外轴承端盖固定,如图 3-27d 所示。这种结构应用很普遍,各类电机的轴承大都采用此法固定,其优点是加工、装卸都很方便。

④ 用卡环将外圈卡在槽内定位,如图 3-27e 所示。

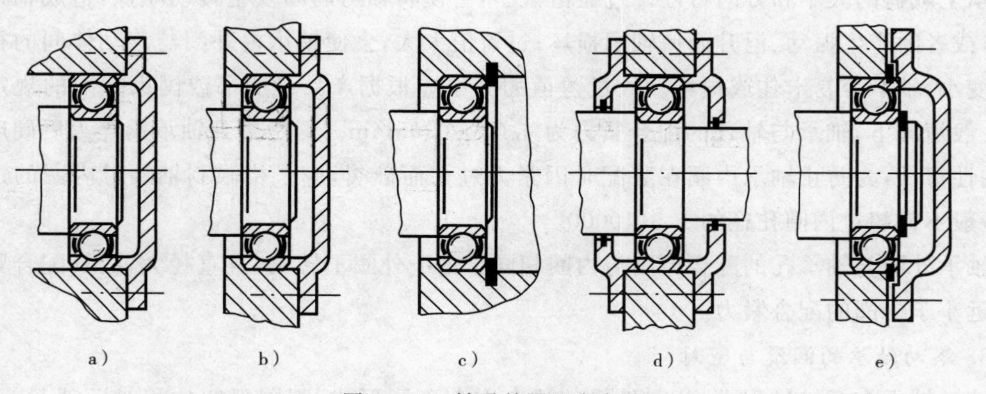

图 3-27 轴承外圈固定方法

(3)轴承的支承结构形式

① 两端固定支承。在两个轴承支点上分别限制轴的单向移动,两个支点合在一起就限制了轴的双向移动,又称为双支点单向固定,如图 3-28a 所示。这种支承结构适用于工作温度变化不大的短轴。考虑到轴的受热膨胀伸长,应在一侧轴承的外圈端面与轴承盖之间留有 0.2~0.4mm 的热补偿间隙。

② 固定—游动支承。在轴的一个轴承支点上限制轴的双向移动,另一个轴承支点可沿轴向游动,又称为单支点双向固定,如图 3-28b 所示。当轴的支点跨距较大或工作温度较高时,轴的热伸长量较大,应采用这种支承结构。

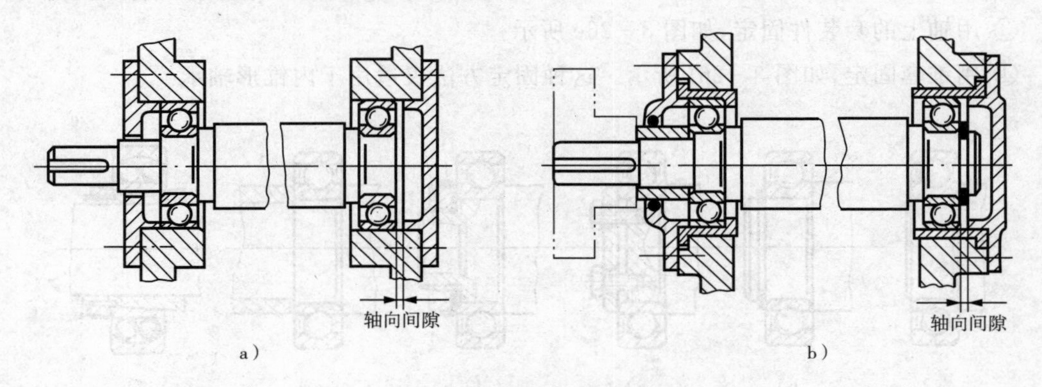

图 3-28　轴承组合的轴向固定

(4)滚动轴承的配合

滚动轴承是标准件,所以轴承内圈与轴颈的配合采用基孔制,轴承外圈与轴承座孔的配合采用基轴制。

滚动轴承的配合种类应根据轴承的结构、载荷的大小及方向、工作温度和机组振动等因素来选择,要保证滚动轴承在工作时轴承内圈与轴颈之间、外圈与轴承孔之间不发生相对转动。一般来说,尺寸大、载荷大、振动大、转速高、工作温度高的情况下应选择紧一些的配合,而经常拆卸或游动的套圈则采用较松的配合。

发电厂热力设备中,轴承内圈与轴颈通常采用紧配合,即过盈配合。过盈值的大小决定于轴承上载荷的大小和方向特性。过盈值太小,会使转轴与内圈发生转动摩擦,造成轴颈的磨损,或者因产生振动、温升而使轴承损坏;过盈值太大,会使轴承内外圈与滚动体间的径向间隙变小,轴承容易卡住或损坏。故过盈值的大小应根据产品说明书或国家标准的规定选用,一般情况下,轴承与轴颈的配合紧力为 0.02~0.05mm。但考虑到轴承钢淬火后硬度很高、韧性很低,为防止轴承内圈在装配时因紧力过大而破裂,应严格限制轴颈对内圈的过盈值,一般不得超过内圈孔径的 1.5/10000。

轴承外圈与轴承孔的配合原则与内圈相同。由于外圈不转动,且直径大,故其配合紧力要远远小于内圈的配合紧力。

3. 滚动轴承的润滑与密封

滚动轴承在运转过程中,各零件之间均存在着不同形式、不同程度的相对运动,从而导

致摩擦。为保证滚动轴承可靠工作并延长其使用寿命，必须采取良好的润滑及可靠的密封。

(1)润滑的作用

① 在相互接触的两滚动表面或滑动表面之间形成一层油膜，把两表面隔开，减少接触表面的摩擦和磨损。

② 采用油润滑时，特别是采用循环油润滑、油雾润滑和喷油润滑时，润滑油能带走轴承内部的大部分摩擦热，起到有效的散热作用。

③ 采用脂润滑时，可以防止外部的灰尘、异物进入轴承，起到封闭作用。

④ 润滑剂具有防止金属锈蚀的作用。

⑤ 延长轴承的疲劳寿命。

(2)滚动轴承的润滑方式

根据滚动轴承使用润滑剂种类的不同，滚动轴承的润滑方式有脂润滑、油润滑和固体润滑三种。一般情况下滚动轴承采用脂润滑，而高温、高速和重载条件下的滚动轴承可采用油润滑，特殊情况下选用固体润滑。具体方式可根据轴承内径 d 和转速 n 的乘积 dn 来选取。表 3-5 列出了各类滚动轴承在各种润滑方式下允许的 dn 值。

表 3-5　滚动轴承的 dn 值　(mm·r/min)

轴承类型	脂润滑	油润滑			
		油浴润滑	滴油润滑	循环油润滑	喷雾润滑
深沟球轴承				600000	>600000
调心球轴承	160000	250000	400000	—	—
角接触球轴承				600000	>600000
圆柱滚子轴承	120000	250000	400000	600000	>600000
圆锥滚子轴承	100000	160000	230000	300000	
调心滚子轴承	80000	120000		250000	
推力球轴承	40000	60000	120000	150000	

① 脂润滑

脂润滑因不易流失，便于密封和维护，且一次充填润滑剂可运转较长时间，所以被大多数滚动轴承采用。所用润滑剂称为润滑脂，是由基础油、增稠剂和添加剂组成的。轴承常用的润滑脂有钙基润滑脂、钠基润滑脂、钙钠基润滑脂、锂基润滑脂、铝基润滑脂和二硫化钼润滑脂等。润滑脂的充填方法及注意事项如下：

a. 润滑脂的充填方法有手工充填法、油杯油枪注脂法和压力供脂法。

b. 手工充填时，用手指将润滑脂从轴承两侧压入保持架内，充填到与保持架平齐，再转动几次外圈，擦去过多的润滑脂。

c. 轴承在装入轴承座之前，应向轴承座和端盖内充填少量的润滑脂。

d. 在运行中可以用油杯油枪注脂法或压力供脂法向轴承内注入润滑脂。

e. 充填润滑脂时切忌过多，过多的润滑脂在运行过程中由于搅拌作用下引起摩擦，产生高温，同时润滑脂又起着保温作用而影响散热，结果导致轴承过热而损坏。当轴承温度超过170℃时，其硬度开始下降。为了保证轴承的使用寿命，轴承的工作温度一般不允许超过120℃。轴承中充填润滑脂的数量可根据轴承脂润滑时的允许极限速度 n_j 与轴承实际转速 n 的比值来确定，见表3-6。

表3-6　润滑脂充填量与轴承转速的关系

转速比(n_j/n)	≈1.25	>1.25～5	>5
充填量占轴承内部自由空间的比例	1/3	1/3～2/3	2/3

f. 滚动轴承所用润滑脂必须保证清洁无污染，不许和其他用油混用，并用有密封盖的小包装盒装油。

g. 润滑脂在使用过程中会蒸发、流失和老化，因此在使用过程中应不断补充新润滑脂，同时随着使用时间的延长，需更换润滑脂。

② 油润滑

油润滑相比脂润滑，摩擦阻力小，散热好，主要用于高速或工作温度较高的滚动轴承。润滑油分为矿物润滑油和合成润滑油两类。矿物润滑油一般加有缓蚀、抗氧化、极压等添加剂，应用广泛。合成润滑油具有耐辐射、抗氧化、阻燃、耐高温和耐低温等性能，但价格昂贵。常用的润滑油有机械油、高速机械油、汽轮机油、压缩机油、变压器油和气缸油等。滚动轴承采用油润滑的方式如下：

a. 油浴润滑。这是最普通的润滑方法，适于低、中速轴承的润滑。轴承的一部分浸入润滑油中，油面稍低于最低滚动体的中心，轴承每转一圈，每个滚动体都浸入油中一次，同时将油带到其他工作面。

b. 滴油润滑。通过油杯中的节流口向轴承滴油，达到润滑的目的。适用于需要定量供应润滑油的轴承部件。滴油量一般每3～8秒1滴为宜，过多的油量将引起轴承温度增高。

c. 循环油润滑。利用油泵将润滑油从油箱吸出，通过油管、油孔导入轴承座中，再经回油孔返回油箱，经冷却、过滤后再使用。由于循环油可带走一定的热量使轴承降温，故此法适用于重载荷、高转速的支承轴承润滑。

d. 喷雾润滑。用于燥的压缩空气经喷雾器与润滑油混合形成油雾，喷射到轴承中，气流可有效地使轴承降温并能防止杂质侵入。此法适于高速、高温轴承的润滑。

e. 喷射润滑。用油泵将高压油经喷嘴射到轴承中，射入轴承中的油经轴承另一端流入油槽。在轴承高速旋转时，滚动体和保持架也以相当高的旋转速度使周围空气形成气流，用一般的润滑方法很难将润滑油送到轴承中，这时必须用高压喷射的方法将润滑油喷

至轴承中，喷嘴的位置应放在内圈和保持架中心之间。此法适于高速或超高速轴承的润滑。

③ 固体润滑

在一些特殊的使用条件下，采用脂润滑和油润滑受到限制，此时可采用固体润滑方式对轴承进行润滑。将少量固体润滑剂(如3%～5%的1号二硫化钼)加入润滑脂中，可减少磨损，提高抗压、耐热能力。在高温、高压、高真空、耐腐蚀、抗辐射以及极低温等特殊条件下，把固体润滑剂加入工程塑料或粉末冶金材料中，可制成具有自润滑性能的轴承零件，如用黏结剂将固体润滑剂黏结在滚道、保持架和滚动体上形成润滑油膜，对减少摩擦和磨损有一定效果。

(3)滚动轴承的密封

滚动轴承的密封方法与轴承润滑的种类、转速、工作环境、工作温度及轴承的支承结构特点有关。按密封的结构形式，可将其分为接触式密封和非接触式密封两大类。

① 接触式密封

接触式密封又分为径向接触式密封和端面接触式密封。

常用的径向接触式密封包括毡圈密封、油封密封、填料密封和密封环密封，各种密封结构及用途见表3-7。由于密封件与轴或其他配合件直接接触，在工作中不可避免地产生摩擦和磨损，并使温度升高，故一般适用于中、低速运转的轴承密封。

常用的端面接触式密封主要有金属垫圈密封、浮动油封密封和自润滑密封材料端面密封等。

表3-7　滚动轴承径向接触式密封

密封形式	简　图	用　途
毡圈密封		适用于温度小于100℃的工作环境，毡圈安装前用油浸渍，具有良好的密封效果。
填料密封		密封效果良好，其优点是可以通过螺栓压紧，提高密封压力，又能补偿磨损，但摩擦力较大，适用于低速回转运动。

（续表）

密封形式		简图	用途
油封密封	内向式普通型油封	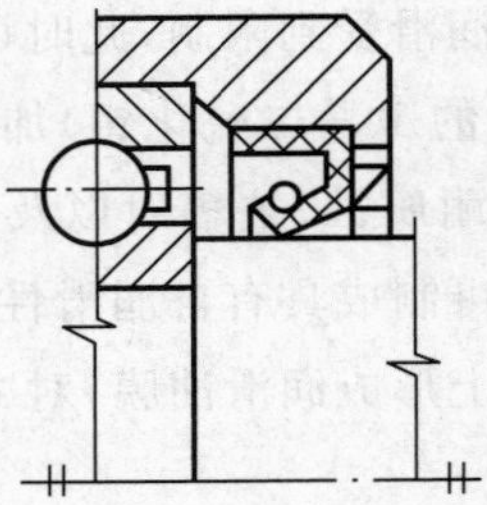	主要防止润滑剂溢出，允许的圆周速度由密封材料决定。适用于接触面滑动速度小于10m/s（轴颈为精车）或小于15m/s（轴颈磨光）的场合。
	双唇型油封	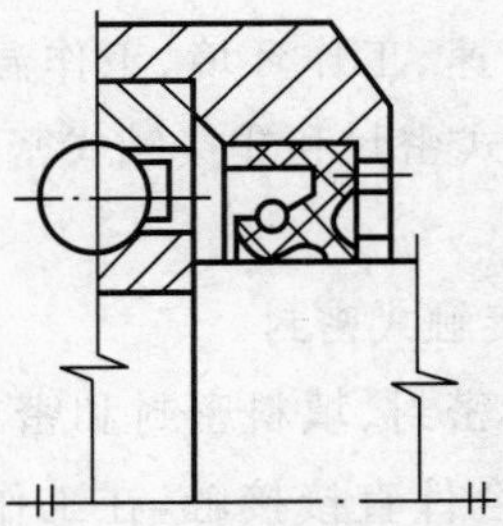	可以防止润滑剂溢出和尘埃侵入，允许的圆周速度由密封材料决定。适用速度同内向式普通型油封。
	外向式普通型油封	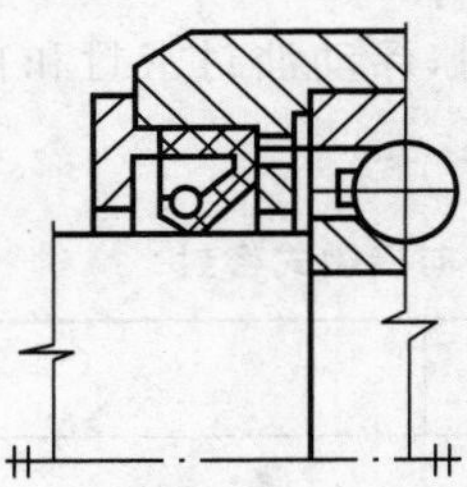	主要防止尘埃侵入，允许的圆周速度由密封材料决定。适用速度同内向式普通型油封。
密封环密封		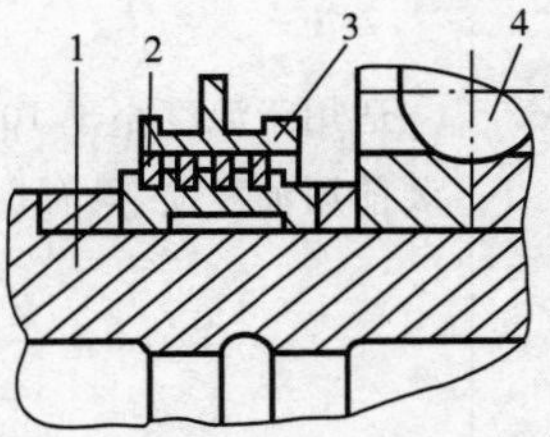 1—轴；2—密封环；3—静止件；4—轴承	密封环放置在带有环槽的套筒（与轴一起转动）和轴承盖（静止件）圆孔之间，各接触表面均需硬化处理并磨光；密封要求不高时可以只用1个环，要求高时可用2～4个环；密封环用含铬的耐磨铸铁制造，可用于滑动速度小于100m/s场合；在滑动速度为60～80m/s范围内，也可用锡青铜制造的密封环。

② 非接触式密封

常用的非接触式密封有缝隙密封、甩油环密封和迷宫式密封等，其结构和特点见表3-8。由于存在间隙，除甩油环密封外，非接触式密封多用于脂润滑轴承。为提高密封的可靠性，各类密封可组合起来使用。

由于非接触式密封装置的间隙处除了存在润滑剂的内摩擦外，均不会出现任何其他摩

擦。因此，非接触式密封不会产生磨损，使用时间较长，也不会产生明显的温升。可适用于转速较高的场合，但密封间隙不宜过大，否则会降低其密封效果。

表 3-8 滚动轴承非接触式密封

密封形式	简 图	用 途
缝隙密封	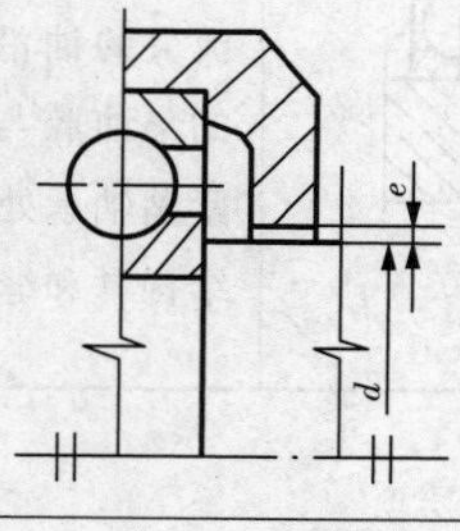	结构简单，能满足一般条件下的密封。
沟槽密封	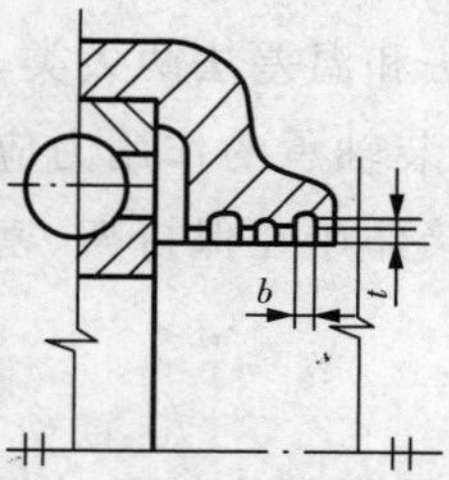	沟槽内充填润滑脂后使尘埃难以侵入，有环槽和螺旋槽两种形式。环槽一般为 3 条。槽宽 $b=3\sim5$mm；槽深 $t=4\sim5$mm。
迷宫密封	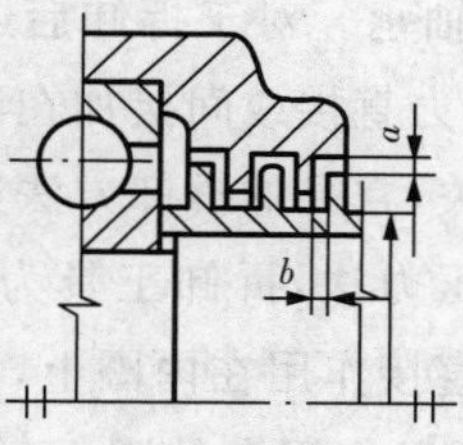	当迷宫曲径充填润滑剂之后，其密封效果比沟槽密封好。迷宫密封分径向和轴向两种形式。
斜向迷宫密封	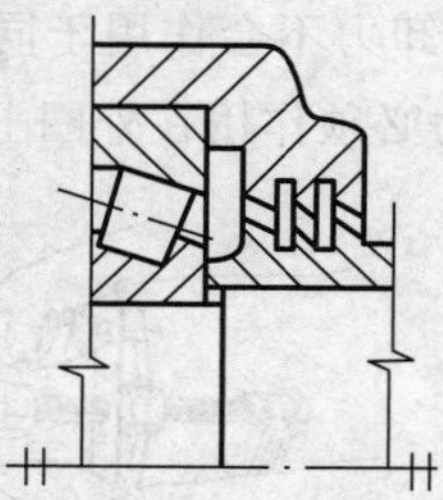	用于挠度较大时，曲径斜面可随中心摆动。斜向迷宫密封的曲径中充填润滑脂后可以达到较好的密封效果。
冲压钢片迷宫密封	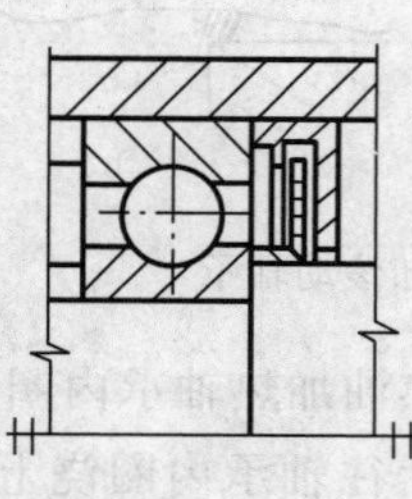	由冲压钢片组成的合成迷宫密封，其冲压钢片可以靠配合装在轴或壳体上，不需要轴向固定，若在冲压钢片的曲径中充填润滑脂后可以达到较好的密封效果。

（续表）

密封形式	简　图	用　途
甩油环密封	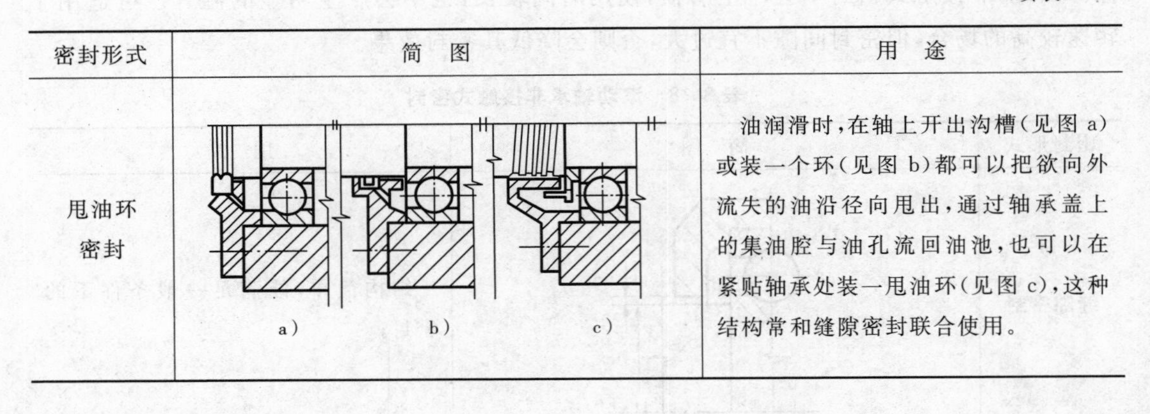	油润滑时，在轴上开出沟槽（见图 a）或装一个环（见图 b）都可以把欲向外流失的油沿径向甩出，通过轴承盖上的集油腔与油孔流回油池，也可以在紧贴轴承处装一甩油环（见图 c），这种结构常和缝隙密封联合使用。

二、拆装滚动轴承

拆卸与安装滚动轴承的常用方法分为压力法和温差法两大类，具体所用方法应根据轴承的结构、尺寸及配合性质而定。要求拆卸和安装轴承的作用力应直接作用在配合的套圈端面上，不可通过滚动体传递作用力，也不可直接作用在保持架、密封圈和防尘盖等容易变形的零件上。

1. 拆卸滚动轴承

为保证轴承配合部位的精度和装配紧力，应尽量减少轴承的拆卸次数。一般是在轴承已损坏或不拆卸轴承就无法进行检修时才拆卸轴承。对于拆卸后还要重复使用的轴承，拆卸时不能损坏轴承的配合面，不能将拆卸的作用力直接或间接加在滚动体上，而要加在紧配合的套圈上。滚动轴承的拆卸方法与其结构有关，常见的拆卸方法如下：

(1)拆卸过盈配合的中小型滚动轴承采用压力法，拆卸工具为拉马。从轴上拆卸轴承时，拉马的爪子应作用于轴承的内圈，使拆卸力直接作用在内圈上，如图 3－29a 所示。若没有足够的空间使拉马的爪子作用在内圈时，也可以作用在外圈上，但操作时应固定扳手，靠旋转拉马卸下轴承，如图 3－29b 所示。这样，拆卸力不会作用于同一点上，不致损坏轴承。注意，当滚动轴承紧紧配合在壳体孔中时，拆卸力必须作用在外圈上。

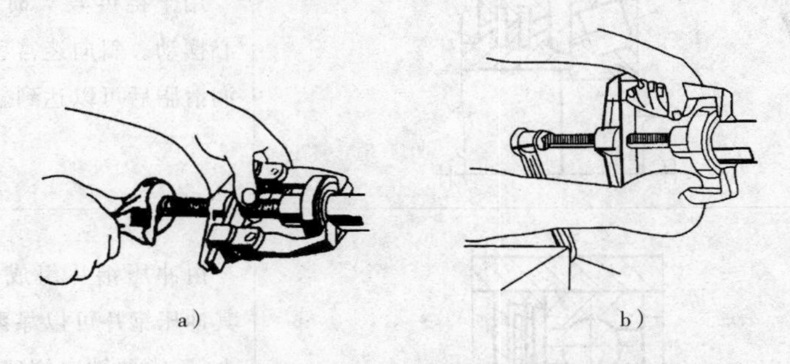

图 3－29　拉马拆卸滚动轴承

(2)拆卸尺寸较大、装配很紧的轴承时，可用热油加热轴承内圈，使其在受热膨胀的状态下进行拆卸：先装上拉马，并预加适当的拉力，然后往轴承内圈浇上 90～100℃的热油，待内圈受热开始膨胀时，立即操作拉马，卸下轴承。为避免轴颈同时受热膨胀而失去作用，在浇

油前应先用石棉布将轴盖上。

(3)拆卸调心滚动轴承时,应将内圈与滚动体同时转动一个角度,以便拉马作用在轴承外圈上进行拆卸,如图 3－30 所示。

(4)拆卸轴与孔均为过盈配合的深沟球轴承时,须使用专用拉马,如图 3－31 所示。马臂应小心地置于轴承内部,以夹紧轴承外圈,然后装上螺杆并旋转,直至拆下轴承。

图 3－30　拆卸调心轴承

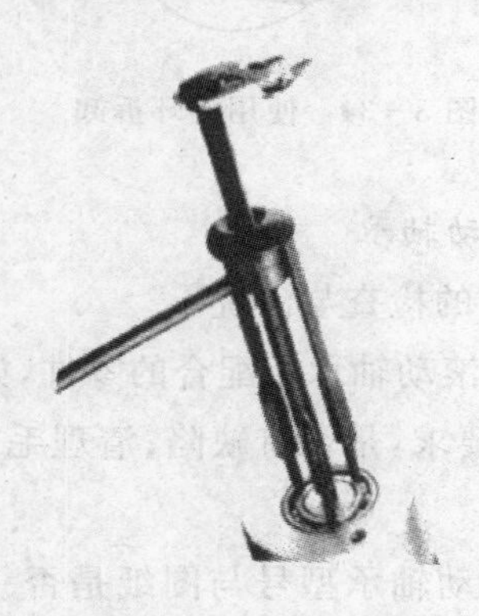

图 3－31　专用拉马

(5)拆卸紧配合的中型滚动轴承时,常用工具为液压拉马,即利用液压动力完成拆卸,如图 3－32 所示。

(6)拆卸中大型滚动轴承时,常用工具为油压机,如图 3－33 所示。拆卸时,将高压油通过轴上的油孔注入轴颈与轴承内径的配合面,直至形成油膜,将配合表面完全分开。此时操作拉马,只需很小的力就可以拆卸轴承。由于拆卸力很小,且拉马直接作用在滚动轴承的外圈上,因此必须使用具有自定心的拉马。

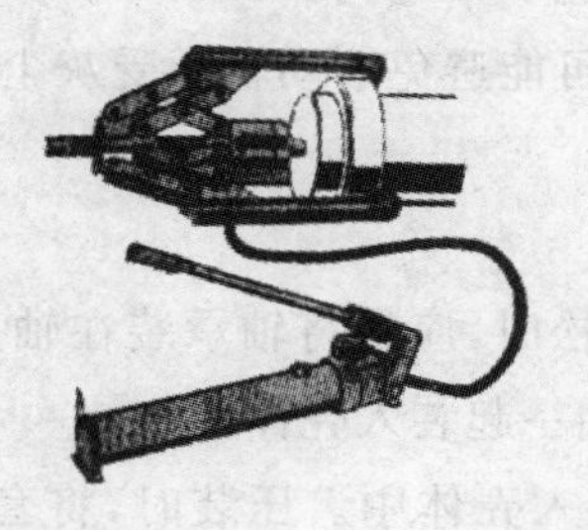

图 3－32　液压拉马

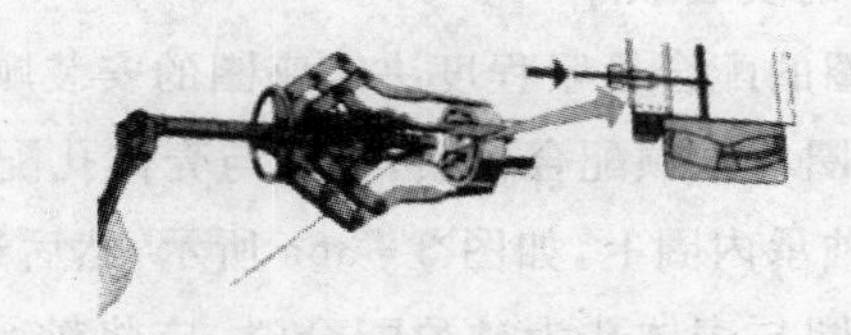

图 3－33　油压机的使用

(7)拆卸圆柱滚子轴承内圈时采用温差法。拆去外圈后,在内圈滚道上涂一层抗氧化剂,然后将铝环加热至 250℃左右,并将铝环包住轴承的内圈,再夹紧铝环的两个手柄,使其紧紧夹住轴承的内圈,直至轴承拆卸完毕,如图 3－34 所示。

(8)如果圆柱滚子轴承内圈有不同的尺寸且必须经常拆卸,可使用感应加热器,如图 3－35 所示。将感应加热器套在轴承内圈上并通电,感应加热器会自动抱紧轴承内圈,且感应加热,此时握紧两边手柄,直至将轴承拆卸下来。

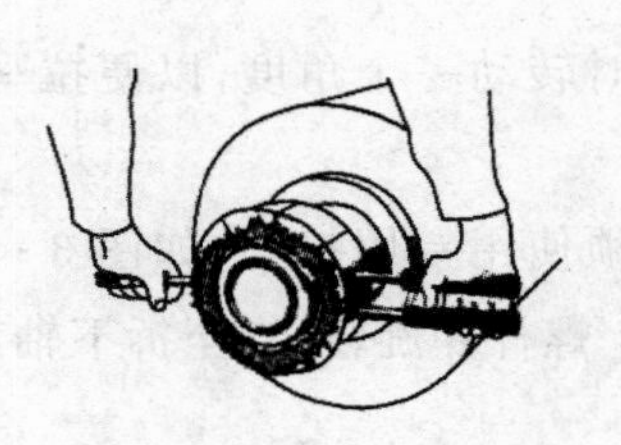

图 3-34 使用铝环拆卸

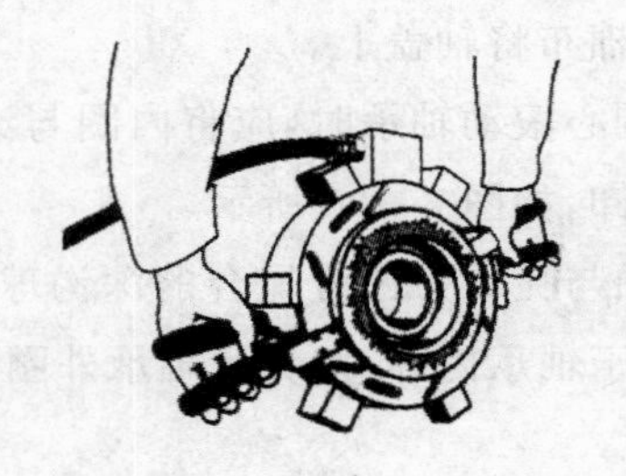

图 3-35 使用感应加热器拆卸

2. 安装滚动轴承

(1)安装前的检查与清洗

① 检查与滚动轴承相配合的零件,如轴颈、轴承箱孔、端盖等尺寸、公差、表面结构要求是否符合图样要求,是否有缺陷;清理毛刺、碎屑,并用汽油或煤油清洗,擦净后涂上润滑油待用。

② 检查滚动轴承型号与图纸是否一致,并清洗滚动轴承。如滚动轴承是用防锈油封存的,可在常温下用汽油或煤油擦洗轴承内孔和外圈表面,并用软布擦净;对于用厚油和防锈油脂封存的大型轴承,则须在安装前采用加热的方法清洗:把清洗剂加热至 120℃,将轴承浸入其中,待油脂溶解后取出,冷却后再用汽油或煤油清洗。清洗的重点是内、外圈的滚道、滚动体与保持架间的空隙,洗后用软布擦净,涂上润滑油待用,暂时不用的要包封。

③ 带防尘盖和密封圈的滚动轴承不能清洗。

④ 检查密封件,如有损坏应更换。

⑤ 安装准备工作没有完成之前,不得拆开轴承的包装,以防受污染。

⑥ 装配环境中不得有金属微粒、锯屑、沙子等,尽可能避免滚动轴承受灰尘污染。

(2)座圈的安装顺序

按照座圈的配合松紧程度决定座圈的安装顺序。

① 当内圈与轴颈配合较紧,外圈与壳体孔配合较松时,应先将轴承装在轴上。压装时,将套筒放在轴承内圈上,如图 3-36a 所示,然后连同轴一起装入壳体中。

② 当外圈与壳体孔为过盈配合时,应将轴承先压入壳体中。压装时,将套筒放在轴承外圈上,如图 3-36b 所示。

④ 当轴承内圈与轴、外圈与壳体孔都是过盈配合时,使用端面上具有同时压紧轴承内、外圈的圆环的套筒,将轴承内、外圈同时压装在轴上和壳体中,如图 3-36c 所示。

(3)套圈的压入方法

① 套筒压入法。通过手锤敲击冲击套筒将轴承套圈均匀压入,注意锤击点必须正对套筒中心,如图 3-37 所示。此法适用于装配小型滚动轴承,其配合过盈量较小。

② 机械压入法。当配合过盈量较大时,常用杠杆齿条或螺旋压力机将轴压入套圈,如图 3-38 所示。若压力不够,可采用液压机装压轴承。

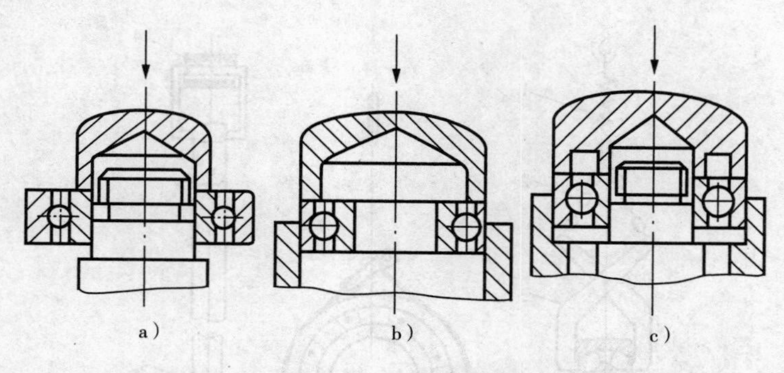

图 3 - 36　安装座圈

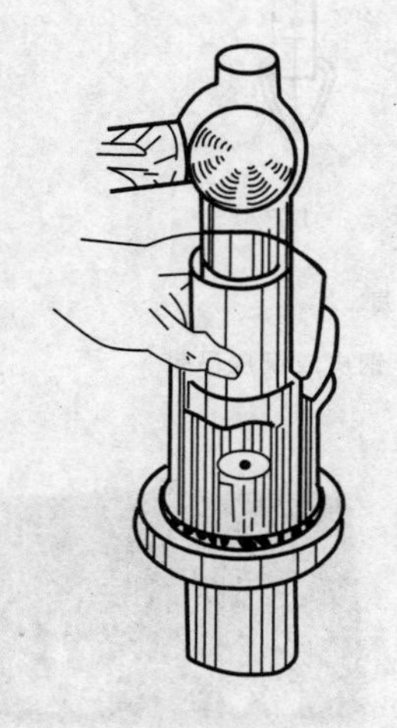

图 3 - 37　套筒压入法

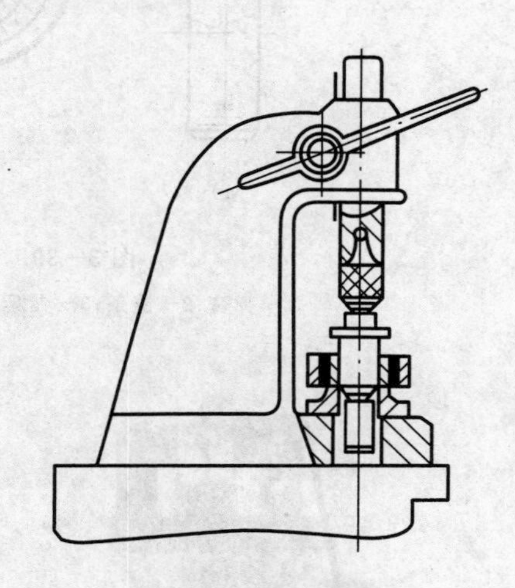

图 3 - 38　机械压入法

③ 温差法。当配合过盈量较大时，所需装配力也随之增大，此时可采用温差法，将滚动轴承加热后再与常温轴配合。轴承和轴颈之间的温差取决于配合过盈量的大小和轴承的尺寸。通常将轴承的加热温度控制在 110℃左右，注意不能将轴承加热至 120℃以上，否则将引起轴承钢的材料性能变化。加热后，用专用夹具夹稳轴承(见图 3 - 39)，对准套装部位迅速推入，再用铜棒敲打轴承内圈，使其安装到正确位置。安装时，应戴干净的专用防护手套搬运轴承，将其装至轴上与轴肩可靠接触，并始终按压轴承直至轴承与轴颈已紧密配合，以防轴承冷却时套圈与轴肩分离。

常用的加热方法有：

a. 使用电磁感应加热器对滚动轴承加热，如图 3 - 40 所示。为防止吸附金属微粒，加热后必须进行消磁处理。

b. 使用电加热盘对滚动轴承加热，如图 3 - 41 所示。此法可同时加热多个轴承，并能对温度进行可靠控制，

c. 油浴加热滚动轴承。加热时将轴承放在油箱内的网格上，避免轴承接触到油温高的箱底形成局部加热，如图3 - 42a所示；对于小型轴承，可以将轴承挂在油中进行加热，如图3 - 42b所示。

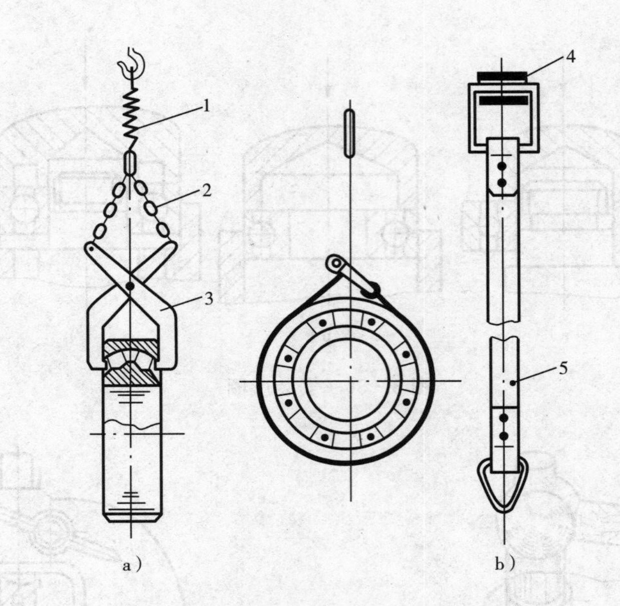

图 3－39　专用吊夹工具

1—弹簧；2—链条；3—夹具；4—滚筒；5—钢皮或铜皮吊带

图 3－40　电磁感应器加热

图 3－41　电加热盘加热

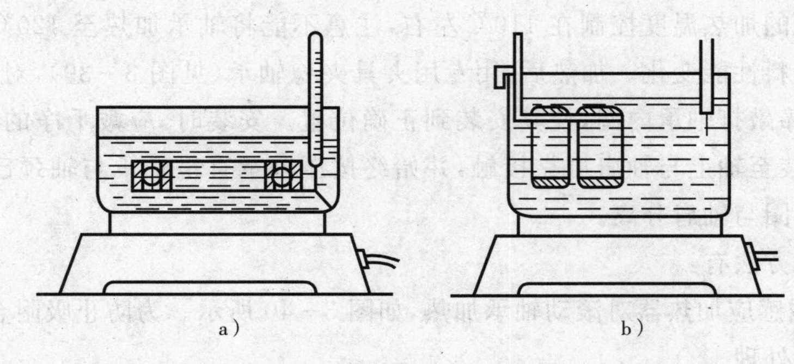

图 3－42　油浴加热

(4)安装注意事项

① 常温下安装滚动轴承时，应尽可能采用压力机，因压力机的工作台与压力头中心线的垂直度精确，容易保证装配质量。

② 安装轴承内圈时，作用力只能平行地作用在轴承内圈端面上；在安装轴承外圈时，作

用力只能平行地作用在外圈端面上，如图 3－43 所示。不许通过滚动体和保持架传递作用力，严禁直接用手锤敲打轴承座圈，如图 3－44 所示。

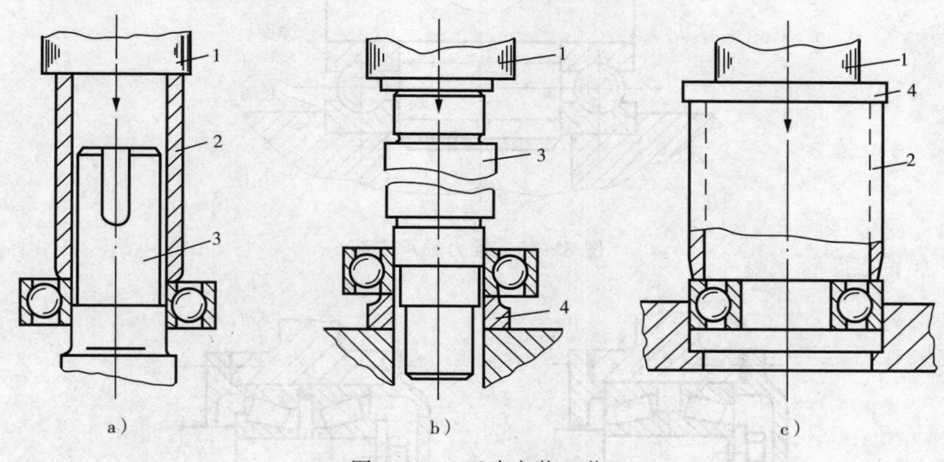

图 3－43　正确安装工艺

a)用套管压装内圈；b)将轴压入内圈；c)用套管压装外圈

1—压力头；2—套管；3—轴；4—垫铁

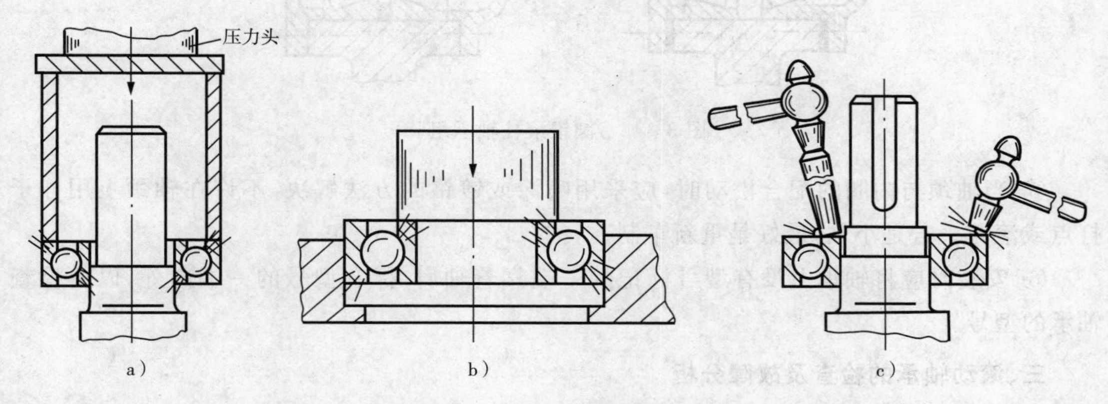

图 3－44　错误安装工艺

a)错压外圈；b)错压内圈；c)手锤直接敲打轴承

③ 安装平面推力轴承时，要注意两个承力盘的安装位置。由于两盘的内孔直径不一样，其中一个与轴颈的配合有紧力（称为紧圈），另一个与轴颈之间有间隙（称为松圈）。紧圈必须装在轴颈的轴肩处，如图 3－45 所示。当轴转动时，依靠内孔与轴颈的紧力以及轴肩与承力盘之间的摩擦力，紧圈与轴同时转动；由于松圈与轴颈为间隙配合，故松圈处于静止状态。若将紧圈与松圈位置颠倒，则推力轴承不仅起不到轴承作用，还会造成轴颈的磨损。

④ 安装圆锥滚柱轴承时，应注意圆锥滚柱的方向。当轴的两端都是圆锥滚柱轴承时，应大头对大头，小头对小头，如图 3－46 所示。如果只有一端是圆锥滚柱轴承，则应注意轴向推力的方向。

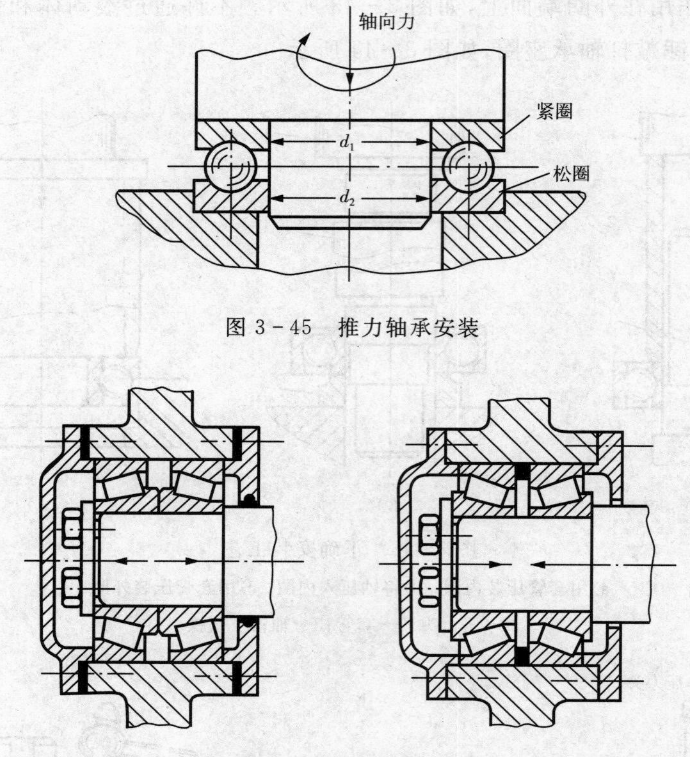

图 3－45　推力轴承安装

图 3－46　圆锥滚柱轴承组装

⑤ 当轴颈与内圈的配合松动时，应采用喷涂或镀铬的方法解决，不许在轴颈上用冲子打点或滚花。若是小轴，最好是重新车制。

⑥ 安装时应将轴承上没有型号标记的一端靠着轴肩，标有型号的一端向外，以便检查轴承的型号。

三、滚动轴承的检查及故障分析

1．滚动轴承的检查

(1)检查前的清洗

滚动轴承检查前要进行清洗，清洗工作做得不好会使轴承发热和过早失去精度，也会因为污物和毛刺划伤配合表面。清洗轴承用的清洗剂有煤油、汽油和专用金属清洗剂。对有润滑脂的轴承可以采用变压器油或金属清洗剂加热清洗，以促使油脂溶化，加热清洗时加热温度不得超过 120℃。

(2)外观检查

经清洗剂清洗并用软布擦净的轴承，应检查其表面的光洁程度，检查轴承有无裂痕、麻点、变色、锈蚀及脱皮等缺陷。

(3)检查尺寸精度

检查滚动体的形状和彼此尺寸是否相同，以及保持架的松动情况。同时还要检查轴和轴承座结合面的粗糙度、尺寸精度，确保它们在允许的公差范围内。

(4)检查轴承是否灵活旋转

检查时用手拨动轴承旋转，然后任其自行减速停止。轴承转动过程中应转动平稳，略有轻微响声，但无振动。停转时应逐渐减速停止，停转后无倒转现象，否则，轴承存在缺陷。

(5)轴承间隙的测量

滚动轴承间隙包括径向间隙和轴向间隙，分别是指将轴承的一个套圈(内圈或外圈)固定，另一个套圈沿径向或轴向的最大活动量，如图 3-47 所示。根据轴承所处的状态不同，间隙分为原始间隙、安装间隙和工作间隙。原始间隙是指轴承在未安装前自由状态下的间隙；安装间隙又称作配合间隙，是指轴承与轴及轴承座孔配合安装后的间隙，因为有配合过盈量存在，安装间隙始终小于原始间隙；工作间隙是指轴承在工作状态下的间隙，一般情况下工作间隙大于安装间隙。

轴承间隙是保证油膜润滑和滚动体转动畅通无阻所必需的，一般滚动轴承的间隙由生产厂家按国家标准推荐的对应间隙组别的数值选配。表 3-9 列出了向心轴承最大径向间隙以及测量时的用力大小，可供检修时参考。

表 3-9　向心轴承最大径向间隙及测量用力

轴承内径 D(mm)	<10	12～30	35～70	75～100	105～200
最大径向间隙		$2D/1000$	$1.5D/1000$	$D/1000$	$0.8D/1000$
测量用力 F(N)	20	50	75	100	150

轴承间隙的测量方法有以下几种：

① 用百分表测量，如图 3-48 所示。将内圈固定，架好百分表 a 和 b；用一定的轴向力 F 均匀抬起外圈，从表 a 读出轴向间隙；水平移动外圈，从表 b 读出径向间隙。

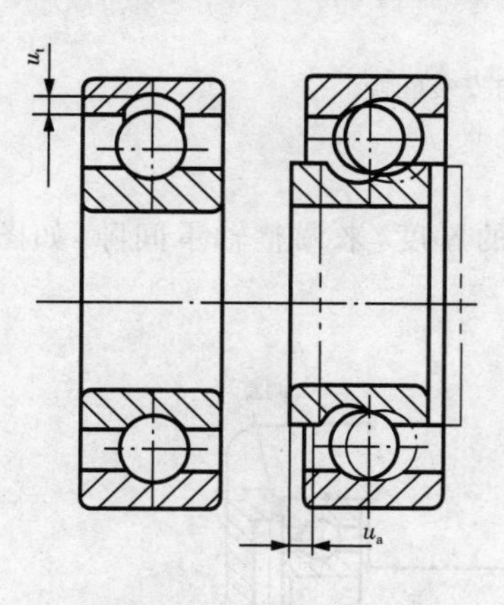

图 3-47　滚动轴承间隙

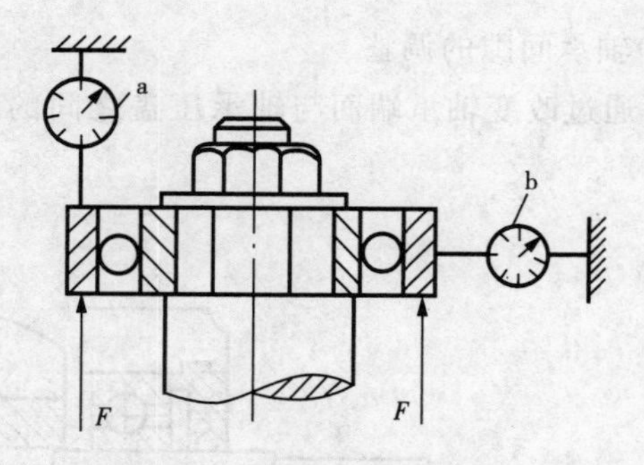

图 3-48　百分表测量轴承原始间隙

② 用塞尺塞入滚动体与外圈之间，测量径向间隙，如图 3-49a 所示。

③ 将铅丝放入滚动体与外圈之间，盘动转子，使滚动体滚过铅丝，用分厘卡测量被压扁铅丝的厚度，即为径向间隙，如图 3-49b 所示。

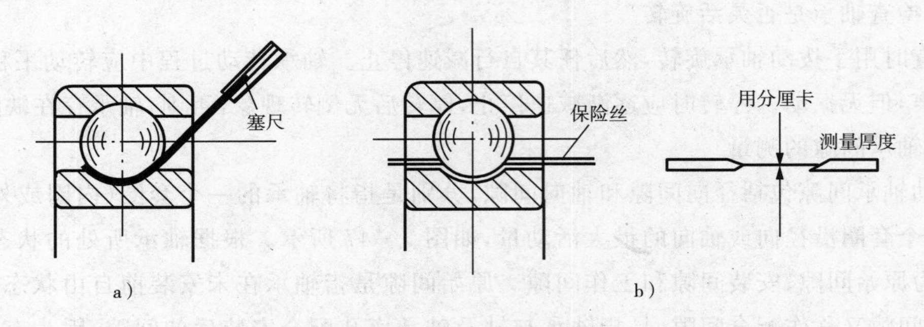

图 3-49　用塞尺和压铅丝法测量径向安装间隙

④ 用压铅丝法测量轴向安装间隙，如图 3-50 所示。轴向安装间隙 u_a 的计算式为

$$u_a=(c_1+c_2+c_3+c_4)/4-(b_1+b_2+b_3+b_4)/4$$

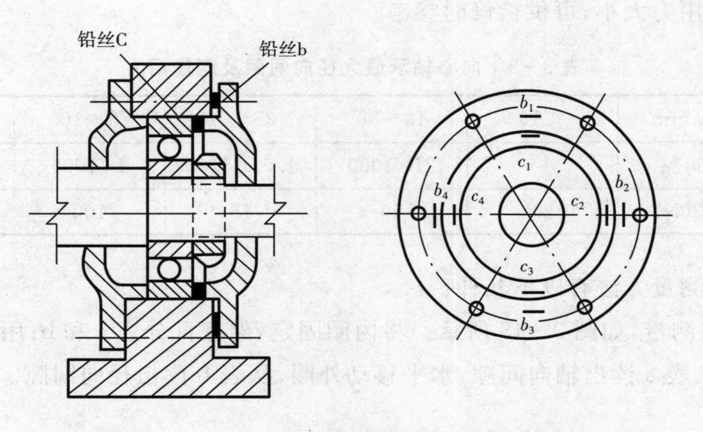

图 3-50　压铅丝法测量轴向安装间隙

(6)轴承间隙的调整

① 通过改变轴承端面与轴承压盖之间的调整环的厚度，来调整轴承间隙，如图 3-51 所示。

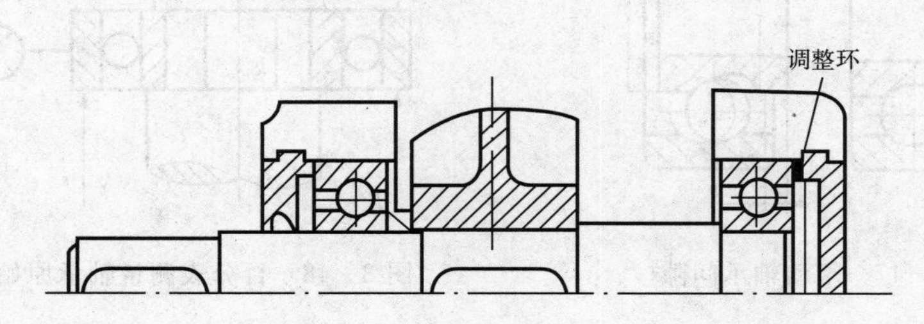

图 3-51　调整环调整轴承间隙

② 通过增减轴承端盖与箱体之间的垫片厚度，来调整轴承间隙，如图 3-52a 所示。

③ 通过螺钉改变轴承外圈压盖的轴向位置，来调整轴承间隙，如图 3-52b 所示。

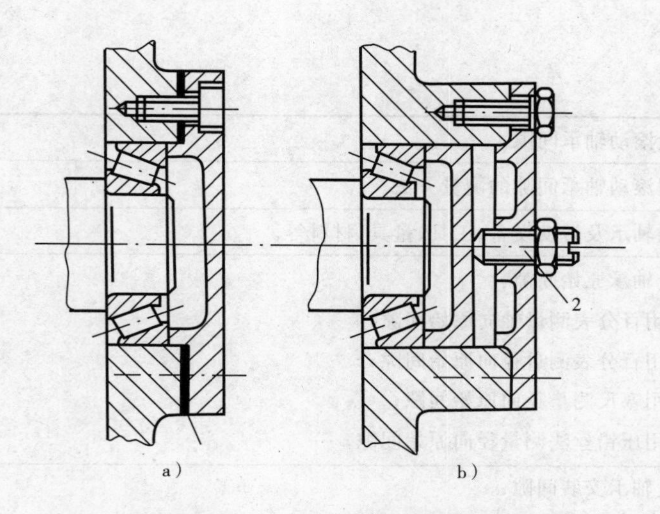

图 3-52 垫片、螺钉调整轴承间隙

1—调整垫片;2—调整螺钉

2. 滚动轴承的故障

(1)滚动轴承的常见故障及分析

① 轴承孔或轴颈不圆,轴承内、外圈变形,当滚动体通过其最小直径滚道时,引起滚道与滚动体过早磨损及疲劳剥落。

② 安装不精确、轴中心线歪斜,造成滚道表面局部受力,滚道和滚动体迅速疲劳。

③ 轴承内圈与轴颈配合过盈量过大,安装时强行套装,造成内圈破裂。

④ 轴承外圈的紧力过大,致使外圈严重变形,引起滚道与滚动体超常磨损及疲劳剥落。

⑤ 装配时有杂质落入轴承滚道内,当滚动体通过时,造成滚道压伤和金属剥落。

⑥ 润滑不良,如缺油造成干摩擦,或油过多造成过热烧伤,或油质不符合要求。

⑦ 维护不当,对轴承没有定期检查、清洗、换油,没有及时更换油封,造成不正常磨损。

⑧ 设计或选型错误,轴承严重过负荷和超速运行,加速了轴承的疲劳损坏。

(2)滚动轴承的报废标准

滚动轴承经清洗检查后,凡发现下列情况之一,均按报废处理:

① 内圈或外圈出现裂纹、缺损。

② 内、外圈滚道或滚动体的表面因锈蚀或电击而产生麻点,金属表层因疲劳而产生脱皮、起层。

③ 内圈的孔径或外圈的外径,因为制造误差或磨损超标,达不到基孔制或基轴制的配合要求。

④ 最大径向间隙超标,见表 3-9。

⑤ 保持架断裂或与内、外圈发生摩擦。

⑥ 运行中噪声明显增大,轴承已明显受损。

⑦ 在高于轴承极限温度下运行,造成轴承退火。

工作实践

工作任务	测量滚动轴承间隙。
工作目标	掌握滚动轴承间隙的测量方法。
工作准备	滚动轴承及转动设备、工具、量具、材料等。
工作项目	测量轴承原始间隙： (1)用百分表测量轴向原始间隙； (2)用百分表测量径向原始间隙； (3)用塞尺测量径向原始间隙； (4)用压铅丝法测量径向原始间隙。
	测量轴承安装间隙： (1)用塞尺测量径向安装间隙； (2)用压铅丝法测量径向安装间隙； (3)用压铅丝法测量轴向安装间隙。

思考与练习

1. 简述滚动轴承的结构和工作原理。
2. 滚动轴承的轴向固定方法有哪些？
3. 滚动轴承的润滑方式有哪些？
4. 滚动轴承采用怎样的配合制度？
5. 滚动轴承的润滑有什么作用？采用哪些润滑方式？
6. 滚动轴承的拆装原则是什么？
7. 简述温差法装配滚动轴承的操作工艺。
8. 滚动轴承的安装注意事项有哪些？
9. 如何测量滚动轴承径向间隙和轴向间隙？
10. 滚动轴承的常见故障有哪些？

项目四　管道检修

【项目描述】

热力发电厂有着庞大复杂的管道系统，包括给水、蒸汽、凝结水、循环水、疏水、排污、空气等管道系统。管道的泄漏，尤其是高温、高压的蒸汽和给水管道在有泄漏的状态下运行，不仅带来能源损失，而且严重影响到设备和人身的安全。要做到管道系统的不滴不漏，就必须依靠平时的精心维护和优质检修。

【学习目标】

(1)熟悉管道检修的工作内容。

(2)掌握管道检修的操作工艺。

任务一　管道拆装与检修

工作任务

学习管道检修的相关知识和技能，了解各种管道连接方式及检修要点，掌握法兰连接管道的拆装检修工艺，能够根据管道介质及参数选用垫料，学会螺纹连接管道的拆装方法。

知识与技能

管道常用的连接方式有焊接、法兰连接和螺纹连接，其中焊接方式应用最为广泛。在高压管道系统中，为避免泄漏，大部分管道采用焊接方式，但在管道与设备连接处通常采用法兰连接。螺纹连接则主要用于工业管道系统及其他低温、低压管道系统。

一、焊接管道检修

焊接管道检修要点及技术要求：

(1)检查焊缝和管子锈蚀程度。低压管道只需查看焊缝是否有裂纹、渗漏以及锈蚀程度即可，而高温、高压管道则必须按照金属监督规程进行检查。

(2)更换管道时，首先要对选用的管子进行材质鉴定，查看质检证书等相关技术文件，核对无误后方可使用。

(3)管子及其管件在组装前，应将内部清理干净，并装设临时堵头，以防杂物进入管道内。

(4)管段可用手工切割(见图 4-1 所示)、火焊割管工具切割(见图 4-2 所示)，也可用无齿锯(见图 4-3 所示)、电动锯管机(见图 4-4 所示)切割。

(5)所有焊接管子均需制作焊接坡口。焊接坡口必须采用机械加工，当管子数量较多时，应选用坡口机加工坡口，图 4-5、图 4-6 分别为内塞式和外卡式电动坡口机示意图。

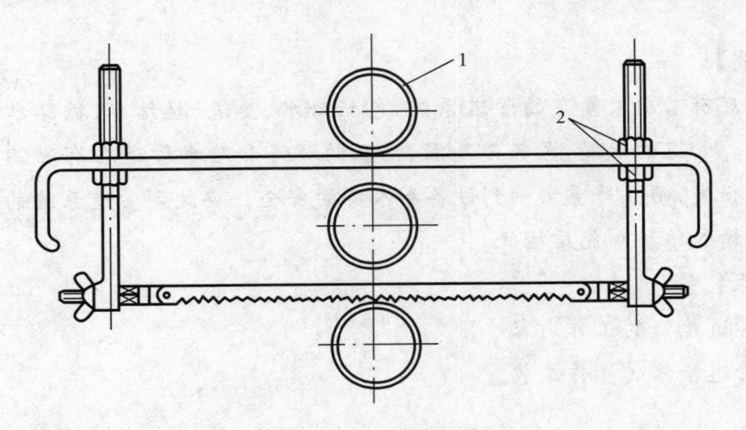

图 4-1 可调手锯

1—管子；2—可调螺帽

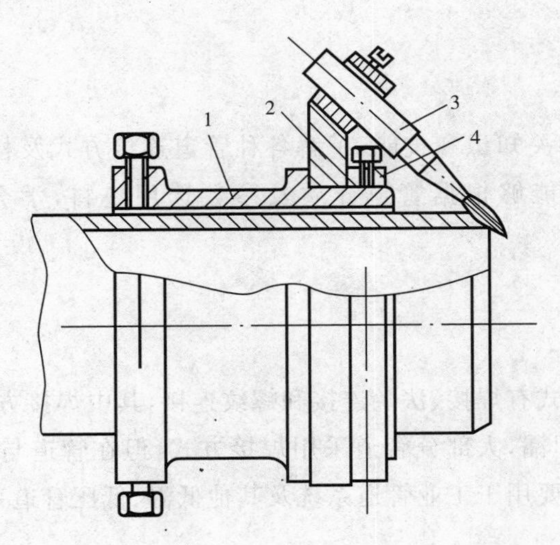

图 4-2 火焊割管工具

1—管套；2—可转动的火嘴环；3—火嘴；4—挡环

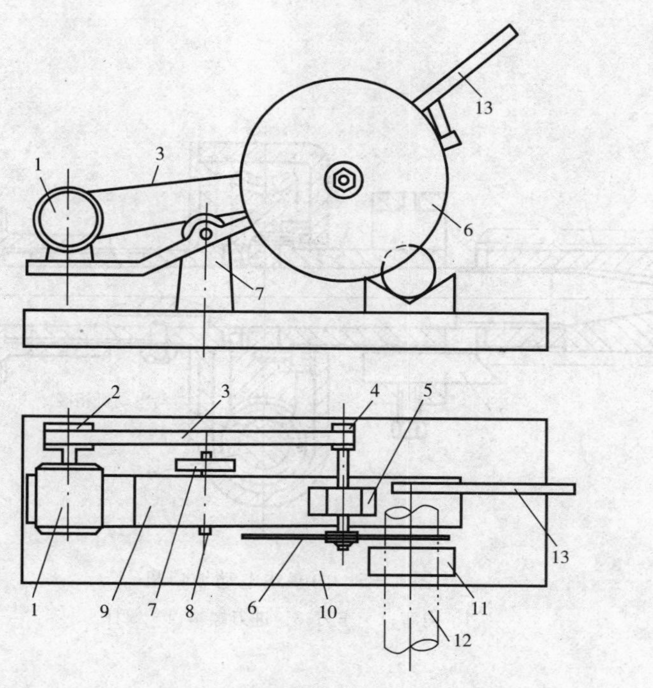

图 4-3　砂轮片无齿锯

1—电机；2—电机皮带轮；3—皮带；4—无齿锯皮带轮；5—轴承；6—砂轮片；7—支架；8—轴；9—托架；10—底座；11—管子支架；12—管子；13—手柄

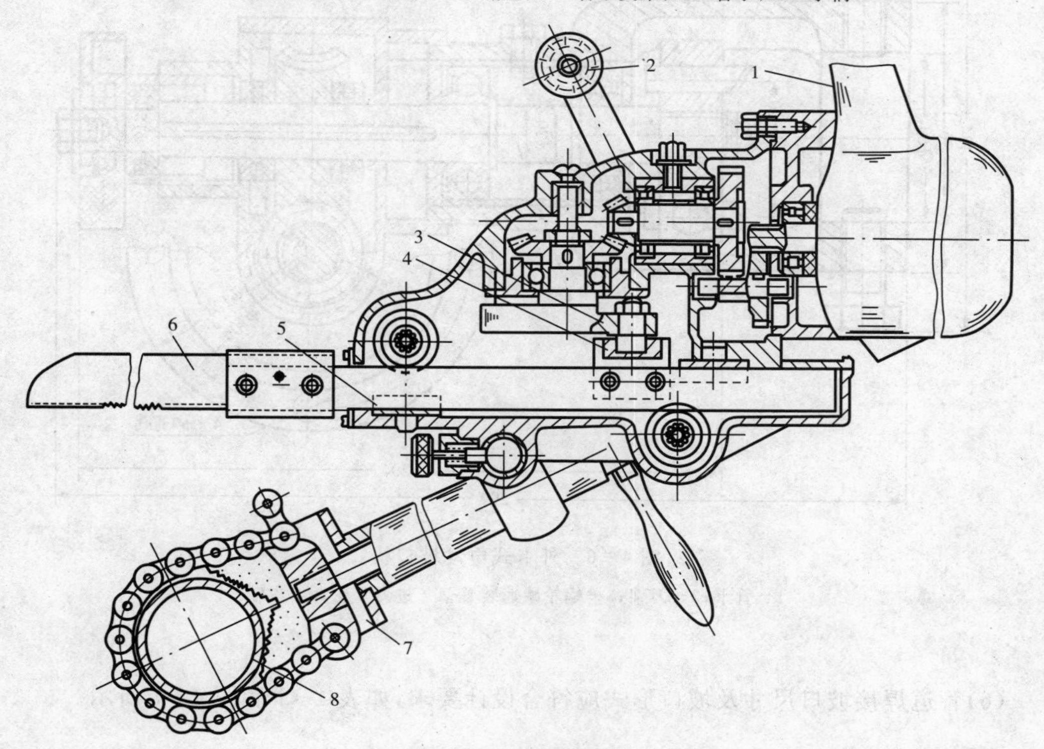

图 4-4　电动锯管机

1—电机；2—把手；3—偏心轮；4—滑块；5—导向滑块；6—锯条；7—锯钳；8—管子

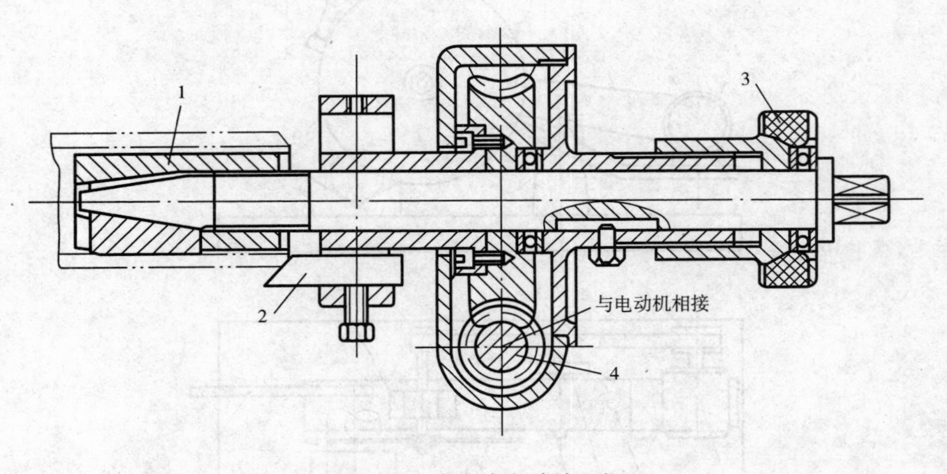

图 4-5　内塞式电动坡口机

1—内塞;2—车刀;3—进刀螺帽;4—蜗杆

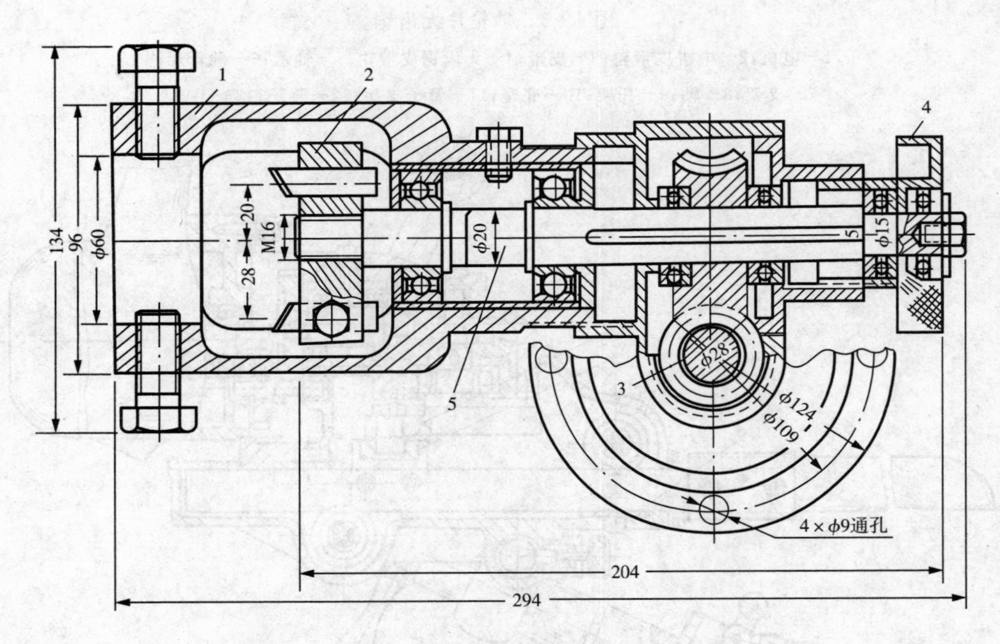

图 4-6　外卡式电动坡口机

1—管卡;2—刀架;3—蜗轮减速装置;4—进刀手轮;5—主轴

(6)管道焊接坡口尺寸及坡口形式应符合设计要求,如表 4-1 和图 4-7 所示。

表 4－1　管道焊接坡口形式

坡口形式		图例	焊件厚度 δ(mm)	接头结构尺寸(mm)				
				α	β	b	P	R
双 V 型	水平管	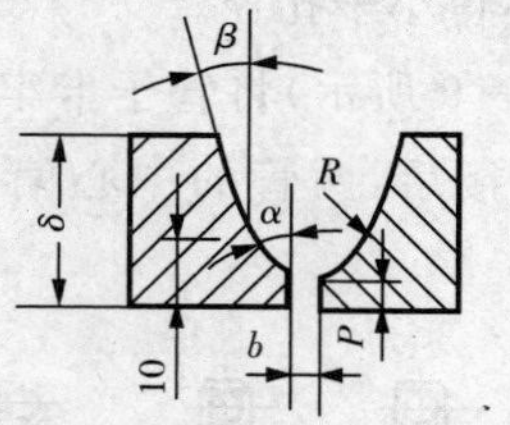		30°～40°	8°～12°	2～5	1～2	5
双 V 型	垂直管	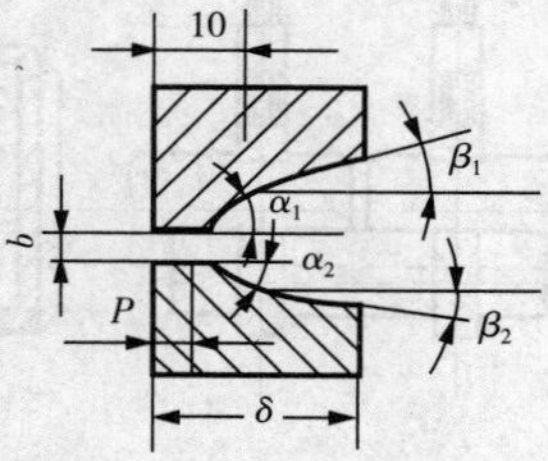	16～60	α_1＝35°～40° α_2＝20°～25°	β_1＝15°～20° β_2＝5°～10°	1～4	1～2	5
U 型		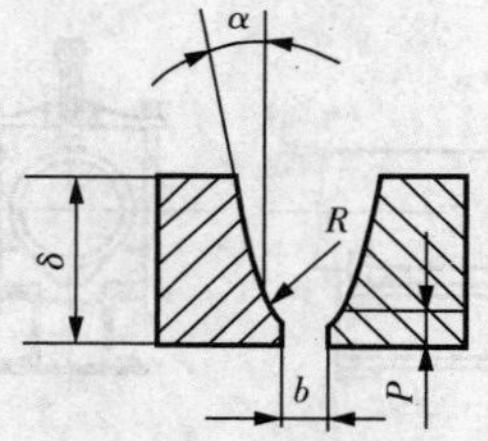	≤60	10°～15°		2～3	2	5

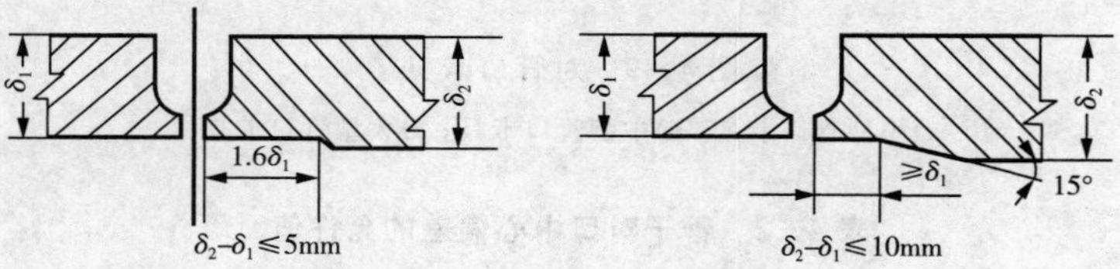

图 4－7　管子壁厚不相等的焊接坡口

(7)对制作的坡口要用角尺或管角尺进行切口端面偏斜检查，切口端面偏斜值 δ 应不大于管子外径的 1%，且不得超过 3mm，如图 4－8 所示。

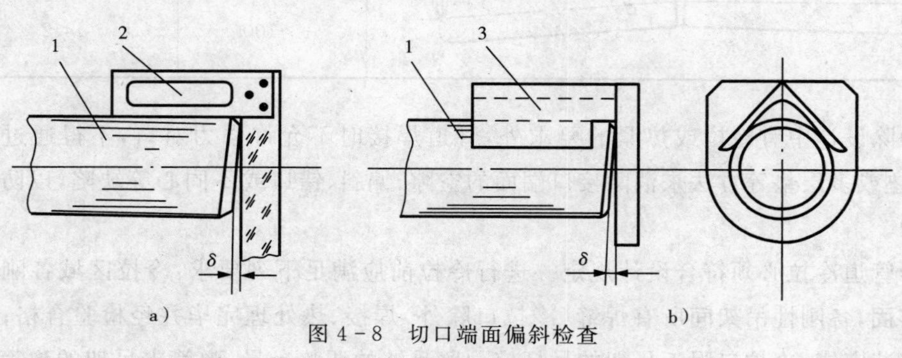

图 4－8　切口端面偏斜检查

1—管子；2—角尺；3—管角尺

(8)管道水平段的布置要按照设计要求具有一定的坡度。

(9)管子弯曲段不允许布置焊口，对接焊缝位置距离弯曲起点不得小于 280mm；两个对接焊缝之间的距离不得小于 280mm；焊缝距离支吊架边缘不得小于 100mm；焊缝距离疏、放水管及仪表管等开孔位置不得小于 50mm，且不得小于孔径。

(10)管子对口时，应选用适当的卡具（如图 4－9 所示）将管子卡牢，在保证两管段的中心一致后先点焊固定，再拆除卡具进行焊接。焊接后，两管的中心偏差要符合表 4－2 的要求。

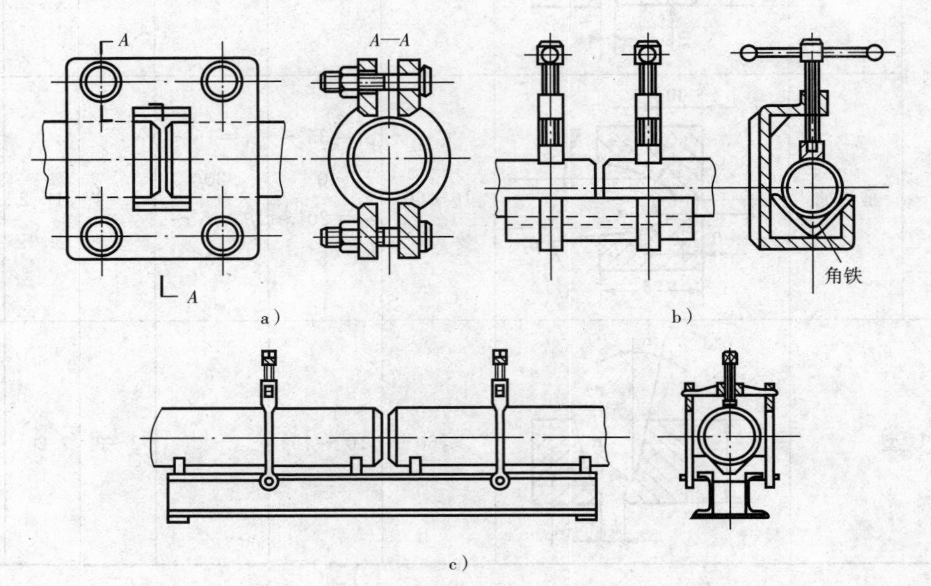

图 4－9　对管口卡具

a)小型管口卡具；b)中型管口卡具；c)大型管口卡具

表 4－2　管子对口中心偏差的允许值

图　　例	管子直径(mm)	偏差值(mm)
200　200　a	<100	$a<1$
	>100	$a<2$

(11)除设计中有冷拉或热紧的要求外，管道焊接时不允许强力对口，不得通过加热管子、加偏垫或多层垫等方法来消除接口端面的空隙、偏斜、错口或不同心等缺陷，以防止引起附加应力。

(12)管道冷拉必须符合设计规定。进行冷拉前应满足下列要求：冷拉区域各刚性吊架已安装牢固，各刚性吊架间所有焊缝（冷拉口除外）焊接、热处理完毕并经检验合格；所有支吊架已安装完毕，冷拉口附近吊架的吊杆应预留足够的调整余量；弹簧支吊架的弹簧应按设

计值预压缩并临时固定，不使弹簧承担定值外的荷载。

(13)安装管道冷拉口所使用的手拉葫芦、千斤顶等须待整个对口焊接和热处理完毕，并检验合格后方可卸载。

(14)支吊架安装必须与管道组装同步进行。

(15)按照设计要求正确安装管道膨胀指示器，并在管道水压试验或管道清洗前调整为零位。

(16)焊缝在热处理后应做100%的金属检验(包括光谱分析、硬度检验和无损探伤)，若发现有不合格者，应及时处理，直到复验合格。

(17)焊缝位置在管道组装完毕后应及时在施工图纸上标明。

二、法兰连接管道检修

1. 法兰密封面的型式

法兰密封面的各种型式、特性和适用范围见表4-3。

表4-3 法兰密封面的型式

名 称	图 例	特性和适用范围
普通密封面	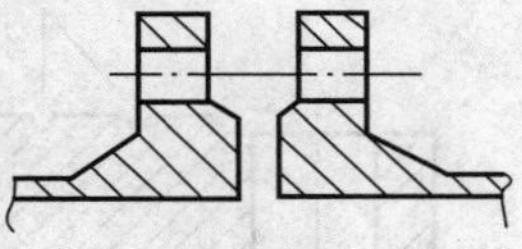	结构简单，加工方便，但垫子不易放正。多用于低、中压管道系统中。
单止口密封面	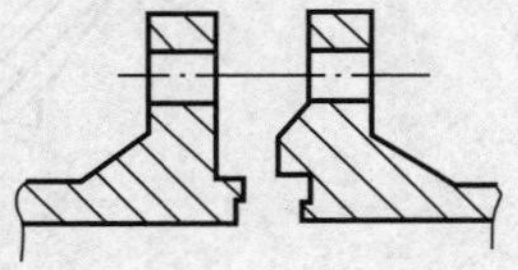	密封性能比普通密封面好，安装时便于对中，能防止非金属软垫由于内压作用被挤出。配用高压石棉垫时，可承受6.4MPa的压力；当配用金属齿形垫时，可承受20MPa的压力。
双止口密封面	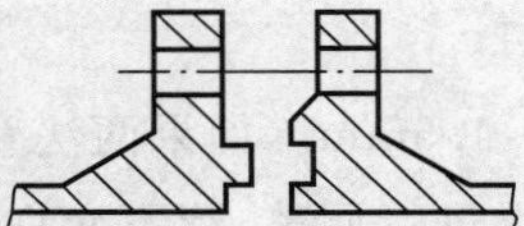	密封面窄，易于压紧，垫子不会因内压或变形而被挤出，密封可靠。但法兰对中困难，受压后不易取出。使用的垫料、可承受的压力与单止口密封面基本相同，但不宜采用金属齿形垫。多用于有毒介质或密封要求严格的场合。
平面沟槽密封面	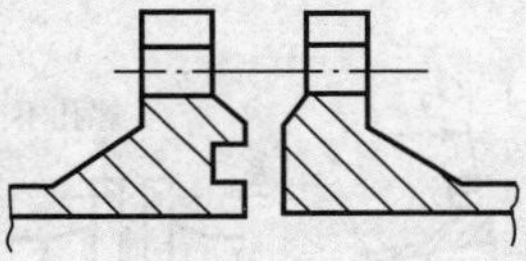	安装时便于对中，不会因垫子而影响装配尺寸基准，耐冲击振动。配用橡胶O型圈时，可承受压力达32MPa或更高，密封性好。广泛用于液压系统和真空系统。
梯形槽密封面	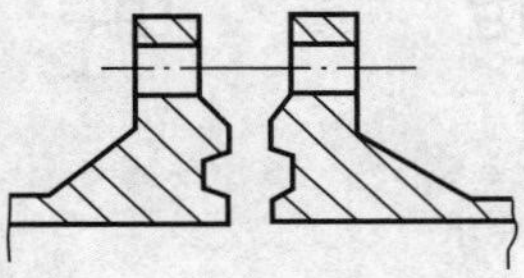	与八角形截面或椭圆形截面的金属垫配用，密封可靠。多用于压力高于6.4MPa的场合。

（续表）

名　称	图　例	特性和适用范围
镜面密封面		密封面的精度要求高，并要精密成镜面，加工困难。不加垫子或加镜面金属垫，多用于特殊场合。
研合密封面		两密封面需刮研，中间一般不加垫子，多用于设备的中分面。

2. 法兰连接管道的组装要求

(1)法兰密封面应干净、平整、无划痕。组装前必须清除法兰结合面原有的旧垫，注意铲除方法，不得把密封面刮伤，同时用划针清理密封面上的密封线，见图 4－10 所示。

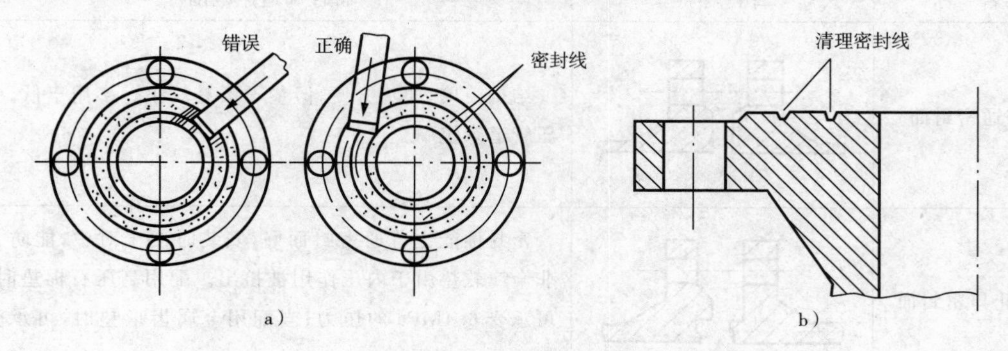

图 4－10　清理法兰密封面

(2)合理选用垫料，正确制作、安放垫片。

(3)两法兰面在未紧螺栓时，平行差不得超过 1～1.5mm。如果两法兰面错位、歪斜或螺孔不同心，应采取校正管子的方法，或对管道的支撑进行调整，绝不允许强行对口或依靠螺栓紧力强行拉拢，法兰及螺栓不应承受因管道错口而产生的附加应力，如图 4－11 所示。

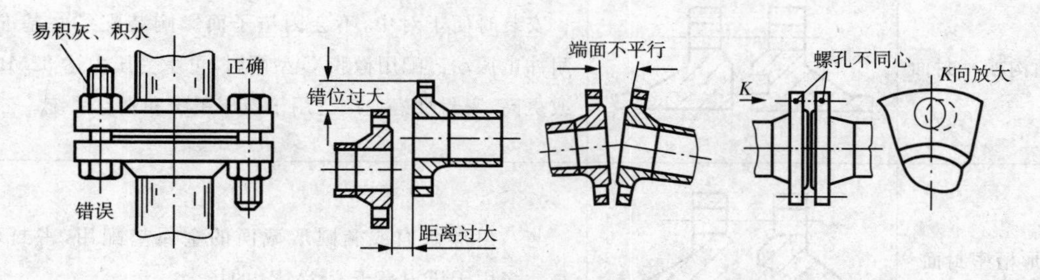

图 4－11　法兰对口要求

(4)法兰组装工艺，如图 4－12 所示。

① 按照法兰上的方位记号将螺孔对准，先装上位于下面的两个螺栓；

② 将垫子放入，并紧靠在两螺栓上，使垫子自动定心；

③ 装上其他螺栓，并用手将螺帽拧到与法兰接触，然后对称、多遍拧紧螺栓；

④ 法兰螺栓对称拧紧后，要求两法兰面平行，低压法兰用钢尺检查，目视合格即可，高压法兰应用游标卡尺检测。

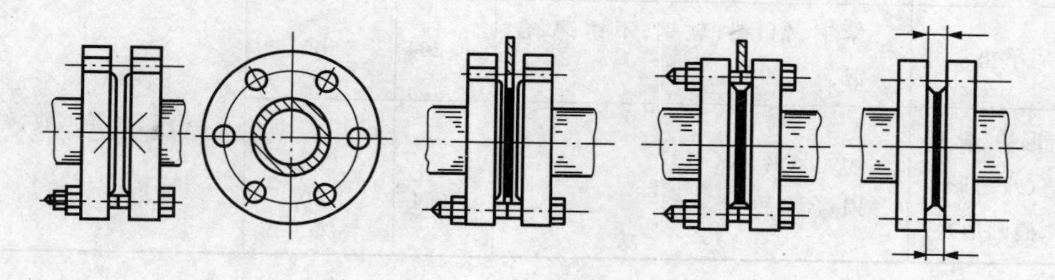

图 4－12　法兰组装工艺

3. 选用并制作法兰密封垫料

(1)选用密封垫料

正确选用密封垫料对保证设备检修质量及安全运行是极为重要的，为此要根据介质的理化性质、工作参数等因素正确选用不同的密封垫料，参见表 4－4。同时要注意以下几个方面的问题：

① 选用的垫料不能与相接触的管道内介质发生化学反应；

② 垫子应有足够的强度，能够承受法兰螺栓紧固后的管内压力，且在温度影响下变化不大；

③ 垫子的材质要均匀，无老化及裂纹，并力求避免选用昂贵材料；

④ 垫子要厚薄均匀，且尽可能薄一些，过厚的材料反而会降低密封性能。

表 4－4　常用的垫料

种　类	材　　料	压力(MPa)	温度(℃)	介　质
纸垫	软钢纸板	<0.4	<120	油类
橡皮垫 夹布橡胶垫	天然橡胶	<0.6	－60～100	水、空气、稀盐(硫)酸、
	普通橡胶板(HG4－329－1966)		－40～60	水、空气
	夹布橡胶(GB583－1965)	<0.6	－30～60	水、空气、油
橡胶石棉垫	高压橡胶石棉板(JC125－1966)	<6	<450	空气、蒸汽、水、<98%硫酸、<35%盐酸
	中压橡胶石棉板(JC125－1966)	<4	<350	
	低压橡胶石棉板	<1.5	<200	
	耐油橡胶石棉板(GB539－1966)	<4	<400	油、氢气、碱类

（续表）

种　类	材　　料	压力（MPa）	温度（℃）	介　质
O 型橡胶圈（GB1235－1976）（JB921－1975）	耐油、耐低温、耐高温的橡胶	＜32	－60～200	油、空气、水蒸气
	耐酸碱的橡胶	2.5	－25～80	浓度 20％硫酸、盐酸
金属平垫	紫铜、铝、铅、软钢、不锈钢、合金钢	＜20	600	蒸汽、水、油、酸、碱
金属齿形垫、异形金属垫（八角形、梯形、椭圆形）	10(08)钢、(0Cr13) 铝、合金钢	＞4 ＞6.4	600 600	

（2）制作密封垫

制作密封垫的方法如图 4－13 所示，注意以下事项：

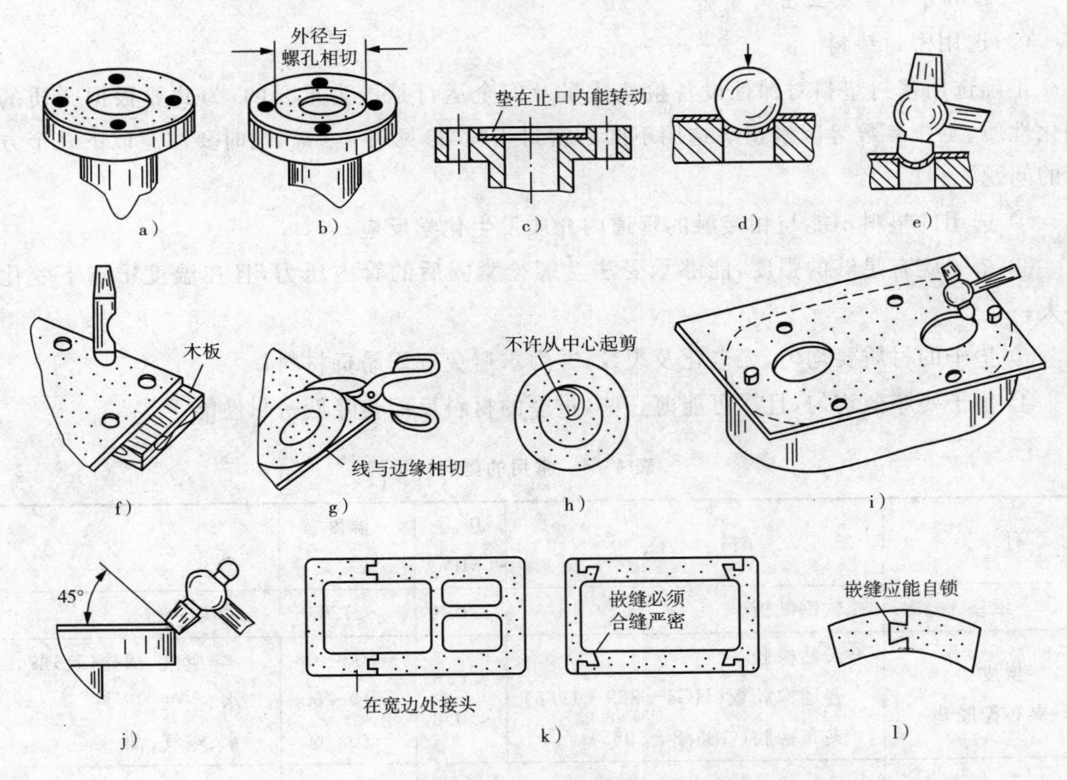

图 4－13　密封垫的制作方法

① 垫片的内孔必须略大于法兰的内孔；

② 垫子的螺栓孔不要做得过大，以防在安放时发生过大偏移；

③ 不带螺孔的法兰垫，其外径应与螺孔相切；

④ 带止口的法兰，垫子应能在凹口内转动，不允许卡死，以防产生卷边影响密封；

⑤ 对重要的法兰，不允许用榔头敲打垫子，以防损伤法兰工作面；

⑥ 制作垫子时要注意节约用料，尽量从垫料的边缘用起，大垫的内孔及边角料可用于制作小垫。

三、螺纹连接管道检修

1. 常用工具

螺纹连接管道检修常用的工具有管子割刀、管子板牙和管子钳等。

(1)管子割刀

管子割刀是切割管材的专用工具，其使用方法如图 4-14 所示。

① 将管子割刀套在管子上，用两滚轮压住管子，割刀刃口对准割线；

② 拧紧进刀手柄，每次旋进 180°左右，进刀后，握住进刀手柄，将管子割刀体旋转一圈(大于 360°)；

③ 边进刀，边旋转，直至管子割断；

④ 用这种割刀切割的管材断面平整、垂直，但由于切割时割口受挤压，故割口有收口现象，并在内口出现锋边，缩口利于扳丝时起扣，锋边则应用半圆锉锉平；

⑤ 割管时，管子端部应保留一定的极限长度。

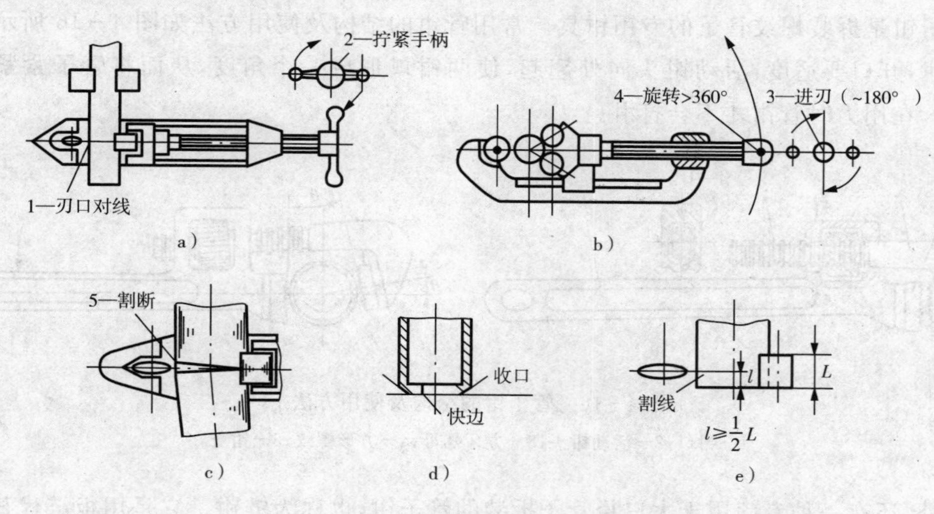

图 4-14 管子割刀的使用方法

(2)管子板牙

管子板牙是扳制管螺纹的专用工具，常用的有管螺纹板牙、可调式管子板牙、电动扳丝机。使用管子板牙扳制管螺纹(套丝)的注意事项如下：

① 管子丝板的螺纹大径应与管子外径相吻合。若管径过大，会损坏板牙，且易乱扣；若管径过小，则牙型不完整。

② 套丝时，应先将定心爪卡住管子，但不可过紧；起扣时，应用力推住管子板牙，以利于起扣，如图 4-15a 所示。

③ 使用组合式丝板时，板牙块（一般为 4 块）必须按照顺序对号入座；若装错，则必然乱扣。

④ 套丝长度不宜过长，只要管端露出两牙即可，如图 4－15b 所示。

⑤ 在使用各类扳丝机具时，必须定时向板牙上注入机油，以保证刀具刃口的冷却，提高板牙的使用寿命，同时提高螺纹的精度。

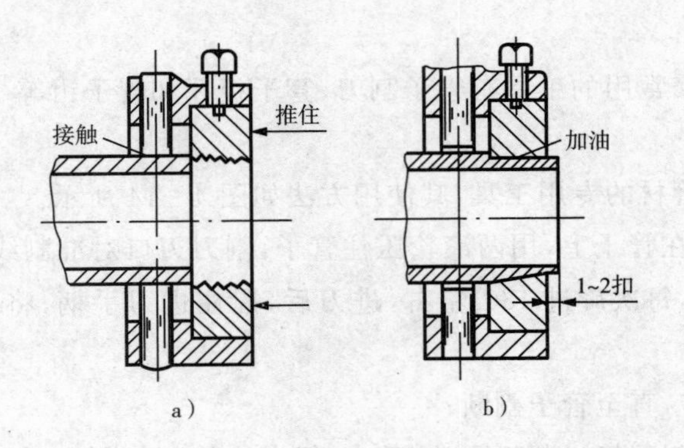

图 4－15 套丝工艺

(3)管子钳

管子钳是拆装螺纹管子的专用钳具。常用管钳的结构及使用方法如图 4－16 所示。管钳使用时，开口要适度，活动钳头向外翘起，使两钳口形成一个角度，从而将管子紧紧地卡住，这样，在用力时管钳才不会打滑。

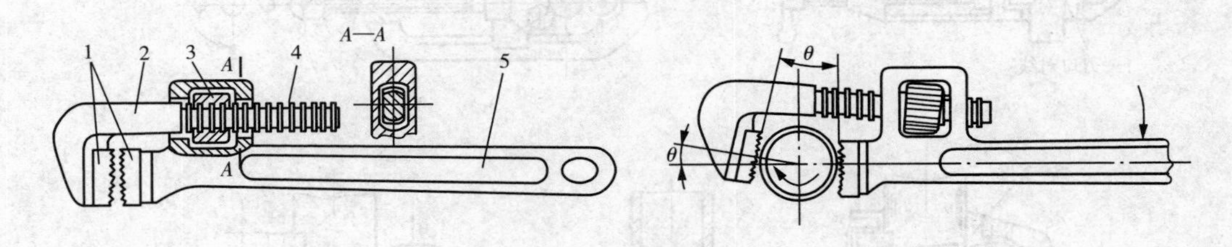

图 4－16 管子钳的结构及使用方法

1—钳口；2—活动钳头；3—方牙螺母；4—方形螺纹；5—钳身

另外，还有一种专门用于大口径管子拆装的管子钳，也称为链钳。它是用板链代替活动钳口。由于链子很长，故可用于大口径管子的拆装。

2. 螺纹连接管道的检修工艺

用螺纹连接的管道，其管径一般不超过 80mm，管端螺纹用管子板牙扳制。扳制的外螺纹要有一定的锥度，锥形螺纹拧紧后不易发生泄漏。装配时螺纹不能拧入过多，也不宜将管件拧得过紧，否则会胀裂，一般有 3～4 扣即可。

螺纹管道的配制及其装配顺序如下：

① 用管子割刀将管子截取所需长度。

② 用管子板牙扳丝，扳丝长度不宜过长，只要管端露出工具 1～2 扣丝牙即可，见图4－17a。

③ 在螺纹部位(通常只在外螺纹上)缠密封材料。传统的方法是在管螺纹部位抹上一层白铅油或白油漆,再沿螺纹的尾端向外顺时针方向缠上新麻丝,也可以将麻头压住由外向内缠,见图 4-17b。现在则广泛采用生胶带密封,这是一种新型密封材料,使用方便、清洁,一般只需在螺纹上缠绕两层即可。

④ 为便于管道检修,在一定长度管道中以及阀门前或阀门后应安装活接头,见图 4-17c。活接头的接口面要放置环形垫料,对口时应平行,不许强行对口。

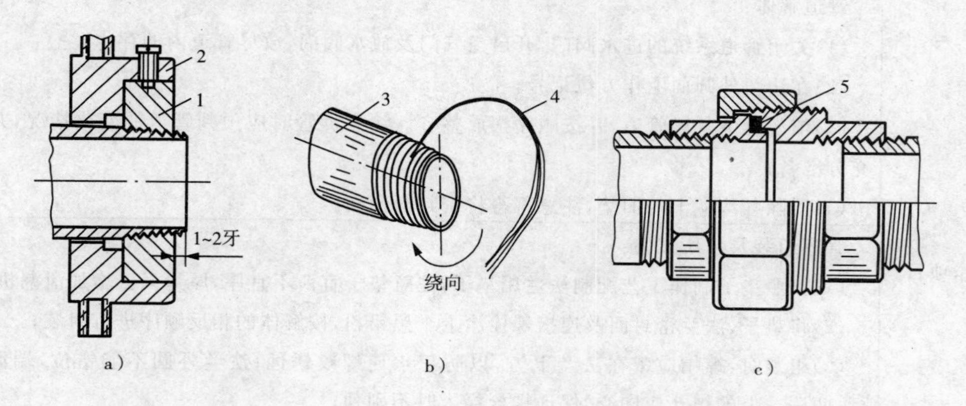

图 4-17

1—板牙;2—扳丝架;3—管子;4—麻丝;5—石棉胶垫

3. 管螺纹的技术标准

目前管螺纹采用英制标准,从表 4-5 中可看出,其尺寸代号并不表示螺纹的公称直径,只是与管子的内径比较接近。

表 4-5 管螺纹及管子的公英制对照

尺寸代号		管子(mm)		管螺纹	
mm	in	外径	壁厚	基面处外径(mm)	每英寸牙数
15	$\frac{1}{2}$	21.25	2.75	20.956	14
20	$\frac{3}{4}$	26.75		26.442	
25	1	33.50	3.25	33.250	11
32	$1\frac{1}{4}$	42.25		41.912	
40	$1\frac{1}{2}$	48.00	3.50	47.805	
50	2	60.00		59.616	
70	$2\frac{1}{2}$	75.50	3.75	75.187	
80	3	88.50	4.00	87.887	

工作实践

工作任务	法兰连接管道检修。
工作目标	能够根据管道内的介质及参数选用垫料，能用正确的工艺对管道法兰进行解体和组装。
工作准备	实习专用法兰连接管道系统，拆装常用工具及制垫工具、垫料等。
工作项目	管道解体： (1)关闭管道系统的进水阀门，开启空气门及放水阀门，放尽管道内的存水； (2)在法兰外圆面上作方位记号； (3)依次拆下各段管道，并按顺序摆放整齐。注意拆管时应预判管道的变化情况，并做好充分准备； (4)清除各法兰上的旧垫，注意不得将密封面刮伤。
	管道组装及水压试验： (1)按照垫子制作工艺配制法兰用垫子，注意垫子宜薄不宜厚，厚垫只会增加泄漏机会； (2)将垫子、法兰密封面及连接螺栓涂上干黑铅粉，按解体的相反顺序进行组装； (3)组装时，螺帽应戴在法兰下方，以防积水使螺纹锈蚀；法兰外圆不能错位，端面应平行，两法兰上的螺孔应同心，保证螺栓穿入时不别劲； (4)按工艺要求紧固每对法兰上的连接螺栓，注意拧螺栓时其扭矩达到允许值即可，不允许任意加大螺栓扭矩； (5)进行水压试验，稳压5min，要求不漏、无渗透。

能力拓展

螺纹连接及螺纹紧固件的拆装

螺纹连接是构件之间最普通、最常用的一种连接方式。在构件之间除直接用螺纹进行连接外，绝大多数构件均通过螺纹紧固件进行连接，组合成整体。螺纹紧固件包括螺栓、螺柱、螺钉、螺母、垫圈等，通常螺纹紧固件专指螺栓、螺柱和螺钉。

热力设备所用的螺纹紧固件种类繁多，材质差别大，技术要求严且数量很大。据统计一台汽轮机一般性的大修，拆装螺纹紧固件的工作量约占总工作量的1/5；同时在工作中因螺栓问题而引发的设备、人身事故也是屡见不鲜。如某电厂在汽轮机检修后期，正准备进行扣缸作业，上汽缸吊起后，忽然汽缸隔板掉落，砸在下汽缸上，造成重大设备事故。其原因就是上隔板的固定螺栓断裂。螺栓断裂的主要原因是，检修人员图方便，不用专业工具拆装螺栓(该螺栓为沉头结构)，而用扁錾剔螺头，多次反复剔錾致使螺栓严重受损，加上起吊的振动，造成螺头与螺杆之间断裂。又如某电厂锅炉检修后试运行时，蒸汽管道的法兰突然爆开，蒸汽大量喷出，造成严重的设备与人身事故。经检查，造成法兰爆开的原因是法兰上个别螺栓

断裂。螺栓断裂的原因是，在组装法兰时有一个原配螺栓遗失，检修人员便找了相同规格的螺栓代替。正是因为这个未经质检的普通碳钢螺栓强度不够而引发了这起本不该发生的事故。

随着高参数、大容量机组的普及，螺栓连接的重要性就显得更加突出，要求热机检修人员不仅要加深对该问题的认识，而且要求他们必须按照正规工艺从事螺纹紧固件的检修工作。

一、螺栓紧度

螺栓紧度是指螺栓拧紧后，螺栓所产生的内应力，或者说螺栓作用到构件上的压紧力。螺栓紧度必须恰当，若紧力不够，起不到应有的紧固作用；紧力过大，又会造成螺栓自身受损，还会使连接件产生变形甚至断裂。恰当的紧度是指螺栓的紧度符合连接件对连接紧力的要求。根据其要求，螺栓紧度可分为两种情况：

(1)要求螺栓拧紧后所产生的应力达到该螺栓材质的弹性极限强度，或者说达到该螺栓的最大弹性变形量。需要满足此类要求的螺栓，有压力容器和压力管道上的法兰用螺栓、汽缸结合面螺栓、受力构件上的螺栓等。

(2)不要求螺栓的应力达到弹性极限强度，适可而止就行。如各种用途的调节螺栓和一般构件的连接螺栓等。

1. 螺栓紧度与扭矩的关系

螺栓紧度决定于拧螺栓时的扭矩，即扭力(如手臂的拉力)乘以力臂(如扳手的有效长度)。要控制螺栓紧度，首先要知道螺栓达到紧度要求所需的扭矩值。由于摩擦力(包括螺母与螺杆内外螺纹旋合的摩擦、螺母端面与工件接触表面之间的摩擦)存在，使得作用在螺栓上的扭矩有很大部分消耗在摩擦上。摩擦的存在，使得螺栓所需扭矩的计算工作非常繁琐，在实际工作中通常采用查表计算的方法确定螺栓扭矩。表 4－6 列出了 30 钢(屈服强度为 300MPa，允许应力 180MPa)的螺栓(粗牙螺纹)扭矩值和螺栓紧度(轴向最大允许载荷)。

表 4－6　螺栓扭矩表$[\sigma]=180$MPa

螺栓规格	螺距 (mm)	截面积 (cm^2)	轴向最大允许载荷 (10^4N)	扭矩 (N·m)
M10	1.5	0.554	0.997	18.8
M12	1.75	0.8	1.44	32.7
M16	2	1.5	2.70	84
M20	2.5	2.35	4.20	163
M24	3	3.66	6.04	281
M30	3.5	5.4	9.72	573
M36	4	7.89	14.2	1010
M45	4.5	12.6	22.7	2050

（续表）

螺栓规格	螺距 (mm)	截面积 (cm^2)	轴向最大允许载荷 (10^4N)	扭矩 (N·m)
M56	5.5	19.6	35	3930
M64	6	26	46.8	6050
M68	6	29.7	53.4	7390
M72	6	33.7	60.6	8930
M80	6	42.4	76	12570
M90	6	54.7	98.6	18500
M100	6	68.7	123.5	26000
M110	6	84.3	151	35000
M120	6	101.8	183	46700

螺栓在弹性极限范围内所能承受的最大扭矩值不仅决定于螺栓的直径，还决定于螺栓的材质。不同的材料有不同的屈服强度和允许应力。螺栓所能承受的扭矩与材质的允许应力是成正比的。钢材的允许应力与其屈服强度也有一定的比例关系，其比值取决于金属材料的用途。当钢材用于制造螺栓时，若无特殊技术要求，则其允许应力通常为屈服强度的50%左右。各类钢材的屈服强度在机械手册中均可查到。

表4-6列出的是30钢的扭矩值，若采用其他材料制造的螺栓，由于允许应力的变化，表中的扭矩值也要相应变动，其计算方法为：

某材料螺栓扭矩值＝表4-6中的扭矩值×某材料的允许应力/30钢允许应力（4-1）

【例4-1】 求材质为45钢的M24螺栓的扭矩值。

解：查表4-6中的M24对应的扭矩值为281N·m，30钢的允许应力[σ]＝180MPa，机械手册查得45钢的允许应力[σ]＝200MPa，则所求扭矩值为

$$281\times200/180=312(\text{N}\cdot\text{m})$$

2. 螺栓紧度与螺距的关系

表4-6中列举的螺距均为粗牙螺距，若改为细牙螺距，则表中的扭矩和轴向载荷都要发生相应变化。从图4-18的螺栓紧固示意图中可以找出扭矩与螺距的变化关系。

若将螺栓拧紧一周，在不考虑摩擦损失的情况下，有下式成立：

$$2\pi RF=F_aP \tag{4-2}$$

式中：R——力臂（扳手有效长度）；

F——扭力（手臂拉力）；

F_a——螺栓轴向载荷（螺栓紧度）；

P——螺距。

从式4-2中可以得出如下结论：

(1)若RF不变，即当扭矩为定值时，则F_a与P成反比，即细牙螺栓产生的紧度要大于粗牙螺栓的紧度，其紧度的增加比为粗牙螺距：细牙螺距。

(2)若F_a不变，即当螺栓的紧度不变时，紧固细牙螺栓所需的扭矩小于粗牙螺栓所需的扭矩，其扭矩的减小比为细牙螺距：粗牙螺距。

根据以上结论，在遇到以下各种情况时所选用的连接螺栓均应采用细牙结构：

(1)有强烈振动的设备(如往复运动装置、冲击运动装置)。

(2)有大紧度要求的密封面(如高温、高压法兰)及重要受力件(如起重吊钩)。

(3)要有很好自锁能力的高强度螺栓(如旋转装置固定螺栓)。

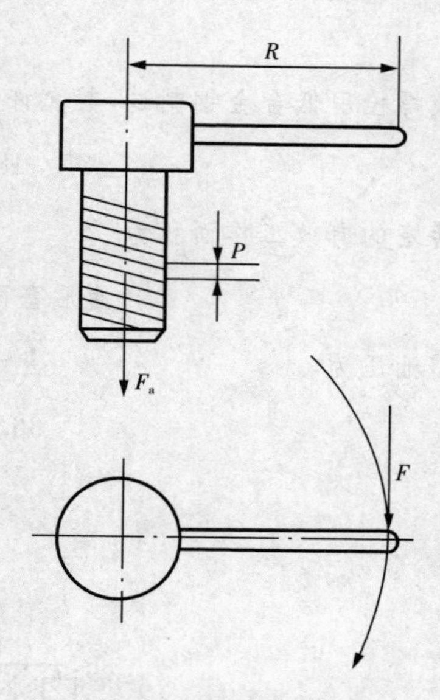

图4-18 螺栓紧固示意图

(4)不便用力，但又要求有较好的自锁能力及密封性能的装置(如设备的调节螺栓、轴端的锁紧螺母、压力表接头)。

二、紧固螺栓的方法

1. 用扳具强行紧固

使用扳具利用螺纹强行旋拧螺母，依靠螺纹的斜面作用将螺杆拉长，使螺栓产生相应的拉伸应力(即螺栓紧度)。该法虽然简单、方便，是紧固中、小螺栓最常用的方法，但却存在以下不可忽视的缺点：

(1)在旋拧过程中要产生很大的摩擦力，其摩擦力不仅消耗相当大的有用功，而且摩擦力的值变化范围很大，往往按正常要求选用的扭矩不能使螺栓产生相应的拉伸应力。

(2)在旋拧时螺纹受到极大的挤压力，故螺纹表面常被拉伤或发生牙型变形，造成螺栓与螺母卡死。若牙隙较大，则极易将螺纹拉滑(即滑丝)。

(3)螺杆在承受拉伸应力的同时，还受到旋拧时的扭力作用。若牙面被拉毛，则扭力就更大，甚至会将螺栓拧断。

2. 用拉伸器紧固螺栓

先将螺栓利用拉伸器冷拉至预定的伸长值，再将螺母轻轻旋紧。当拆除拉具后，螺栓即保持拉伸时的紧度。为克服利用螺纹强行紧固的缺陷，对大直径螺栓及易拉毛的不锈钢螺栓，应采用拉伸器进行拉伸紧固。

拉伸器的结构如图4-19所示。其活塞面积为定值，很显然螺栓受到的拉力决定于进入油活塞压力油的油压。作用于螺栓的拉力为油活塞有效面积乘以压力油的压强。

【例4-2】 以图4-19所示的拉伸器为例，求所需油压。

解：设M52×3的螺栓其最小直径为48mm(退刀槽处)，则退刀槽处的截面积为

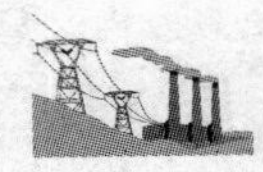

$$\pi d^2/4=1810(mm^2)$$

设该螺栓用低合金钢制造，其允许应力为200MPa，则该螺栓轴向最大载荷为

$$1810\times200=36.2\times10^4(N)$$

油活塞的有效工作面积为

$$油活塞面积-导向套面积=6180(mm^2)$$

所需油压为

$$36.2\times10^4/6180=58.6(MPa)$$

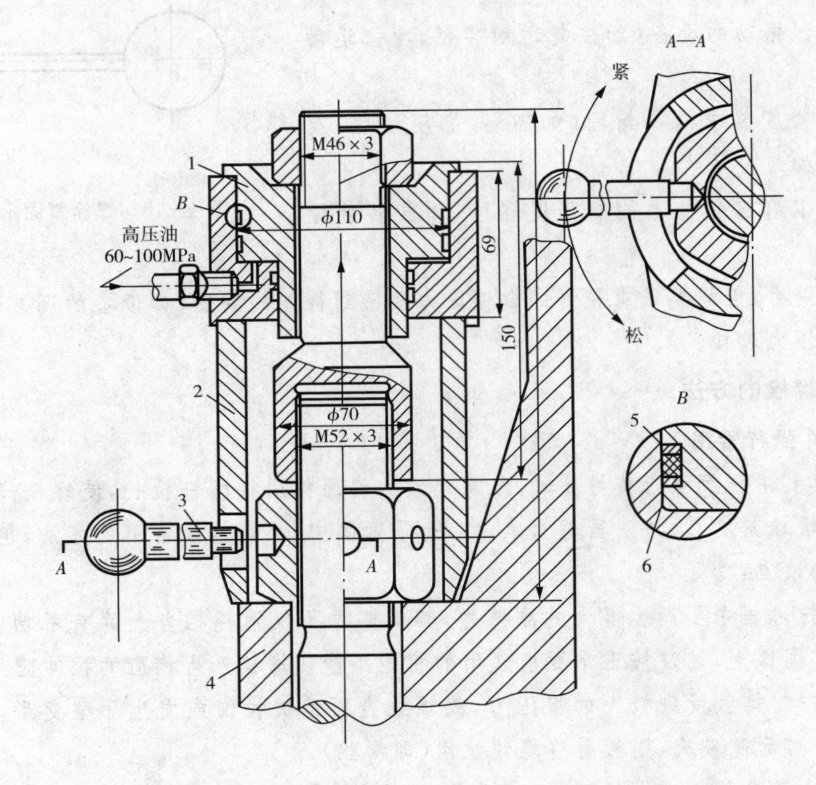

图4-19　液压拉伸器

1—油活塞；2—支撑套；3—拨棍；4—汽缸法兰；5—尼龙衬环；6—耐油橡皮圈

拉伸器的使用方法如下：装上拉伸器，接上压力油管，启动高压油泵。当油压升至所需的压力后，稳压，将拨棍插入螺母的小孔内转动螺母，直到转不动时为止，然后卸压，拆去拉伸器，即完成该螺栓的紧固工作。

用拉伸器紧固（或拆卸）螺栓的优点是：螺纹不受损伤，不会发生螺栓与螺母卡死的现象；螺杆除受拉力外，不再受到其他作用力影响；螺栓的紧固值准确，不会产生紧度不足及过紧现象；可同时用几个拉伸器同步作业，保证法兰受力均匀、对称。

该装置的缺点是：拉伸器直径较大，常受到螺栓中心与设备外壁之间距离制约，限制了

该装置的使用范围。

3. 加热紧固法

加热紧固法与拉伸法属同一原理，先对螺栓中心孔加热，使螺栓受热膨胀，当胀至预定的伸长值后，将螺母轻轻旋紧即可。

加热紧固法是现今对高压汽缸螺栓进行紧固的最主要的方法，但要注意在热紧前必须进行冷紧。冷紧的目的是：①给热紧一个准确的起点值；②消除结合面的接触间隙；③将垫料、涂料挤压到一定厚度。

冷紧后，对螺栓中心孔进行加热。过去常采用氧-乙炔焰加热，现在已禁止使用，因火焰温度高(3200℃)且集中，极易造成加热孔内壁过热，甚至达到融化状态，致使螺栓金属结构发生变化；另外，它产生的温度应力很大，会促使螺栓发生裂纹，以致受力后造成断裂。现在所采用的发热元件是硅碳管，是用碳化硅经高温烧结而成的。它具有良好的冷热急变性能，高温下不易变形，通电后最高温度可达1400℃±50℃。直接使用220V或380V电源，加热M120螺栓只需15min左右，使用寿命在100h以上。

螺栓的加热时间决定于螺栓受热后的伸长量。伸长量ΔL可通过下式进行计算：

$$\Delta L=[\sigma]L/E \tag{4-3}$$

式中：$[\sigma]$——螺栓材料的允许应力，MPa；

L——螺栓有效长度，mm；

E——弹性模量(工作温度下的E值为1.93×10^5MPa)。

当螺栓热胀到预定的伸长量ΔL后，将螺母转动一个角度(或弧长)，其弧长s与ΔL及螺距P有以下关系：

$$\Delta L=sP/\pi D$$

则

$$s=\Delta L\pi D/P \tag{4-4}$$

式中：D——螺母直径。

考虑到法兰及垫料、涂料压缩后对螺栓紧度的影响，还需将ΔL增加30%，同时s值也相应增加30%。当伸长量不足时，不允许将螺母强行拧到规定弧长，因为此时螺纹处于高温状态，硬度降低，强行拧紧势必造成螺纹受损，甚至卡死。

三、紧固螺栓的工具

1. 普通扳手

普通扳手包括活扳手、呆扳手、梅花扳手、套筒扳手及内六角扳手等各种类型，其特点及用法在项目一中已作介绍。总的来说，活扳手适用性强，梅花扳手为优选工具。

2. 扭矩扳手

扭矩扳手在项目一中已作详细介绍，由于扭矩扳手可有效地控制扭矩值，所以是一种重要的常规螺栓紧固工具。

3. 机动扳手

在检修热力设备时，拆装螺栓的工作量极大，费时费力，因此提高拆装螺栓的效率具有重要的现实意义，而广泛采用机动扳手是提高拆装螺栓效率的有效措施。机动扳手包括：电动扳手、风动扳手、液压扳手等。

(1)在机动扳手中，电动扳手效率高，但其扭矩值小，易损坏，且需220V电源，故不太适宜热力设备检修之用。相比之下，更多选用风动扳手。

(2)风动扳手(简称风扳)具有扭矩值大、安全、可靠及扭矩可调的优点。目前大型号的风扳扭矩可达12000N·m，可紧固M80以下的大直径螺栓。为节约调矩时间及防止在调矩时发生误差，可同时准备几个不同扭矩的风扳，每一支风扳可以只紧固一个规格的螺栓，这样可以大幅度地提高效率。

(3)液压扳手属于专用扳手，其结构如图4-20所示。其中扳头和支架需根据使用部位来配制，活塞为通用件，压力油由高压油泵供给(20MPa)。该工具组装耗时过多，且需配备油泵，会给工作带来不便。液压扳手在实际工作中的应用如图4-21所示。

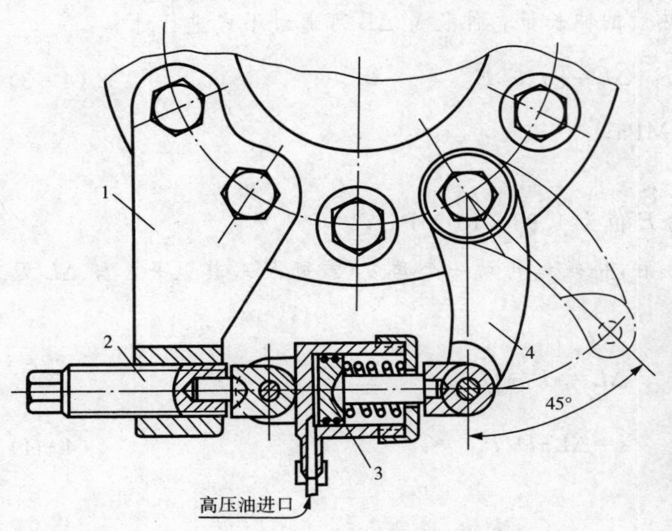

图4-20　液压扳手

1—支架；2—调节螺栓；3—活塞；4—扳手

图4-21　液压扳手的使用

4. 增力器

增力器实际上是一台具有特殊结构的减速箱，如图4-22所示。采用行星式与摆线式减速设计，其减速比为5∶1～125∶1，扭矩为1700～47500N·m，其主要技术数据见表4-7。实践证明，增力器是紧固螺栓的高效工具，已成为紧固M27以上各类螺栓的主力工具，应大力推广。使用增力器时必须与扭力扳手配合，因为只有施加准确的输入扭矩，才能得到准确的输出扭矩。

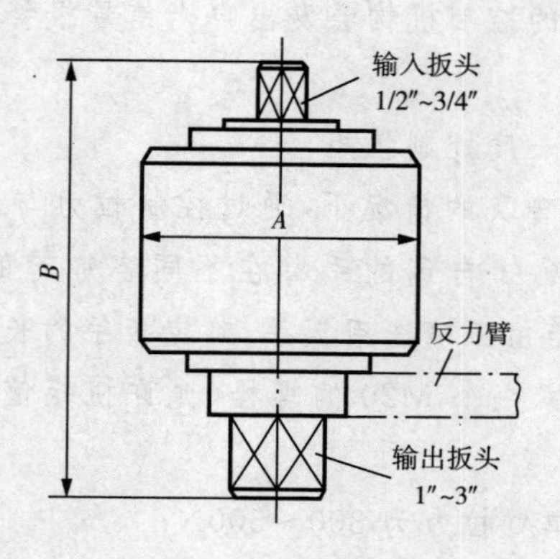

图 4-22　增力扳手

表 4-7　增力器主要技术数据

类别	型号	增力比（减速比）	输出扭矩（N·m）	A(mm)	B(mm)	机体质量（kg）
轻型	MT1700	5∶1	1700	108	120	3.1
	2700		2700		129	3.2
中型	SLT30～15	15∶1	3000	119	224	9
	SLT30～25	25∶1	3000		271	15
	SLT60～75	75∶1	6000		299	16.5
重型	HDT60－125	125∶1	6000	144	194	18.5
	HDT95－125		9500	184	188	24.5
	HDT170－125		17000	212	225	46.5
	HDT475－125		47500	315	325	117

四、螺栓紧度的测量与控制

检测螺栓紧度值是否达到预定值，是螺栓质检工作的重要内容，也是检修人员必须掌握的技能。为了能准确地控制螺栓紧度，首先要确定被紧螺栓的允许扭矩值或允许伸长量，通过测量扭矩值或伸长量，达到对螺栓紧度的控制。此值应在检修规程中或操作任务单中明确列出。在生产现场，控制螺栓紧度的方法有以下两种：

1. 控制扭矩

使用不同的紧固工具，控制扭矩的方法也有不同。

(1)使用扭力扳手控制扭矩

在用扭力扳手紧螺栓前，先将扳手手柄上的基准点旋到要达到的扭矩值刻线。当施加

的力达到预定的扭矩后，扳手的控制机构会发出声光信号报警。为保证工具的精度，扭力扳手必须每年进行一次调校。

(2)通过手臂拉力及扳手长度控制扭矩

现阶段，在扭力扳手尚未普及的情况下，通过控制拉力与臂长的办法是可行的，也是有效的。此法要求操作者必须熟知自己的手臂在不同姿势时的拉力值(可用拉力器进行测试)，然后根据预定的螺栓扭矩值正确选用扳手，确定扳手的长度或加长杆的长度。

【例 4－3】 若一个人拧紧一个 M20 的螺栓(允许扭矩值为 163N·m)，应选用多长的扳手？

解：根据测试，一般人的单臂拉力为 300～500N；

当手臂拉力为 300N 时，扳手长度应为：163/300＝0.54(m)；

当手臂拉力为 500N 时，扳手长度应为：163/500＝0.33(m)。

因此，一个人拧紧螺栓时，选择的扳手长度应该在 330～540mm 之间。

【例 4－4】 某厂检修时需紧固 M64×3 的合金钢汽缸螺栓，计划用 3m 长加长杆，试问需几人共同施力完成？

解：设该合金钢的允许应力是 30 钢的两倍，其扭矩值应该是表 4－6 中对应扭矩值 6050N·m 的两倍，为 12100N·m；

已知螺栓的螺距是 3mm，而表 4－6 中对应的粗牙螺距为 6mm，实际所需扭矩值应该减少一半，仍为 6050N·m；

在加长杆端部需用力为 6050/3＝2017(N)；

设每人手臂拉力平均为 400N，所需施力人数为 2017/400≈5(人)；

考虑到众人不可能同时都在加长杆端部施力，加长杆的有效长度会缩短，最终的施力人数还要酌情增加。

2. 测量螺栓伸长量

螺栓受拉力后的伸长量可按照 $\Delta L=[\sigma]L/E$ 计算。式中，螺栓有效长度 L 是指螺栓的受力段加上一个螺母的高度，如图 4－23 所示。在弹性极限范围内，材料的伸长量与作用力成正比，即应力与应变成正比。当作用力达到螺栓材质的许用应力$[\sigma]$时，则螺栓必然要伸长一个与$[\sigma]$相适应的伸长量 ΔL。由此可看出，用螺栓伸长量的方法来验证螺栓的紧度，要比用控制扭矩的方法更为精确。因为测量的 ΔL 值就是螺栓受到实际拉力后的应变量，它排除了在紧螺栓时的摩擦力、量具误差、用力大小因素对螺栓紧度的影响。

测量方法如下：

在螺栓紧固前与紧固后，分别用深度游标卡尺插入螺栓测量孔内测其深度值，两次测量之差即为伸长量 ΔL。

对于长螺栓常采用在螺栓孔中固定一根测杆，以利用常规深度尺测量，如图 4－23b 所示。测量时，只需测出杆顶至螺栓顶的深度即可。

将测量出的伸长量与计算出的伸长量加以比较，确定螺栓紧度是否达到预定值。

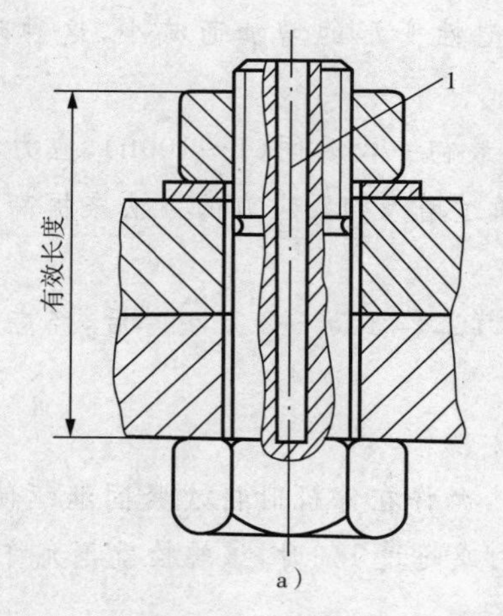

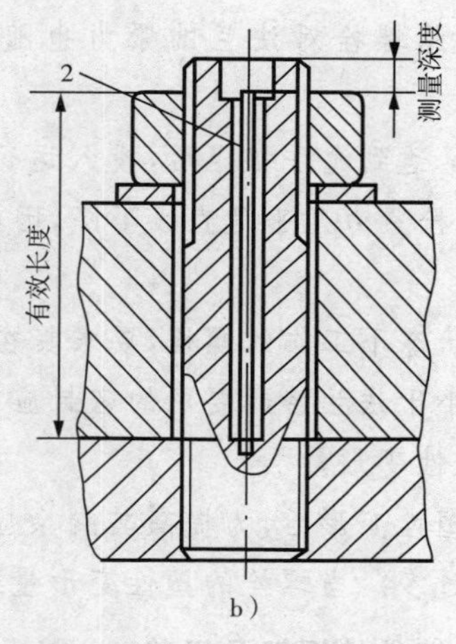

图 4-23　测量螺栓的伸长量

a)螺栓；b)双头螺柱

1—测量孔；2—测量杆

五、螺栓紧度在运行中的变化

1. 热态下的螺栓紧度

假定螺栓与被连接件的温度一致，且两者的线膨胀系数也近似，那么螺栓紧度在运行中是不会发生明显变化的。如果两者不一致，螺栓紧度就会发生变化，出现热松弛或热紧固现象。

(1)热松弛

当螺栓的温度高于或膨胀系数大于被连接件时，螺栓紧度就会下降，此现象称为热松弛。

(2)热紧固

当螺栓的温度低于或膨胀系数小于被连接件时，螺栓紧度就会增加，此现象称为热紧固。

对接触面为密封面的被连接件来说，无论出现热松弛或热紧固，经过长时间的温差变动后，最终都会导致密封面泄漏。同时，热紧固会使得螺栓因轴向应力增大而超载，甚至断裂，也会造成连接法兰因紧力过大而变形。因此，在工作中应采取有效的技术措施，使热松弛与热紧固现象减小至最低程度。

2. 高温下的螺栓材质及塑性变形

(1)高温对螺栓材质的影响

在高温作用下，螺栓的强度、硬度及弹性均随着温度的升高而下降。如 45 钢在低于 200℃时，其屈服强度为 360MPa，在 400℃时屈服强度仅为 290MPa；硬度值也因钢材退火而明显下降。

对于高温状态下工作的螺栓，要求其材料必须保证在较高工作温度下仍具有高强度的物理性能。

(2)螺栓的应力松弛

螺栓拧紧后，在高温和高紧度作用下，随着时间的增长，螺栓由开始的弹性变形逐渐变

为塑性变形,因此螺栓对法兰的紧力也随着塑性变形的增加而减小,这种现象称为应力松弛。

在螺栓预紧达到允许扭矩后,投入运行的最初一段时间(1～100h),应力松弛现象表现得最为明显,螺栓紧力几乎是直线下降,因此通过增大初紧应力的方法来提高剩余应力是不可取的。

对于高温状态下工作的螺栓,要求其在连续工作1万～2万小时后,经应力松弛后的剩余应力仍不得小于法兰密封要求的密封应力。

(3)极限塑性变形量

螺栓产生塑性变形后,为提高其剩余应力,允许在停机时再次紧固继续使用,但重复拧紧的次数不能过多。当螺栓的塑性变形量达到或超过1%时,该螺栓就不允许再继续使用。

六、螺纹连接件的拆卸及组装

1. 螺纹连接件的拆卸

在拆卸螺纹连接件时,常遇到螺纹锈蚀、卡死,螺杆断裂及连接段滑丝等情况,因而就不能按正常的方法进行拆卸。此时,可根据具体情况选用下列方法进行拆卸:

(1)对于一般锈蚀的螺纹可先用煤油或松动剂(一种软化铁锈的化学制品)将其浸透,待铁锈软化后再拆卸。若锈得过死,则可用榔头敲打螺母的六角面,振松后再拆。

(2)用喷灯或氧—乙炔火焰将螺母加热,加热要迅速,边加热边用榔头敲打螺母,待螺母松动后立即拧下。若螺杆已无使用价值,则可用气割或电焊将其割掉。

(3)用平口錾子剔螺母,如图4-24a所示。这是在用扳手等正常方法拆卸不下来时采用的一种方法。被剔下的螺母不能再重新使用。

(4)用钢锯沿着外螺纹切向将螺母锯开后再剔,如图4-24b所示。

(5)对于断在构件内的螺栓,可在断掉部分的中心钻一个适当直径的孔,再用反牙丝锥取出,如图4-24c所示。

(6)对于六角已被扳圆的螺钉,或刀口被拧滑的平基、圆基螺钉,可在螺钉头上焊一个六角螺母,再用扳手进行拆卸,如图4-24d所示。

(7)一般小螺钉可用电钻钻去拧入部分,再重新攻丝。

2. 螺纹连接件的组装

(1)在组装前,应对螺纹部位进行认真的刷洗,清除牙隙中的锈垢。有缺牙、滑丝、裂纹及弯曲的螺纹连接件不许再继续使用。

(2)螺纹配合的松紧度应以用手拧动为准。重要的螺纹连接应用螺纹千分尺检查螺纹直径,以保证螺纹配合的精度。配合过紧的螺纹必须进行修理(攻丝、套丝),不许强行拧入;因磨损或加工不合格而配合过松的螺纹不允许再使用。

(3)组装时为了防止螺纹被咬死或锈蚀,一定要注意螺纹的防锈和润滑。一般螺纹连接件在螺纹部位可抹上油铅粉(机油与黑铅粉混合);重要的螺纹可擦抹干片状黑铅粉或含铜石墨润滑剂,或二硫化钼润滑剂;设备内部有机油的螺纹连接件不要再用润滑剂与防锈剂;室外的螺纹连接件最好用镀锌制品;重要设备的螺纹连接件应采用不锈钢制品。

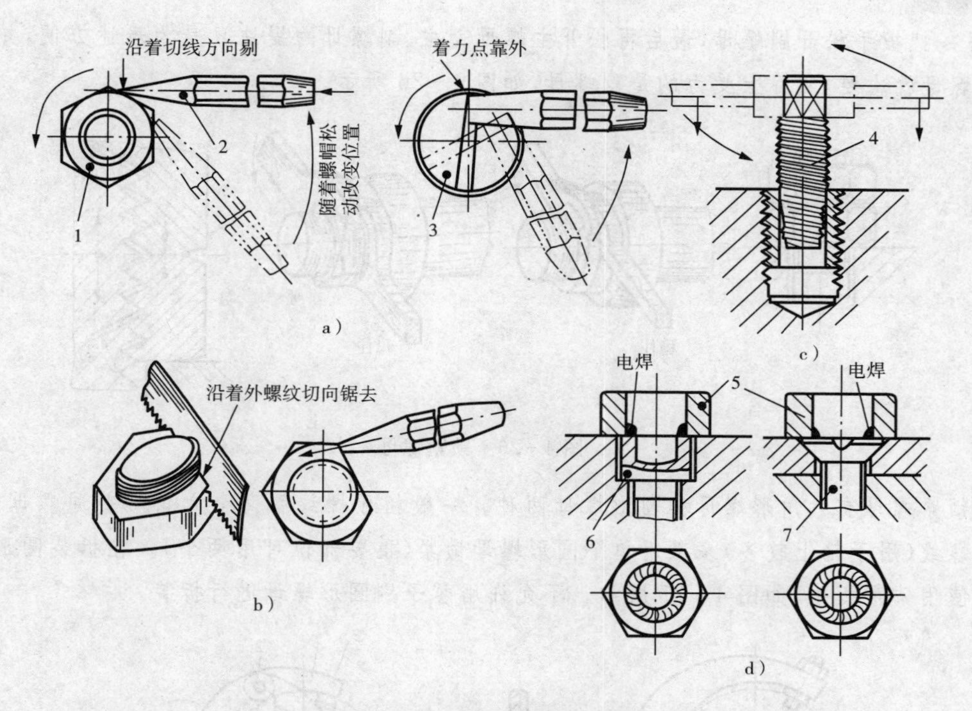

图 4-24　螺纹连接件的非正常拆卸工艺

1—六角螺母；2—平口錾；3—圆基螺钉；4—反牙丝锥；5—六角螺母；6—内六角螺钉；7—平基螺钉

3. 成组螺栓的紧固方法

紧固成组螺栓时不能一次拧紧，应分3次或多次逐步对称地拧紧，这样才能使各螺栓的紧度一致，同时被紧的零件也不致变形。图4-25显示了各类成组螺栓的正确拧紧顺序。

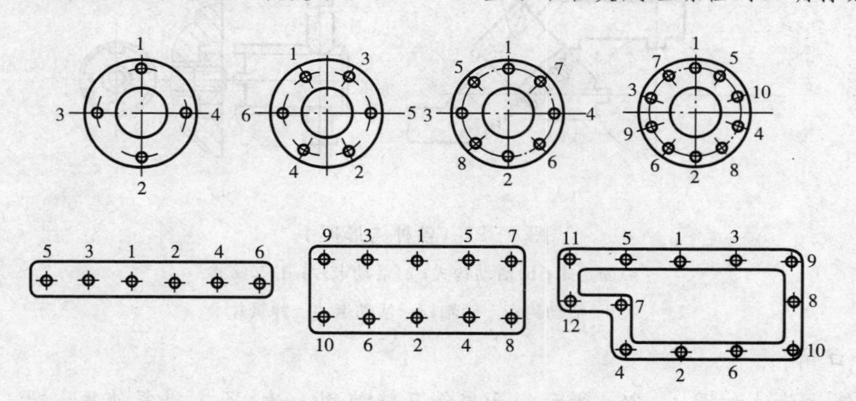

图 4-25　成组螺栓的拧紧顺序

七、螺纹连接防松装置的拆装方法

1. 锁紧螺母

锁紧螺母又称并紧螺母，依靠两个螺母的并紧作用实现防松。

安装时先装主螺母，后装副螺母。把主螺母拧紧后，再戴上副螺母，用两把扳手，一把稳住主螺母，另一把拧着副螺母按拧紧方向并紧。拆卸时也用两把扳手，一把扳手稳住主螺

母，另一把扳手松开副螺母，最后再松开主螺母。主、副螺母的提法只是为表述方便，并不是说副螺母就次要，实际上受力的是副螺母，如图 4－26 所示。

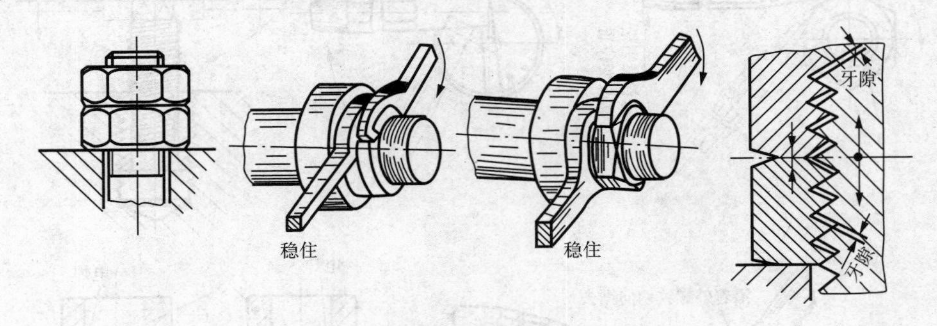

图 4－26　锁紧螺母

锁紧螺母有六角形螺母和圆形螺母两种。一般粗牙螺纹用两个六角形普通螺母锁紧。细牙螺纹（用于轴上较多）多采用单个圆形螺母锁紧（重要部位可用两个）。在拆装圆形螺母时应使用钩形扳手，如图 4－27 所示。不允许用錾子剔圆形螺母进行拆装。

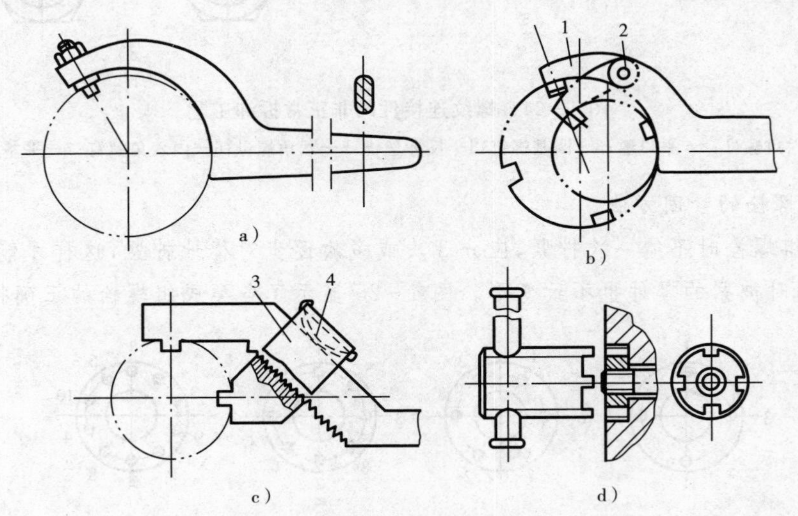

图 4－27　各种钩形扳手

a)固定式；b)活动钩式；c)活动卡片；d)套筒式

1—活动钩；2—销轴；3—活动卡；4—弹簧片

2. **开口销**

开口销的装法如图 4－28a 所示。开口销只能使用一次，不应重复使用。开口销应避免用铁钉、铁丝来代替。

3. **串联铁丝**

螺钉旋紧后用一根铁丝连续穿过各螺钉上的小孔，并将铁丝两头拧在一起，如图 4－28b 所示。穿铁丝时注意穿丝方向，应保证拉紧铁丝时，加在各螺钉头上的力矩方向与螺钉拧紧的方向相同。

4. 止退垫圈

止退垫圈的装法如图 4－28c 所示。这种结构只能防止螺母转动，而不能防止螺杆转动。一般止退垫圈取下后不宜重复使用。

5. 内耳式止退垫圈

先将垫圈内耳对准螺杆槽，然后拧紧螺母并使螺母槽正对垫圈外耳，再将外耳扳弯卡入螺母槽中，如图 4－28d 所示。该垫圈可将螺母与螺杆锁成一体。

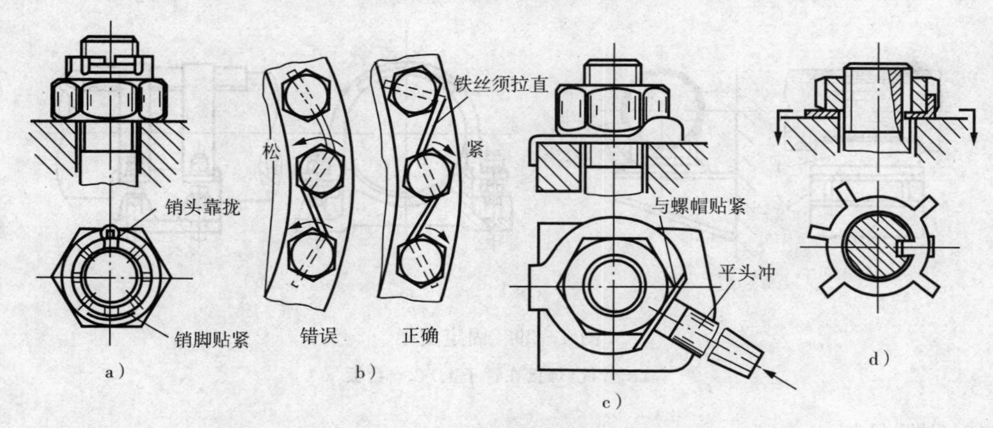

图 4－28　螺纹连接防松装置

任务二　管道支吊架检修

工作任务

了解管道支吊架的作用和分类，熟悉管道支吊架的检修内容。

知识与技能

一、认识管道支吊架

1. 管道支吊架的作用

(1)承受管道系统的重量，包括管子、管件、阀门、管道内介质以及管道保温层的重量等。

(2)大部分支吊架具有限位作用，能控制与引导管线热位移的大小和方向。

(3)能够增强管道刚度，抵抗变形，并使水平挠度和由此引起的振动得到有效控制。

(4)对来自管道内流动介质各种作用力(如冲击力、激振力、排气反作用力)以及由设备传递的振动、风力、地震等起到缓冲减震作用。

(5)能够控制由管道施加给设备接口的荷重以及热位移推力和力矩。

(6)能够承受管道冷拉施加的力和力矩。

2. 管道支吊架的分类及结构

(1)固定支架

固定支架是管道系统中的定点，是管道热胀补偿设计计算的原点，对承重点管线有全方位的限位作用，如图 4－29 所示，图 a 为焊接固定支架，图 b 为管夹固定支架。固定支架的生根部位应牢固、可靠，支架应具有足够的强度和刚性。固定支架既要承受管道的部分重力，还要承受管道各向的热位移推力和力矩，是管道内压和外力作用产生应力叠加的部位。

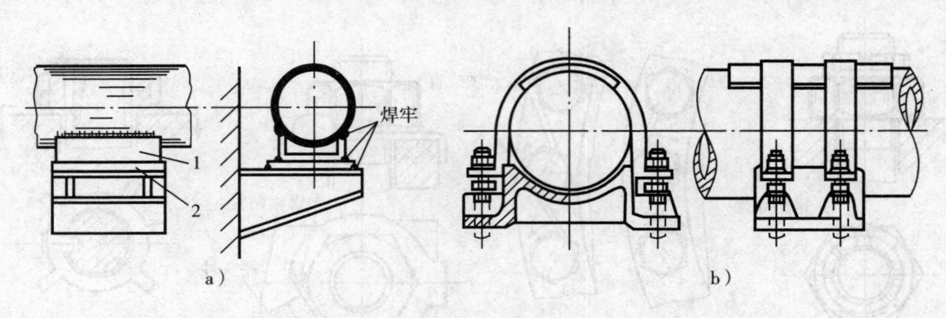

图 4－29　固定支架

1—管枕(焊接在管子上)；2—台板

(2)刚性吊架

刚性吊架承受管道的部分重力，允许该吊点管道有少量的水平位移，能够限制管道向下的位移，如图 4－30 所示。因此用于常温管道，或用于热管道中无垂直热位移和垂直热位移很小的管道吊点。

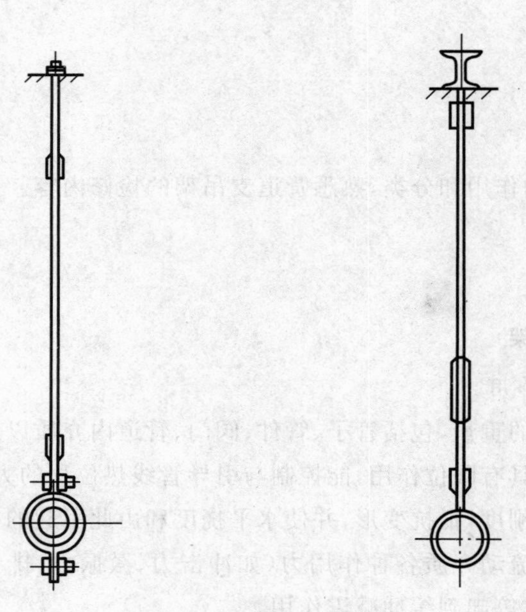

图 4－30　刚性吊架

(3)导向支架

导向支架具有滑动结构，如图 4－31 所示。它是承受管道自重的一个支撑点，对管道有

两个方向的限位作用，能够引导管道沿轴线方向进行自由热位移，起到稳定管线的重要作用，在管道中应用非常广泛。

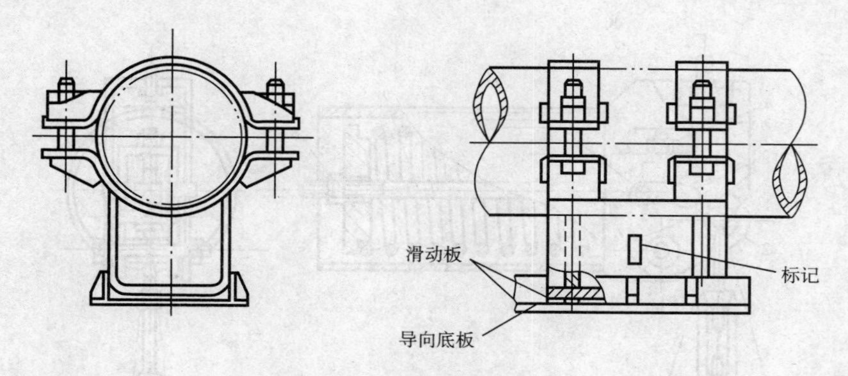

图 4-31　导向支架

(4)弹簧支吊架

弹簧支吊架除承重外，还能够满足管系的热位移要求。弹簧支架只允许管道沿弹簧的轴向作位移，而弹簧吊架在承重的同时，对吊点管道的各方向位移都无限位作用。为防止支吊架发生超载和脱空现象，弹簧支吊架均采用压簧，保证了弹簧变形量不会超过设计值，如图 4-32 所示。

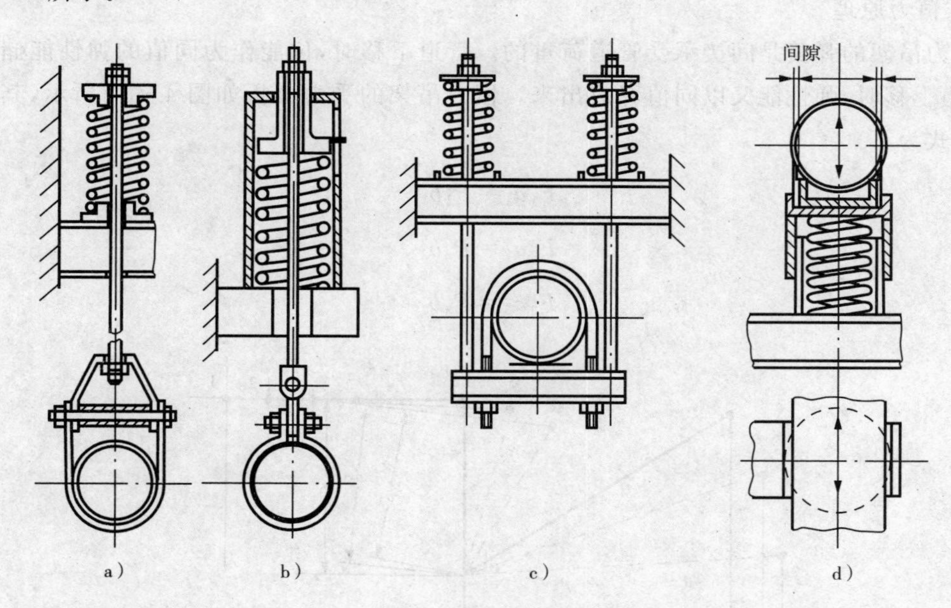

图 4-32　弹簧支吊架

a)普通弹簧吊架；b)盒式弹簧吊架；c)双排弹簧吊架；d)滑动弹簧支架

(5)恒力吊架

用普通弹簧吊架支撑管子时，若膨胀位移较大，弹簧变形引起的反作用力会导致管道支点及管道本身产生超载应力。因此，在温差很大且有较大位移的管道上，宜采用恒作用力弹簧吊架，简称恒力吊架。因恒力吊架的承载能力不随支吊点的位置升降而变动，故在管道产

生膨胀位移时，不致引起管系各吊点荷重重新分配的问题，吊架始终承受基本不变的荷载。恒力吊架的结构如图 4－33 所示。

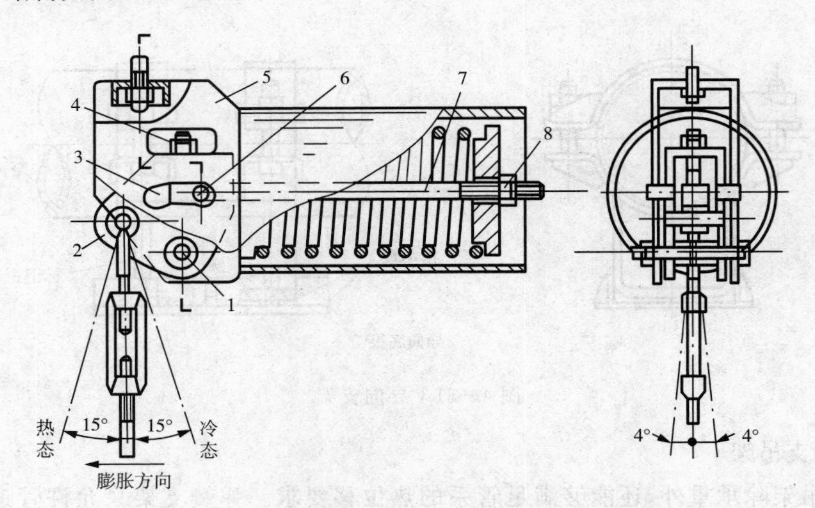

图 4－33　恒力吊架

1－支点轴；2－内壳；3－限位孔；4－调整螺帽；5－外壳；6－限位销；7－弹簧拉杆；8－弹簧紧力调整螺帽

① 恒力原理

恒力吊架的弹簧是间接承受管道荷重的。管道下移时，位能作为同值的弹性能储存起来；管道上移时，弹性能又以同值释放出来。恒力吊架的受力分析如图 4－34 所示，其力矩的平衡式为

$$F_1 a_1 = P_1 b_1$$

$$F_2 a_2 = P_2 b_2$$

$$F_3 a_3 = P_3 b_3$$

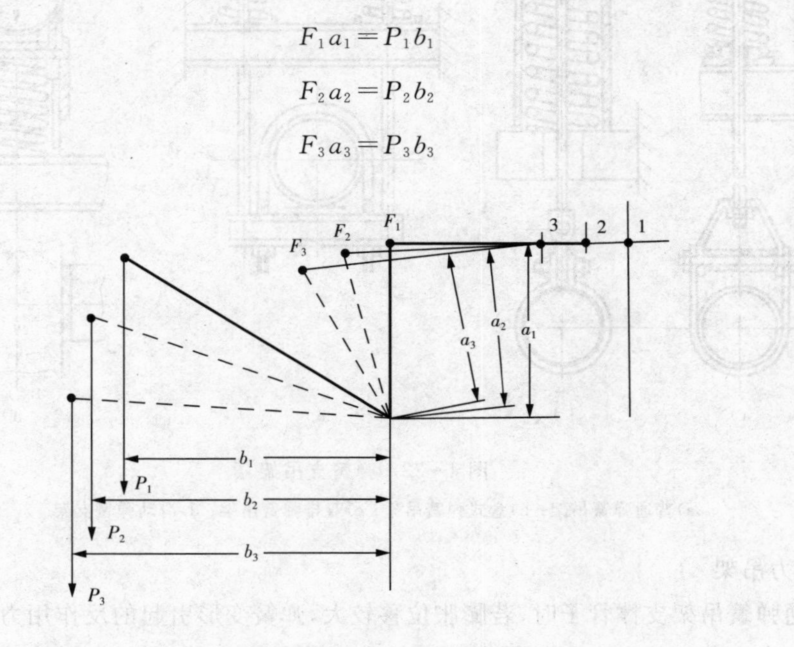

图 4－34　恒力吊架受力分析

$$Fa = Pb$$

$$P = \frac{Fa}{b} \tag{4-5}$$

式中：P——作用在管道上的力；

F——弹簧的弹力。

对式(4-5)加以分析，a 值在各种位置变化不大。而随着 b 值变大，F 值也变大；b 值变小，F 值也变小，这就使得作用在管道上的力 P 始终处于近似恒定不变。

② 恒力吊架调整要求

恒力吊架在运行和检修中应满足以下要求，否则就应对吊架的弹簧紧力或弹簧的拉杆位置进行调整。

a. 弹簧中心线应处于水平位置，其吊杆的冷态位置和热态位置应对称于吊杆垂线，如图4-33所示。

b. 固定在内壳上的限位销，在冷态时(此时弹簧处于最小压缩状态)应位于外壳限位孔的右端，并留有间隙；在热态时应位于外壳限位孔的左端，也留有间隙，如图4-35所示。

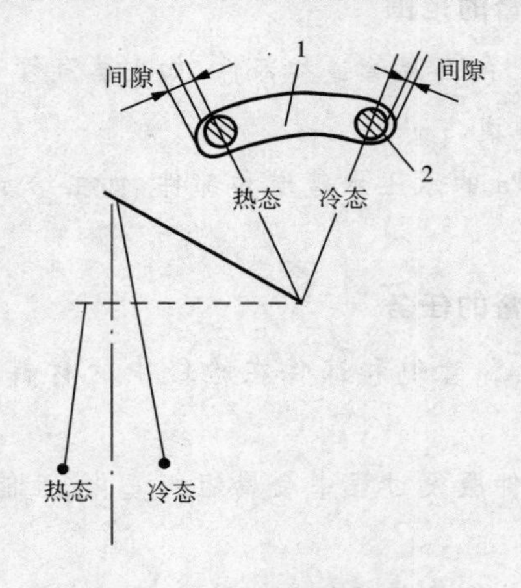

图4-35 限位销极限位置

1—外壳限位孔；2—限位销

二、管道支吊架检查与维修要点

(1)检查各连接件如吊杆、吊环、卡箍有无锈蚀、弯曲等缺陷。

(2)检查所有的螺纹连接件有无锈蚀、滑丝等现象，紧固件是否有松动。

(3)检查承载结构与根部辅助结构是否有明显变形，主要受力焊缝是否有宏观裂纹。

(4)检查固定支架的焊口和支座有无裂纹和位移现象。

(5)检查普通弹簧支吊架的载荷标尺指示，或恒力吊架的转体位置是否正常。

(6)检查导向支架的膨胀间隙有无障碍物影响管道自由膨胀，支吊架活动部件是否卡死、损坏或异常。

(7)检查支吊架弹簧和吊杆(或支座)是否有裂纹，吊架弹簧节距是否均匀，弹簧是否有压扁现象，吊架有无歪斜、变形。

(8)检查固定支吊架的限位装置是否发生异常变形。

(9)检查减振器结构是否正常，阻尼器油系统与行程是否正常。

(10)检查管道膨胀指示器是否回到原来的位置，若有异常应找出原因。

(11)热态时应注意观察支吊架的工作情况，热膨胀是否顺畅，弹簧是否压扁，管道是否剧烈振动，做好记录，以便冷却时修理。

(12)更换弹簧时，做弹簧全压缩试验和工作载荷试验。

(13)支吊架在调整后，各连接件的螺杆丝扣必须拧紧，锁紧螺母应锁紧，防止松动。

管道金属监督及高温高压管道检修的特殊要求

一、管道系统金属技术监督的范围

(1)工作温度不小于450℃的高温管道和部件，如主蒸汽管道、再热蒸汽管道、阀门、三通以及与主蒸汽管道相连的小管道。

(2)工作压力不小于6MPa的承压水管道和部件，如主给水管道和机组容量在300MW以上的低温再热蒸汽管道。

二、管道系统金属技术监督的任务

(1)做好监督范围内的各种管道和部件在检修中的材料质量、焊接质量及金属试验工作。

(2)检查和掌握受监督部件服役过程中金属组织变化、性能变化和缺陷发展情况，发现问题及时采取措施。

(3)了解监督范围内管道长期运行后的应力状态和对支吊架全面检查的结果。

(4)逐步采取先进的诊断或在线监测技术，以便及时或准确地掌握并判断金属部件寿命、损耗程度和损伤状况，建立、健全金属技术监督档案。

三、蒸汽管道蠕变变形的测量方法

蒸汽管道在高温和应力作用下长期运行，钢的强度和高温性能降低。蒸汽管道在高温下，在一定的应力(虽然这一应力并未超过该温度下的屈服点)作用下，会发生缓慢的、连续不断的塑形变形，这种变形就叫做蠕变变形。

1. 蠕变测点的安装

蒸汽温度大于450℃的主蒸汽管道和再热蒸汽管道应装设蠕变监督段。监督段一般应设置在靠近过热器和再热器出口联箱的水平管段上。该监督段必须设置三个蠕变测量截面。主蒸汽管道、蒸汽母管和再热蒸汽管道的每个直管段上可根据情况设置一个蠕变测量截面，每条管道的蠕变测量截面的总数不得少于10个。直管段上的蠕变测量截面的位置距

焊缝或支吊架的距离不得少于1m,距弯曲起点不得少于0.75m。锅炉出口联箱体上至少应设置两个蠕变测量截面,并应设置在联箱两端的无孔区上。

蠕变测点用1Cr18Ni9Ti不锈钢制作。对于外径小于350mm蒸汽管道和联箱,每个蠕变测量截面的蠕变测量点头至少应有4个(2对),分布在两个相互垂直的直径端点上,如图4－36所示。对于大于350mm的蒸汽管道和联箱,每个蠕变测量截面的蠕变测点头至少应有8个(4对),分布在4个成45°等分的截面直径端点上。

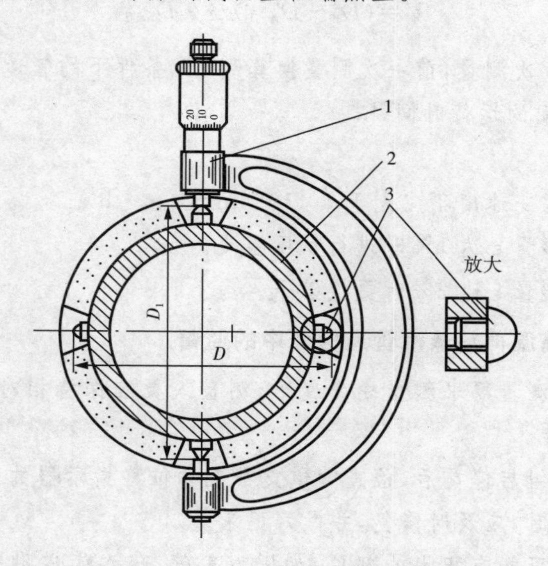

图4－36　蠕变测点装置及测量

1—外径千分尺;2—管子;3—不锈钢测头

2. 蠕变测量方法

在设计期限内或经过鉴定的超期运行期内,当蠕变变形量$\varepsilon<0.75\%$,或管道各测量截面间的最大蠕变速度$V<0.75\times10^{-7}$mm/(m·h)时,监督段的蠕变测量时间以15000h左右为宜;对其他蠕变测量截面,可采用轮流测量的方法,但其测量时间间隔不超过30000h。用千分尺测量监督段截面的直径,通过直径的变化监视其蠕变变形情况。

3. 管道蠕变速度计算

管道进行测量后所得到的数据是在一定温度下,含测点高度的直径数据,必须换算为标准条件下管道的直径值,然后将各次测量后的换算值加以比较,计算出蠕变速度。

第n次测量0℃条件下的直径为

$$D_n^0=(D_n-B)[1-\alpha_p+\alpha_{ck}(t_{ck}-20)]-2h \qquad (4-6)$$

式中:D_n^0——第n次测量,换算到0℃条件下的管道直径,mm;

D_n——第n次测量值,mm;

B——千分尺零位校准值,mm;

α_p——管道材料线性膨胀系数,mm/(mm·℃);

t_p——管壁温度,℃;

α_{ck}——千分尺线性膨胀系数,mm/(mm·℃);

t_{ck}——千分尺温度,℃;

h——蠕变测点高度,mm。

两次测量间的平均蠕变速度可按下式计算:

$$V=(D_n^0-D_{n-1}^0)/\tau\cdot D_{n-1}^0 \qquad (4-7)$$

式中:D_{n-1}^0——第 $n-1$ 次测量,前一次测量换算到0℃条件下的管道直径,mm;

τ——两次测量间的运行时间,h。

4. 蠕变监督标准

蠕变恒速阶段的蠕变速度不应大于 1×10^{-7} mm/(m·h)。

总的相对蠕变变形量 ε 达 1%时进行试压鉴定。

总的相对蠕变变形量 ε 达 2%时更换管子。

四、主蒸汽管道、高温再热蒸汽管道检修中的监督

(1)按蠕变监督的测量要求测量蠕变变形,测量人员应保持相对稳定,以保证蠕变测量结果的准确性和可比性。

(2)检查人员在机组启停前后,检查管道支吊架和位移指示器的工作状况,发现松脱、偏斜、卡死或损坏等现象时,应及时修复,并做好记录。

(3)对主蒸汽管道可能有积水的部位,如压力表管、疏水管道附近、喷水减温器下部,应加强内壁裂纹的检查。

(4)工作温度不小于 450℃的钢管、钼钢蒸汽管道,当运行时间达到或超过 10^5 h 时,应进行石墨化普查,以后的检查周期约 50000h。

(5)高合金钢主蒸汽管道异种钢焊接接头(包括焊接管座焊接接头)运行 50000h 应进行无损探伤,以后检查周期为 20000～40000h。

(6)对 200MW 以上机组的主蒸汽管道,再热蒸汽管道冷、热段运行 10^5 h 后,应对管系及支吊架进行全面检查和调整。

(7)主蒸汽管道、再热蒸汽管道要保温良好,严禁裸露运行。保温材料应符合技术要求,运行中严防水、油渗入管道保温层。保温层破裂或脱落时,应及时修补。管道上不允许焊接保温钩,不得借助管道起吊重物。

(8)对于工作温度大于 450℃的主蒸汽管道、高温再热蒸汽管及其部件,要注意掌握其运行状况,检修时应对其进行全面外观和无损探伤检查,对直管、弯头进行壁厚测量、金相检查、弯管不圆度测量,对监视段进行硬度、金相、碳化物检查。凡更换部件应确保质量,做好记录,存档备案。

五、高温高压管道螺栓的监督

1. 对高温高压螺栓的要求

高温高压管道上的螺栓,由于受到金属蠕变作用及管道、法兰膨胀所产生外力的影响,

要求螺栓具有优良的机械性能及抗蠕变性能。因此高温高压螺栓均采用优质合金钢制造，并进行热处理。

在加工时，对螺栓、螺母的加工精度、表面粗糙度及螺纹配合有严格要求。为了保证螺纹的良好配合，螺栓与螺母应配对使用。重要部位的螺栓应建立卡片，注明材质、热处理工艺、无损探伤结果、使用日期等。

2. 螺栓的使用

(1)为了防止螺纹副在紧固和拆开时发生螺纹部位被拉伤、卡死等现象，防止经长期运行产生锈蚀，在检修时必须对螺栓副进行认真的清洗，并在螺纹部位涂上润滑剂。常用的润滑剂有片状石墨粉、二硫化钼(使用温度不超过400℃)。

(2)大部分螺栓可在常温下进行紧固，不需加热。对于大直径螺栓因螺纹之间的摩擦力很大，要使螺纹副达到要求的紧力，应该采用加热的方法紧固。在运行中螺纹副可能发生松弛，其原因是：螺栓因蠕变而形成永久性伸长，螺栓的线膨胀系数大于法兰的线膨胀系数。

为了防止螺纹副的紧度逐渐降低，造成法兰密封泄漏，应将其紧度恢复到原来的程度。螺栓在有效期内允许进行数次再紧固，其次数决定于螺栓累计总伸长量(其值不应超过材料的允许极限)。常用钢材允许紧固的弹性伸长值为1%，所以，对重要的螺栓应记录其原始长度及每次再紧固的增长值。

(3)螺栓的检查有两种形式：一是用放大镜进行宏观检查，主要检查螺纹有无碰伤、变形及螺栓有无明显裂纹、弯曲等。二是金属技术监督检查，主要进行着色或磁粉探伤、超声波探伤、硬度检查及金相组织检查；对于不小于M32的高温合金螺栓应进行无损探伤、100%光谱复查和硬度检查；使用50000h的合金钢螺栓应进行金相检验，必要时进行冲击韧性抽查，抽查周期控制在30000～50000h。根据发现的缺陷情况，分析产生缺陷的原因，找出处理方法。如果发现螺栓出现螺纹，必须更换新螺栓。

任务三　弯　管

工作任务

学习管子弯制的相关知识和技能，了解管子弯曲时的截面变化规律，熟悉弯管的工作内容，掌握使用弯管机进行弯管的操作方法。

知识与技能

管子的弯制是管道检修的一项重要内容。常用的弯管方法有热弯、冷弯和可控硅中频弯管3种。无论采用哪种弯管工艺，管子在弯曲处的壁厚及截面形状均要发生变化，这种变化不仅影响管子的强度，而且影响介质在管内的流动。因此在弯管前应首先了解管子在弯曲时的截面变化。

一、弯管截面变化

从图 4－37a 可以看出管子弯曲时的截面变化情况。在中心线以外的各层线段都有不同程度的伸长，在中心线以内的各层线段都有不同程度的缩短。这种变化显示了管子弯曲时在应力作用下发生了变形，其外弧侧受拉，内弧侧受压，而位于中心线的一层则基本没有变化。这就是材料力学中所说的中性层。

事实上，管子在弯曲时，中性层以外的金属不仅受拉伸长，管壁变薄，而且外弧管壁被拉平；中性层以内的金属受压缩短，管壁略变厚，在挤压变形达到一定极限后，管壁就会出现突肋折皱；中性层向内移动，形成椭圆形管子截面，如图 4－37b 所示。呈椭圆形截面的管段承受管内介质压力的能力将降低，所以在弯管过程中应尽量采取措施，限制管截面的椭圆度。

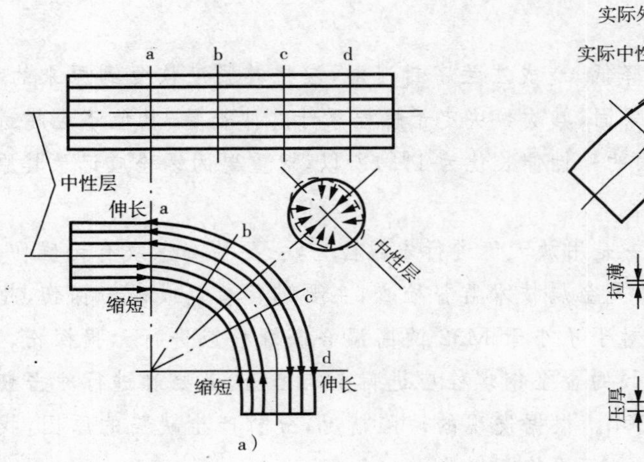

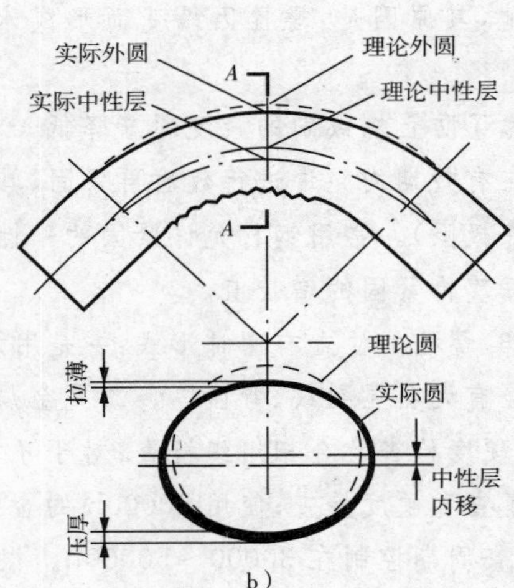

图 4－37　管子弯曲时的截面变化

二、管子弯曲半径

影响弯管截面椭圆度的因素有很多，其中弯曲半径是关键因素。管子的弯曲半径一定不能太小。一般情况下，弯曲半径大，对管子的强度及减小弯管阻力都有利；但若弯曲半径过大，弯管工作量和装配工作量以及管道所占空间都将增大，管道的总体布置也很困难，因此应合理选择弯曲半径。通常以控制管子外层壁厚减薄率在 15%以内为依据。根据不同的弯管方法，参照以下标准选择弯曲半径：

(1)热弯管(充砂)时，弯曲半径为管子公称直径的 3.5 倍以上。

(2)冷弯管时，弯曲半径为管子公称直径的 4 倍以上。

三、冷弯管工艺

冷弯是在常温下对管子进行弯制，管内不必装砂，通常用弯管机和模具弯制。

1. 手动弯管

手动弯管器的结构有两种形式，如图 4－38 所示。图 a 所示为小轮定位，大轮转动；图 b

所示为大轮定位，小轮沿着大轮转动。工作时，把管子置于定位轮和转动轮之间，以管夹4固定，转动手柄即可把管子弯制成所需要的弯曲角度。

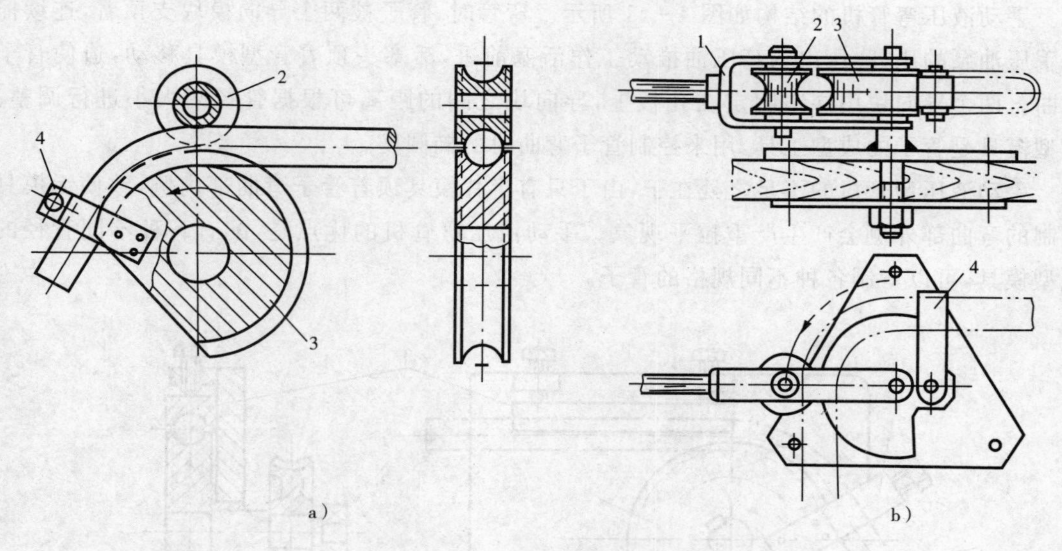

图4-38　手动弯管器

1—轮架；2—小轮；3—大轮；4—管夹

为减小弯管时管子截面的椭圆度，在设计、加工弯管器大轮和小轮的结构时，大轮上的半圆槽半径等于管子半径，大轮与管子之间不留间隙；小轮上的半圆槽两边与管子外径采用过盈配合，其槽底比管子半径深1～2mm，使轮槽成半椭圆形，如图4-39所示。这样管子在弯曲时，其两侧的中性层位置由于小轮槽边缘限制，管径不能增大，只能向外(图中A向)变形，呈半椭圆预变形。当管子离开轮槽时，其中性层位置虽然失去限制而直径变大，但会被之前的半椭圆预变形抵消一部分，使得弯出的管子具有较小的椭圆度。

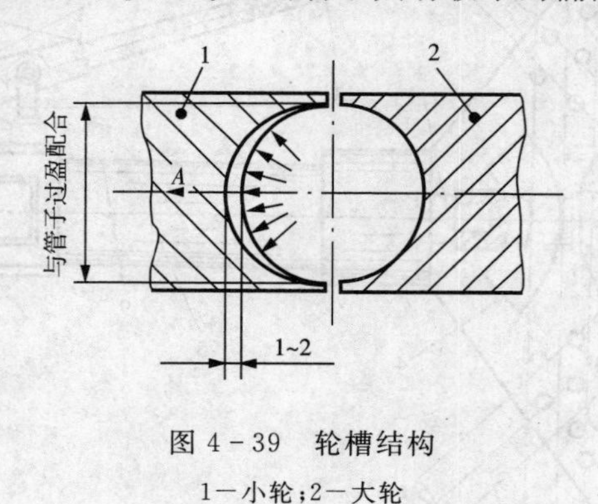

图4-39　轮槽结构

1—小轮；2—大轮

这种弯管器，由于轮槽尺寸固定，一副大小轮只能弯制同一规格的弯管。而要弯制不同规格的弯管则要采用不同的弯管胎具。

2. 电动弯管

电动弯管机的弯管原理与手动的相同。其结构与手动的相比主要是在转轮上安装了电动装置。电动弯管机大多采用大轮转动，小轮定位或模具定位。图 4-40 为模具定位结构。

3. 手动液压弯管

手动液压弯管机的结构如图 4-41 所示。弯管时，管子被两个导向模块支顶着，连续摇动手压油泵的压杆，压出的高压油推动工作活塞前进，活塞头顶着管型模具移动，迫使管子弯曲。两个导向块用穿销固定在孔板上，导向块之间的距离可根据管径的大小进行调整。管型模具是管子的成型工具，用来控制管子弯曲时的椭圆度。

手动液压弯管机的不足之处在于，由于只有半片模具顶着管子弯曲部内侧，致使无模具控制的弯曲部外侧会产生严重拉平现象。手动液压弯管机的优点是，配有各种不同管径的成型模具，可以弯制各种不同规格的管子。

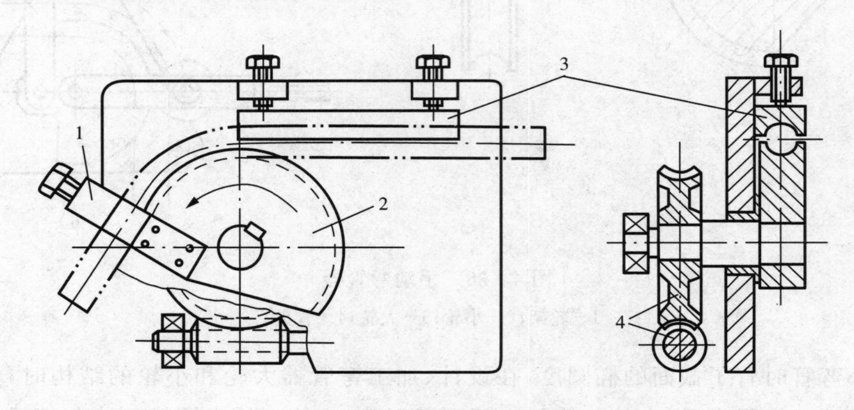

图 4-40　电动弯管机

1—管卡；2—大轮；3—外侧成型模具；4—传动机构

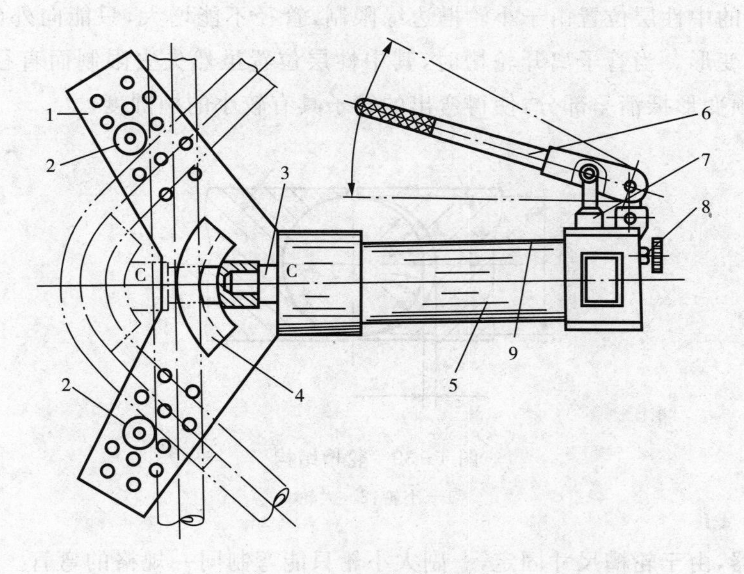

图 4-41　手动液压弯管机

1—定位孔板；2—导向模块；3—活塞头；4—管型模具；5—机体（工作缸）；6—压把；7—油泵；8—回油阀；9—加油孔

四、热弯管工艺

热弯是预先在管内装好砂子，然后用加热炉或火焊烤把加热，待加热到管材的热加工温度（一般碳钢为950～1000℃，合金钢为1000～1050℃）时，在弯管平台上进行弯制。充砂加热弯管法的工艺步骤如下：

1. 制作弯管样板

为了使管子弯得准确，需要按图纸尺寸以1∶1的比例放实样图，用细圆钢按实样图的中心线弯好，并焊上拉筋，防止样板变形，如图4-42所示。在弯管过程中，管子除产生塑性变形外，还存在着一定的弹性变形，当外力撤除后，弯头会弹回一角度，故样板要多弯3°～5°，以补偿弯管时产生的回弹量。

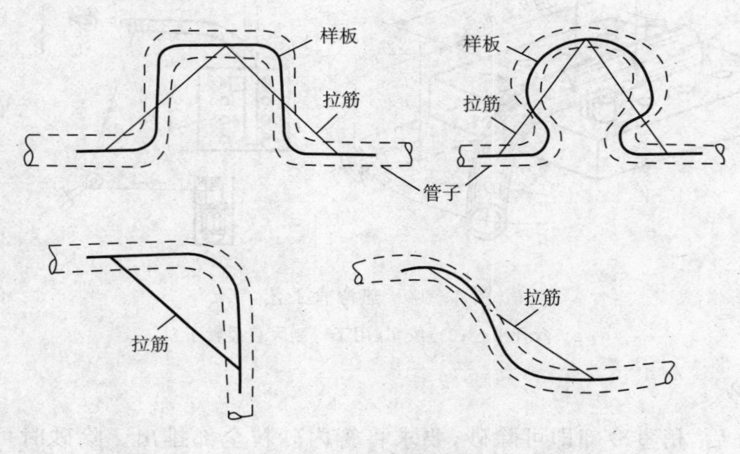

图4-42　弯管样板

2. 管子充砂

管内充填用的砂子要能够耐1000℃以上的高温，不得含有泥土、铁渣、木屑等杂质，要经过筛选、洗净、烘干，粒度大小合适，不许含水分，以免发生砂子加热后产生的蒸汽伤人和跑砂事故。充砂前，应先用锥形木塞或钢制堵板堵住管子的一端，然后将管子竖立，边充砂，边振实，直到充满为止。最后将封口堵住，堵头必须紧靠砂面。

3. 管子弧长计算及标识

拟弯制的管子弧长计算公式如下：

$$L=R\alpha \tag{4-8}$$

式中：R——弯曲半径，mm；

α——弯曲角度，°。

将计算好的弧长、起弯点及加热长度用粉笔在管子圆周标出。

4. 管子加热

加热的方法决定于管径及弯制的数量。量少、小管径的管子可用火焊烤把加热，量大、大管径的管子，一般采用焦炭炉加热。加热管子时，要使加热段受热均匀，待管子加热到

950℃左右时，应在炉中稳定一段时间，以使管内砂粒热透。

5. 管子弯制

将加热好的管子放在弯管平台上，用水冷却加热段两端的非弯曲部位（仅限于碳钢管子，合金钢管不能浇水，以免产生裂纹），以提高此部位的刚性。再将样板放在加热段的中心线上，均匀施力，使弯曲段沿弯管样板弧线弯曲；对已弯到位的弯曲部位，可随时浇水冷却，防止弯曲过度；当管子温度低于700～800℃时，应停止弯曲。若未能成型，可进行二次加热再弯制，但次数不宜过多。弯好后的管子应让其自然冷却。如图4-43所示。

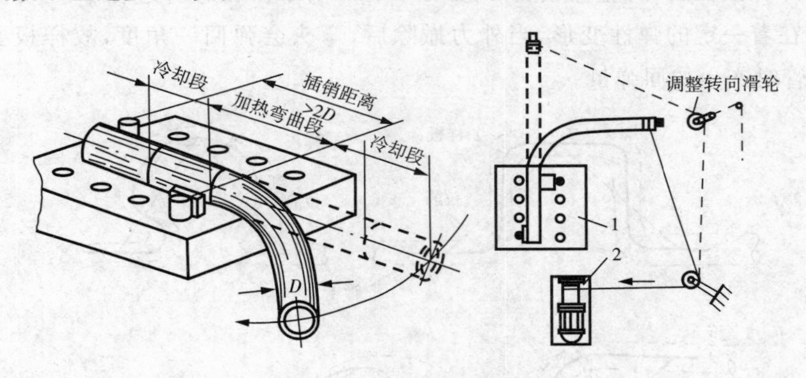

图4-43　热弯管工艺

1—弯管平台；2—绞车（用于弯制大直径管子）

6. 管子除砂

管子弯制好后，稍事冷却即可除砂，要求将管内砂粒全部排出。除砂时可用手锤振击。为清除烧结在管壁上的砂粒，可用钢丝绞管器或喷砂工艺进行除砂。

喷砂工艺是用压缩空气通过喷砂枪（见图4-44）将细砂吸入枪内，再从枪口喷出，靠高速气流带着砂子冲刷管壁，达到除渣、除垢目的。冲刷要从管子两端反复进行，待管壁出现金属光泽时方可停止。喷砂工艺不仅用于热弯后除砂，对新配制的管道组装前的除锈、除渣、除垢工作，均可采用。

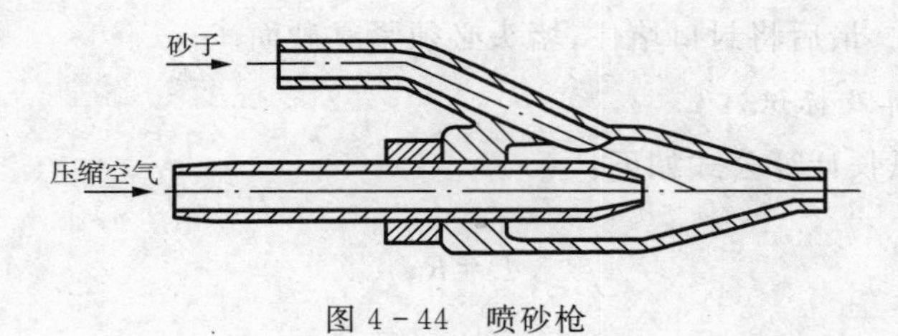

图4-44　喷砂枪

五、可控硅中频弯管工艺

可控硅中频弯管是利用中频电源和感应线圈将钢管加热的机械化弯管方法，管内无需装砂，主要用于弯制管径较大，且壁厚较厚的高压和超高压管道。

1. 可控硅中频弯管工作过程

可控硅中频弯管机如图4-45所示。其弯管过程如下：

(1)将钢管穿过中频感应圈 2,放置在两个导向滚轮 3 之间,用管卡 6 将钢管的端部固定在可调转臂 7 上。

(2)启动可控硅中频发生器,仅对中频感应圈内部(宽度 20～30mm)的一段钢管加热,即加热的这段钢管长度为管壁厚度的 2～3 倍。

(3)当钢管受感应部位的温度升高到接近 1000℃时,启动电机 4,通过减速机构 8 带动转臂旋转,拖动钢管前移,同时使已加热的钢管产生弯曲变形。

(4)管子一边前移、一边加热、一边弯曲,是一个连续的同步过程,直到弯至所需的角度为止。

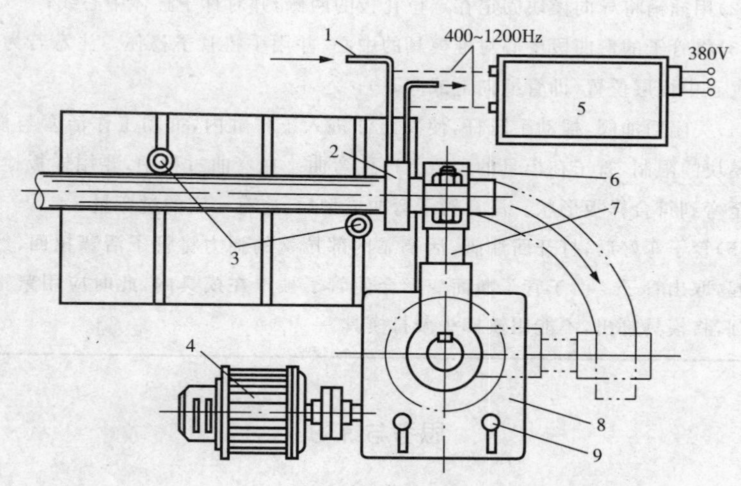

图 4－45　可控硅中频弯管机

1－冷却水管;2－中频感应圈;3－导向滚轮;4－电机;5－可控硅中频发生器;
6－管卡;7－可调转臂;8－减速机构;9－变速手柄

2. 可控硅中频弯管的优点

(1)由于只对一小段管段加热,所以加热快,散热也快,其成型是逐步在加热段形成的,故无需任何模具和样板。

(2)由于转臂可调,可以非常方便地通过改变转臂长度和导向滚轮的位置改变弯曲半径,从而弯制各种不同弯曲半径的管子。

(3)弯曲尺寸的误差很小,产生折皱、鼓包和扁平等缺陷的程度较轻,弯管质量优于其他任何一种弯管工艺,尤其是弯制大直径(直径在 500mm 以上)、厚管壁及各类合金钢管时,优势更显突出。

(4)在弯管过程中如果保持相应的加热条件,就如同管子处于热处理状态,即可省去随后的调质处理。

(5)弯管过程中可以选用一种外加的冷却装置,即在中频感应圈后加一个喷水环。这种装置的使用一般由管材决定,也与管壁厚度和最后一次热处理有关。使用冷却装置的优点在于利用冷却液的最佳冷却速度来调整弯管的不圆度。采用这种方法弯制的管子,通过按不同的材料特性进行回火处理就可以了,对一般的碳钢管也可不作回火处理。

工作实践

工作任务	弯制管子。
工作目标	掌握冷弯管的方法，能使用液压弯管机弯制管子。
工作准备	液压弯管机及配套模具、无缝管、弯管样板、榔头、铜棒等。
工作项目	使用液压弯管机弯制管子： (1)选择与管子外径相符的弯管模具，放在工作活塞的顶端； (2)用插销将导向模块固定在定位孔板的两侧，并对称于缸体中心线； (3)将管子的弯曲段中心对准模具的中心，并用手将管子稳住。注意若为有缝管，应将管缝置于中性层位置(即管缝向上或向下)； (4)关闭回油阀，摇动手压杆，使高压油进入工作缸内，推动工作活塞与模具前移。受导向模块的限制，管子在模具的顶压下产生弯曲。在弯曲过程中，要用样板检查弯曲的角度，直至弯到符合样板形状。注意管子弯曲成型后，应有一定的过弯量； (5)管子弯好后，打开回油阀，活塞靠内部拉簧的弹力将管子活塞拉回，然后将定位孔板翻起，取出管子。由于管子断面变形会使管子被卡在模具内，此时应用紫铜棒击打模具的外圆，将模具打出，不能用铁榔头敲打模具。

思考与练习

1. 焊接管道检修技术要求有哪些？
2. 法兰连接管道的组装要求是什么？
3. 怎样选择密封垫料？
4. 简述螺纹管道的连接工艺。
5. 在弯制有缝管时，管缝应置于什么位置？为什么？
6. 为什么要进行管道金属监督？火电厂管道金属监督的范围是什么？
7. 什么是螺栓紧度？螺栓拧得越紧越好吗？
8. 常用的螺栓紧固方法有哪些？各有什么特点？
9. 紧固螺栓时怎样控制螺栓紧度？
10. 什么是热松弛和热紧固？它们有什么危害？
11. 简述热弯管工艺。

项目五　阀门检修

【项目描述】

阀门是管道系统主要附件之一，其作用是控制或调节流体的流通状态，对热力设备的效率、工作性能和安全有直接影响。热力发电厂所用的阀门种类繁多，数量庞大，因此阀门检修工作是电厂热力设备检修任务的重要环节。尽管不同类型的阀门检修方法各有不同，但总的来讲都包括解体检查、缺陷处理、阀门组装和严密性检验等环节。

【学习目标】

(1)熟悉普通阀门的结构及各部件的作用。

(2)掌握普通阀门检修的基本操作工艺

任务一　阀门拆装

工作任务

学习阀门拆装的相关知识与技能，了解阀门拆装的工作内容，熟悉普通阀门结构及各部件的作用，能正确使用工具对阀门进行解体、零部件检查和组装。

知识与技能

一、认识阀门

1. 阀门分类

阀门的种类有很多，可按照不同的方法进行分类。

(1)按公称压力分类

① 低压阀门：公称压力 $P_N \leqslant 1.6$MPa；

② 中压阀门：公称压力 $P_N = 2.5 \sim 6.4$MPa；

③ 高压阀门：公称压力 $P_N = 10 \sim 80$MPa；

④ 超高压阀门：公称压力 $P_N \geqslant 100$MPa。

(2)按工作温度分类

① 常温阀门:工作温度－40～120℃;

② 中温阀门:工作温度 120～450℃;

③ 高温阀门:工作温度大于 450℃。

(3)按用途分类

① 关断用阀门:包括截止阀(图 5－1)、闸阀(图 5－2)、蝶阀(图 5－3)、旋塞阀、隔膜阀等;

图 5－1　截止阀系列

图 5－2　闸阀系列

图 5－3　蝶阀系列

② 调节用阀门：如调节阀、节流阀、减压阀、疏水器等；

③ 保护用阀门：如安全阀、止回阀(图 5－4)等。

(4)按结构分类

① 球型阀(图 5－5)；

② 闸板阀；

③ 针型阀；

④ 转芯阀；

⑤ 自密封阀门(图 5－6)。

图 5－4　止回阀系列

图 5－5　球型阀系列

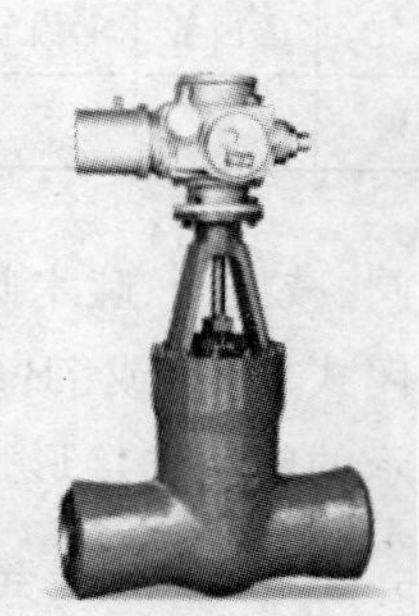

图 5－6　自密封阀门系列

(5)按公称通径分类

① 小口径阀门：公称通径 D_N＜40mm；

② 中口径阀门：公称通径 D_N＝50～300mm；

③ 大口径阀门：公称通径 D_N＝350～1200mm；

④ 特大口径阀门：公称通径 D_N≥1400mm。

(6)按连接方式分类

① 法兰连接阀门：阀体带有法兰，与管道采用法兰连接；

② 螺纹连接阀门：阀体带有内螺纹或外螺纹，与管道采用螺纹连接；

③ 焊接连接阀门：阀体带有焊口，与管道采用焊接连接。

2. 阀门型号

电站阀门型号由 7 个部分组成，各部分的含义如下：

类型	传动方式	连接形式	结构形式	阀座密封面或衬里材料	—	公称压力	阀体材料

(1)第一部分是用汉语拼音字头表示的阀门类型代号，如表 5-1 所示。

表 5-1　阀门类型代号

闸阀	截止阀	止回阀	节流阀	球阀	蝶阀	隔膜阀	安全阀	调节阀	旋塞阀	减压阀	疏水阀
Z	J	H	L	Q	D	G	A	T	X	Y	S

在阀门类型字母前加“D”为低温阀，即温度低于 40℃；在截止阀前加“W”，表示波纹管密封阀门；在闸阀前加“B”，表示驱动装置为防爆型电动装置；在地下水用闸阀前加“S”表示竖式安装，加“W”表示卧式安装；闸阀前加“P”表示排渣系统阀，加“X”或“K”为排渣用泥浆阀；蝶阀前加“D”表示短系列，加“Q”表示球蝶阀，加“S”表示用于地下管网之蝶阀。

(2)第二部分是用阿拉伯数字表示的阀门传动方式代号，如表 5-2 所示。

表 5-2　阀门传动方式代号

电磁动	电磁—液动	电—液动	蜗轮	正齿轮	伞齿轮	气动	液动	气—液动	电动
0	1	2	3	4	5	6	7	8	9

手轮、手柄和扳手传动以及安全阀、减压阀、疏水阀、自动阀门可省略本代号。对于气动或液动：常开式用 6K 或 7K 表示，常闭式用 6B 或 7B 表示，气动带手动用 6S 表示。

(3)第三部分是用阿拉伯数字表示的阀门连接形式代号，如表 5-3 所示。

表 5-3　阀门连接形式代号

内螺纹	外螺纹	法兰	焊接	对夹式	卡箍	卡套
1	2	4	6	7	8	9

(4)第四部分是用阿拉伯数字表示的阀门结构形式代号，同一数字表示的结构形式与阀门类别有关，如表 5-4 所示。

表 5-4　阀门结构形式代号

代号＼类别	1	2	3	4	5	6	7	8	9	0
闸阀	明杆楔式单闸板	明杆楔式双闸板	明杆平行式单闸板	明杆平行式双闸板	暗杆楔式单闸板	暗杆楔式双闸板	暗杆平行式单闸板	暗杆平行式双闸板		弹性闸板
截止阀	直通式（铸造）	直角式（铸造）	直通式（锻造）	直角式（锻造）	直流式	平衡直通	平衡角式	节流式	其他	
蝶阀	垂直板式		斜板式							
隔膜阀	屋脊式		截止式		直流式		闸板式			
旋塞阀	直通式	调节式	直通填料式	三通填料式	保温式	三通保温式	润滑式	三通润滑式	液面指示器	
止回阀	直通升降式（铸造）	立式升降式	直通升降式（锻造）	单瓣旋启式	多瓣旋启式					
疏水阀	浮球式		浮桶式		钟形浮子式			脉冲式	热动力式	
减压阀	外弹簧薄膜式	内弹簧薄膜式	膜片活塞式	波纹管式	杠杆弹簧式	气热薄膜式				
杠杆式安全阀	单杠杆微启式	单杠杆全启式	双杠杆微启式	双杠杆全启式		脉冲式				
弹簧式安全阀	封闭				不封闭				带散热器微启式	带散热器全启式
	微启式	全启式	带扳手微启式	带扳手全启式	微启式	全启式	带扳手微启式	带扳手全启式		
调节阀	薄膜弹簧式				薄膜杠杆式		活塞弹簧式		浮子式	
	带散热片气开式	带散热片气关式	不带散热片气开式	不带散热片气关式	阀前	阀后	阀前	阀后		

(5)第五部分是用汉语拼音字母表示的密封面或衬里材料代号，如表 5-5 所示。

表 5-5　阀门的密封面或衬里材料及代号

密封面或衬里材料	代号	密封面或衬里材料	代号	密封面或衬里材料	代号	密封面或衬里材料	代号
黄铜或青铜	T	硬质合金	Y	聚四氟乙烯	SA	衬塑料	CS
耐酸钢不锈钢	H	皮革	P	无密封圈	W	搪瓷	TC
渗氮钢	D	橡胶	J	衬胶	CJ	尼龙塑料	SN
巴氏合金	B	酚醛塑料	SD	衬铅	CQ		

(6)第六部分是用数字表示的阀门公称压力代号，其数值为公称压力值(以 MPa 为单位)的 10 倍。

在第五、第六部分之间，有一横杠。

(7)第七部分是用汉语拼音字母表示的阀体材料代号，如表 5－6 所示。对于 $P_N \leqslant 1.6$MPa 的灰铸铁阀门或 $P_N \geqslant 2.5$MPa 的碳素钢阀门，可省略本代号。

表 5－6　阀体材料及代号

阀体材料	代号	阀体材料	代号	阀体材料	代号	阀体材料	代号
灰铸铁	Z	铜合金	T	铬钼合金钢	I	铬钼钒钢	V
可锻铸铁	K	铅合金	B	铬镍钛钢	P	碳钢	C
球墨铸铁	Q	铝合金	L	铬镍钼钛钢	R	硅铁	G

阀门型号举例：

Z942W—10 中的 Z 表示闸阀，9 表示电机驱动，4 表示法兰连接，2 表示明杆楔式双闸板，W 表示密封面由阀体直接加工，10 表示公称压力为 1MPa，阀体材料为灰铸铁。

J61Y—200V 中的 J 表示截止阀，手轮传动，6 表示焊接，1 表示直通式，Y 表示密封面材料为硬质合金，200 表示公称压力为 20MPa，V 表示阀体材料为铬钼钒钢。

3. 阀门结构

发电厂的阀门众多，结构各异，但主要都是由阀体、阀盖、阀杆、填料盒、填料、启闭件、阀座、支架、驱动装置等零部件组成的，如图5－7所示。

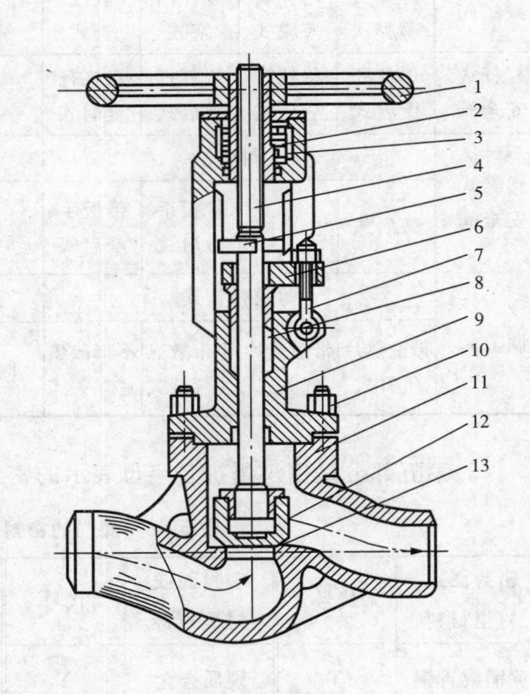

图 5－7　阀门结构

1—手轮；2—螺母；3—推力轴承；4—阀杆；5—导向板；6—盘根压盖；7—压盖螺栓；8—盘根；9—阀盖；10—连接螺栓；11—阀体；12—阀瓣；13—阀座

(1)阀体：阀门的主体，是安装阀盖、安放阀座、连接管道的重要零件。

(2)启闭件：由于种类较多，叫法也多样，如阀瓣、门芯、闸板、蝶板、隔膜等，它是阀门的工作部件，与阀座组成密封副。

(3)阀盖：它与阀体形成耐压空腔，上面有填料盒，它还与支架和压盖相连接。

(4)填料：在填料盒内通过压盖能够在阀盖和阀杆间起密封作用的材料。

(5)填料压盖：通过压盖螺栓或压套螺母，能够压紧填料的一种零件。

(6)阀杆螺母：它与阀杆组成螺纹副，也是传递扭矩的零件。

(7)驱动装置：是把电力、气力、液力或人力等外力传递给阀杆用来启闭阀门的装

置。根据输出轴运动方式的不同可分为多圈回转式、部分回转式和直线往复式。多圈回转式适用于阀杆或阀杆螺母需要回转多圈才能全开或全关的阀门，如截止阀、闸阀等。部分回转式适用于阀杆回转在一圈之内就能全开或全关的阀门，如球阀、蝶阀等。直线往复式适用于阀杆只做直线往复运动就能全开或全关的阀门，如电磁阀等。

(8)阀杆：它与阀杆螺母或驱动装置相接，其中间部位与填料形成密封副，能传递扭力，起开闭阀门的作用。

(9)阀座：用镶嵌等工艺将密封圈固定在阀体上，与启闭件组成密封副。有的密封圈是用堆焊或用阀体本体直接加工出来的。

(10)支架：支承阀杆和驱动装置的零件。有的支架与阀盖做成一整体，有的无支架。

4. 阀门工作原理、特点及应用

(1)截止阀

截止阀是用装在阀杆下面的阀瓣作启闭件与阀体上的阀座相配合，并沿阀座密封面的轴线作升降运动而达到开闭阀门的目的。截止阀的主要功能是接通或切断管路介质，通常作为关断用阀门，如图 5－8 所示。

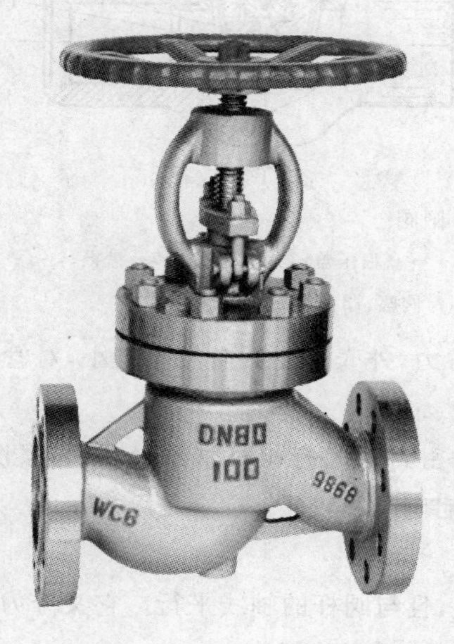

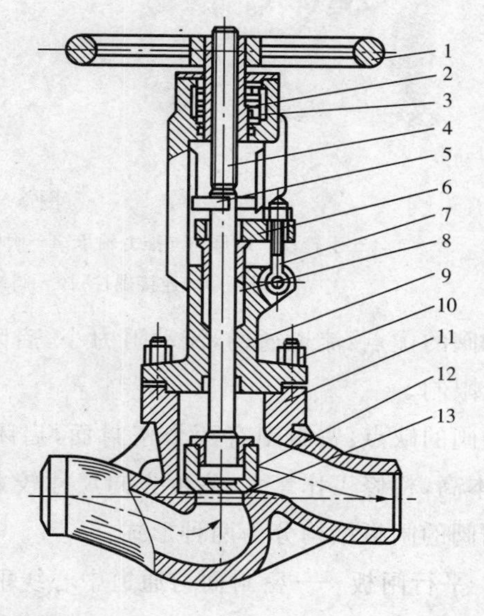

图 5－8　截止阀

1－手轮；2－螺母；3－推力轴承；4－阀杆；5－导向板；6－盘根压盖；7－压盖螺栓；8－盘根；9－阀盖；10－连接螺栓；11－阀体；12－阀瓣；13－阀座

截止阀结构简单，制造与维修方便；启闭时，阀杆沿轴线做直线运动，密封面间几乎无摩擦；开启高度小，因此阀门的总高度相对较小。但其流动阻力较大，启闭力矩较大，对介质流向有一定要求。

在管路中安装截止阀时应注意介质流动方向，小口径截止阀通常采用正装的方法，即介质从阀门低侧流进，高侧流出，这是为了在阀门关闭后降低盘根的承压以延长其使用寿命。但是对于通径与压力较大的截止阀，需要较大的关紧力以保证密封，则采用反装。

截止阀用途甚广，主要用于介质压力较高及口径不大($D_N \leqslant 200$mm)的场合。当要求严密性较高时，宜选用截止阀，可装于任意位置的管道上。

(2)闸阀

闸阀是用闸板作启闭件并沿阀座密封面作相对运动而达到开闭阀门的目的。闸阀通常作为关断用阀门，如图 5-9 所示。

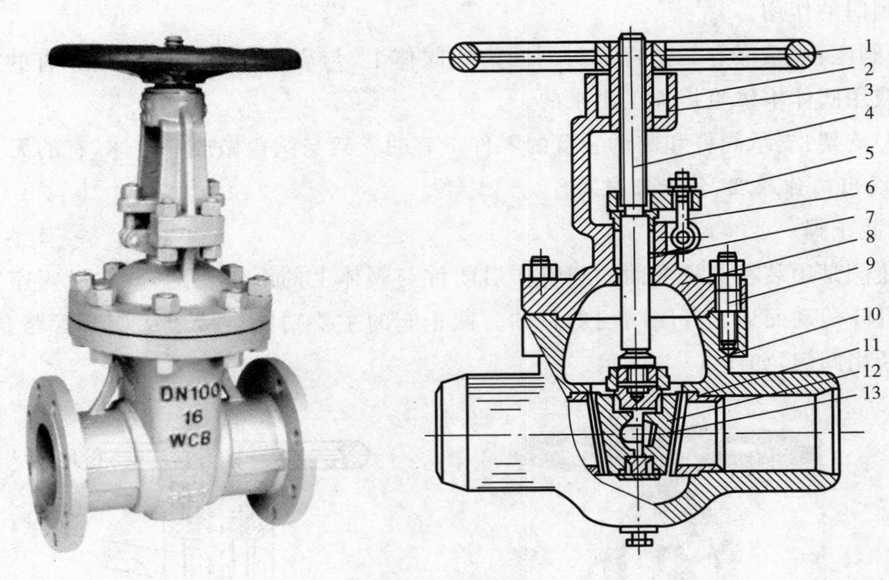

图 5-9　闸阀

1—手轮；2—螺母；3—推力轴承；4—阀杆；5——盘根压盖；6—压盖螺栓；7—盘根；8—阀盖；9—连接螺柱；10—阀体；11—阀座；12—阀瓣；13—万向顶

闸阀的优点：流道通畅，流动阻力小，启闭省力，外壳长度方向尺寸较小，对管路介质流向不受限制。

闸阀的缺点：密封副有两个密封面，启闭时密封面间有相对摩擦，易引起擦伤；加工复杂，成本高，检修工作量大；高度方向尺寸较大，启闭时间较长。

闸阀的闸板结构分为两种形式：

① 平行闸板——密封面与通道中心线垂直，且与阀杆的轴线平行。它又分为平行式单闸板和双闸板两种。前者密封性能较差，用得较少，后者使用普遍。

② 楔式闸板——密封面与阀杆的轴线对称成一角度，两密封面成楔形。密封面的倾斜角度有多种，常见的为 5°。

楔式闸阀也分为单闸板和双闸板两种。楔式双闸板是通过连接件将两闸板铰接在一起，并能在一定范围内调整倾斜角度，因此密封面角度精度等级要求不是太高，也不容易被卡死，即使密封面磨损了，也可加垫补偿，但结构较为复杂。

楔式闸阀加工和维修比平行式闸阀难一些，但耐温、耐压性能较好。

闸阀可用于多种压力、温度等级和多种口径，应用范围很广。对要求流阻较小或介质需要两个方向流动时，宜选用闸阀。

双闸板闸阀宜装于水平管道上，阀杆垂直向上。单闸板闸阀可以装于任意位置的管道上。

(3)球型阀

球型阀用带圆形通孔的球体作启闭件，并绕垂直于通道的轴线旋转实现启闭动作。当通孔的轴线与阀门进出口的轴线重合时，阀门畅通；当旋转球体 90°，使通孔的轴线与阀门进出口的轴线垂直时，阀门闭塞。球型阀既可作关断用，又可作调节用，如图 5－10 所示。

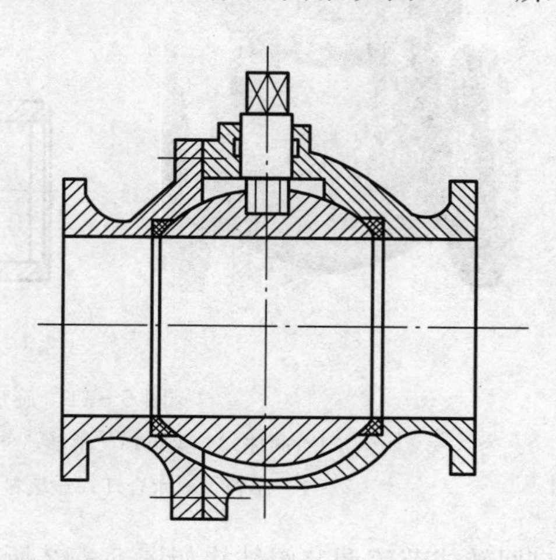

图 5－10　球型阀

球型阀的优点：流动阻力小，球体的通道直径几乎等于管道内径，故局部阻力损失只有同等长度管道的摩擦阻力；开关迅速且方便，一般情况下球体只需转动 90°就能完成全开或全关动作，并且密封性能较好。

球型阀的缺点：使用温度不高。

球型阀可装于任意位置的管道上，但带传动机构的球型阀应使阀杆垂直向上。

(4)止回阀

止回阀是依靠流体本身的力量自动启闭的阀门，它的作用是阻止工质的倒流，也叫逆止阀、单向阀，属于保护用阀门。

旋启式止回阀的结构如图 5－11 所示。当工质按规定方向流动时，阀瓣被工质冲起离开阀座；当工质停止流动或倒流时，阀瓣在工质压力作用下紧贴在阀座上密封，防止工质倒流。

(5)调节阀

调节阀是一种能按控制要求，借助驱动装置来调节阀门的开度，以改变阀内的通流截面积，使流体压力、流量发生变化或保持一定数值的阀门。调节阀相当于一个局部阻力可变的节流元件，能适应不同使用条件和工况变化的需要，在电厂系统中得到广泛的应用，并在电站阀门中占有重要的位置。

电厂调节阀中使用最广泛和较为重要的有：喷水调节阀，主要用于主蒸汽或再热蒸汽的喷水减温；排污阀，主要用于锅炉除盐排污；疏水调节阀，主要用于抽气加热疏水、加热器疏水、主蒸汽和再热蒸汽疏水；水位调节阀，主要用于除氧器水位调节和加热器紧急放水；再循

环调节阀，主要用于给水泵和凝结水泵的保护；给水调节阀，主要用于给水起动和运行；排渣阀，主要用于调节灰渣排放等。

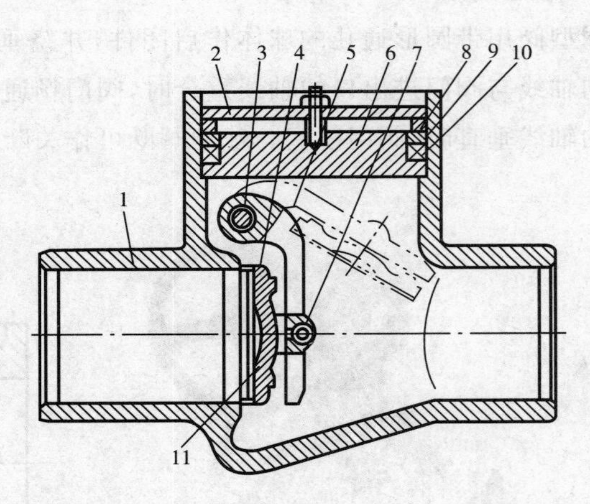

图 5-11　旋启式止回阀

1—阀体；2—盖板；3—销轴；4—阀瓣；5—连接架；6—阀盖；7—小轴；8—六合环；9—填料压圈；10—填料；11—阀座

窗口回转式节流调节阀结构如图 5-12 所示。其阀瓣与阀座均为圆筒形，且阀瓣与阀座上均开有窗口。阀门动作时，阀杆在开度指示板的作用下作回转运动，通过改变阀瓣与阀座窗口的大小来调整阀门流量。

由于调节阀的严密性难以保证，所以不宜用做关断，通常要与关断阀串联在一起使用。

(6)蝶阀

蝶阀的启闭件为圆盘状，俗称蝶板，一般为实心。大型蝶阀的蝶板制成空心(隔板式)。蝶板是通过转轴使其旋转，来完成阀门的启闭过程，也叫蝶形阀，如图 5-13 所示。

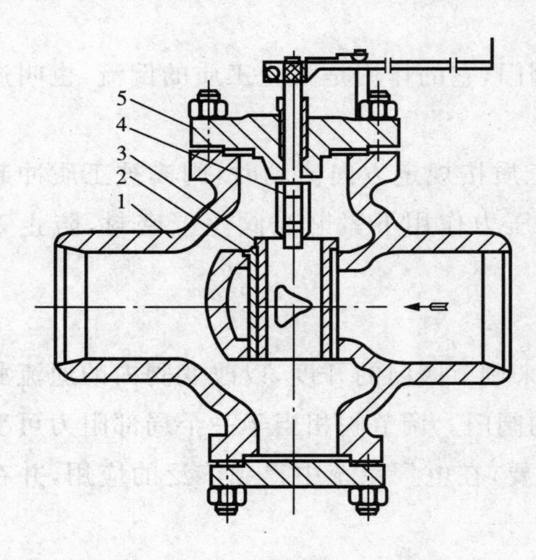

图 5-12　窗口回转式节流调节阀

1—阀体；2—阀座；3—阀瓣；4—阀杆；5—阀盖

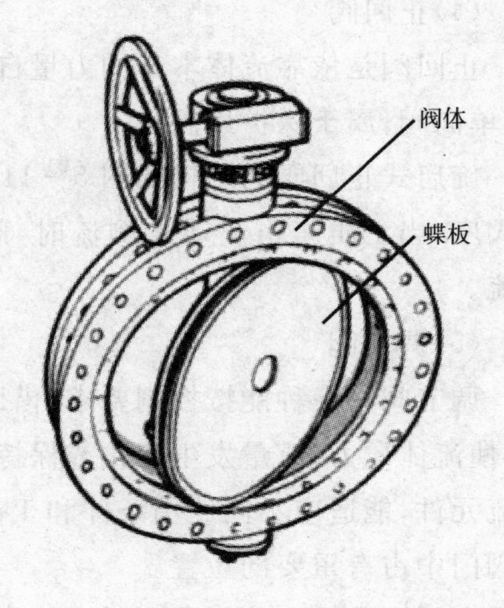

图 5-13　蝶阀

蝶阀的优点：长度短、重量轻、体积小，与闸阀相比重量约可减轻一半；蝶板只需转动90°，因此易于实现快速启闭；由于蝶板两侧均有介质作用，使力矩互相平衡，驱动力较小；蝶阀的阀体通道与管道相似，蝶板表面又常呈流线型，故流阻较小；利用蝶板表面形状及其在不同的旋转位置，可以改变流量特性，因而也常用来调节流量。

蝶阀的缺点：由于蝶阀的密封副受材料限制，多采用软密封结构，故不适用于高温和高压的场合；近年来，随着技术进步和发展，已经研制出硬密封蝶阀，可使用的温度和压力有了较大提高。

二、拆卸、检查、组装阀门

1. 阀门检修前准备

(1)准备工具：各种扳手、手锤、錾子、锉刀、研磨工具、螺丝刀、套管、工具袋、油盒、换盘根工具等；游标卡尺、卷尺、内外径千分尺等测量工具；对口径较大的阀门还要准备葫芦、吊带、钢丝绳、麻绳、吊环、U形卡等起吊工具；对于需要打磨及更换阀门的工作还需要准备磨光机、电源盘等电动工具。

(2)准备材料：研磨砂布、研磨砂、盘根、螺丝、各种垫片、机油、黄油、煤油(松锈剂)及其他消耗性材料。

(3)准备场地：小口径阀门可在工作台架上检修。高压阀门大部分是焊接阀门，一般就地检修，检修场地要设警示区，地面应铺设橡胶垫，某些地方需搭设脚手架，拆除保温层，为方便拆卸可提前对阀门螺丝喷上松锈剂。

2. 解体阀门一般步骤

(1)首先清洗阀门外部的灰垢(包括拆除保温层)，将格兰螺栓、法兰螺栓清理干净，喷上松锈剂。

(2)在阀体与阀盖法兰连接处作好方位记号，防止装配时错位。

(3)将阀门阀杆置于开启状态。

(4)拆下传动装置并解体。

(5)拆下填料压盖螺母，将填料压盖提至上部用绳索系牢，用盘根钩取出填料盒内盘根。

(6)拆下阀体与阀盖连接螺栓，连同阀杆取下阀盖，铲除垫片。

(7)从阀杆上取下阀瓣，妥善保管。

(8)从阀盖中旋出阀杆，取出填料压盖。

(9)取下螺纹套筒和平面轴承。

(10)将拆下的零件逐一检查、清洗，并按解体顺序摆放整齐。

3. 检修阀门零部件及质量标准

(1)清理阀杆表面锈垢，检查阀杆弯曲度(不超过1/1000)和椭圆度(不超过0.1～0.2mm)，阀杆螺纹部分应完好，与螺纹套筒配合灵活。

(2)清除填料盒内盘根残渣，检查其内部填料座圈是否完好，内孔与阀杆间隙应符合要求(一般为0.1～0.2mm)。

(3)清理填料压盖的锈垢，表面应清洁、完好，压盖内孔与阀杆间隙应符合要求(一般为

0.1～0.2mm)，其外壁与填料盒应无卡涩。

(4)清理各法兰螺栓，检查其是否有裂纹、断扣等缺陷，螺母应完整且转动灵活。

(5)清洗螺纹套筒，检查内外螺纹是否完好，旋转是否灵活。

(6)检查阀体、阀盖表面有无砂眼、裂纹等缺陷，如果有轻微的砂眼、裂纹可进行补焊，严重的需更换阀门；阀体与阀盖接合面要平整，凹口和凸口无损伤，其径向间隙一般为0.2～0.5mm。

(7)检查轴承的滚珠、滚道应无麻点、腐蚀、剥皮等缺陷。

(8)传动装置动作要灵活，各配合间隙应符合要求，手轮要完整无损坏。

(9)检查阀瓣、阀座，若密封面有划痕、锈坑、裂纹等缺陷，应对阀瓣、阀座进行研磨，缺陷严重时应更换。

4. 检修阀门注意事项

(1)阀门检修若当天不能完成，应采取安全措施，防止异物掉入系统内。

(2)在阀门与管道焊接前，要先把阀门开启2～3圈，以防焊接过程中阀头因温度过高而胀死、卡住或把阀杆顶弯。

(3)阀门在研磨过程中，要经常检查密封面是否被磨偏，以便随时纠正或调整研磨角度。

(4)在阀门组装前，要对合金钢螺栓进行光谱和硬度检查，以防错用材质。

(5)更换新合金钢阀门时，对新阀门各部件均应打光谱鉴定，防止发生错用材质，造成运行事故。

5. 组装阀门一般步骤

(1)固定阀体，清理阀体内部，擦净阀座。

(2)把轴承涂上黄油，连同螺纹套筒一起装入轴承座内。

(3)将阀杆穿入填料盒内，套上填料压盖，旋入螺纹套筒，至开足位置。

(4)擦净阀瓣并装于阀杆上。

(5)擦净法兰止口，放入涂有涂料的垫片。

(6)将阀盖扣到阀体上，并对准连接法兰上的方位记号。

(7)将连接螺栓涂上防锈剂，旋上螺母，分几次对称拧紧，并使法兰四周间隙一致。

(8)在填加盘根前，使阀门处于关闭状态。

(9)将盘根按要求压入填料盒内，拧紧填料压盖螺栓，压紧盘根。

6. 阀门常见故障

阀门在运行中常会发生各种故障，现将各种常见故障现象、发生故障的原因分析以及常规处理方法列在表5-7中，供检修时参考。

表5-7 阀门常见故障

故障现象	原因分析	处理方法
阀体渗漏。	主要是制造问题，阀体坯件有砂眼、气孔、裂纹。	一般的阀门作更换处理，重要的阀门可采取补焊的方法修复。
阀杆与螺母的螺纹发生滑丝。	长期使用螺纹磨损严重；螺纹配合过松，操作有误，用力过大。	更换阀杆或螺母；避免随意加长力臂关阀。

（续表）

故障现象	原因分析	处理方法
阀杆弯曲或阀杆头折断。	阀杆弯曲多为关阀的扭力过大；阀杆头折断多发生在开启阀门时，由于阀瓣卡死或开度已至最大仍继续用力开阀。	当阀门关紧后不许继续用力关阀，此时若有泄漏则说明密封面有问题；开启阀门时若用正常扭力打不开，应解体检查。
阀体与阀盖之间的结合面泄漏。	螺栓的紧力不够或螺栓滑丝、折断；结合面不平；密封垫损坏。	运行中严禁紧螺栓，应在停机后进行检查修理。
阀门关闭不严，关紧后仍然泄漏。	阀门没有真正关紧；阀瓣与阀座密封面受损或没有研磨好；阀体内有异物，阀瓣不能下落到位。	将阀门开启再重新关闭，并适当加力；若加力关紧后还是泄漏，则等停机后解体检查。
阀座与阀体的配合处泄漏。	装配紧力不够；阀座密封环的强度不够，因热变形而松动；阀体的配合处有砂眼或裂纹。	取下阀座密封环进行堆焊或镀铬，再按过盈配合标准精车；更换新密封环；对阀体的砂眼、裂纹进行补焊修复。
开启阀门时阀杆在动，但阀门没有打开。	此类故障多发生在阀杆头与阀瓣连接处的部件上，因该处一直受到介质的冲刷、腐蚀，且启闭阀门时，该处受力最大，是阀门故障的多发区，如：阀杆头折断，阀杆头与阀瓣的连接销脱落或折断，阀杆头与阀瓣的卡口磨损，阀瓣上螺母滑丝等。	检修时应特别仔细，并尽可能将零件换成抗腐蚀的材料。
运行中的阀门突然自行关闭。		处理方法同上。某些重要管道上的阀门，如油系统的阀门，要求阀门横装或倒装，以防范此类事故发生。
启闭阀门特别费力或启闭不动。	盘根压得过紧或压盖紧偏；阀杆螺纹与螺母螺纹锈死；阀门长期处于全开或全关状态，其活动部件锈住；阀杆严重弯曲；冷态下阀门关得太紧，受热后胀住；阀门开启过头被卡死。	适当拧松压盖螺母，再试开；在检修时对阀门的活动零件应采取润滑和防锈防腐处理；阀门应定期进行启闭活动，预防因长期不动而锈住，阀门全开后再关回1/2～1圈。

工作实践

工作任务	拆装、检查阀门。
工作目标	熟悉阀门结构，能正确使用工具对阀门进行解体、零部件检查和组装。
工作准备	工作台，普通截止阀，拆装、检修常用工具、材料等。
工作项目	解体阀门： （1）在阀门检修虚拟实训室进行虚拟阀门解体练习，直至熟练； （2）在阀门检修实训室按照正确的解体操作工艺和步骤对阀门实体进行解体操作。
	检查阀门零部件：将解体后的阀门各零部件逐一检查、清洗，找出缺陷，提出解决方案。
	组装阀门： （1）在阀门检修虚拟实训室进行虚拟阀门组装练习，直至熟练； （2）在阀门检修实训室按照正确的组装操作工艺和步骤对阀门实体进行组装操作（其中填加盘根在后续任务中进行）。

任务二　研磨阀门密封面

工作任务

学习阀门研磨的知识与技能，熟悉研磨材料及研磨工具的使用，掌握阀门研磨的工艺步骤及质量标准，会正确使用工具进行阀门密封面研磨操作。

知识与技能

由于阀瓣与阀座密封面经常受到汽、水的冲刷、侵蚀和磨损，致使密封面受损，造成泄漏，因此研磨阀瓣与阀座密封面是阀门检修中的重要任务。阀门研磨的质量将直接影响阀门的正常运行。

一、研磨材料

阀门的研磨材料有研磨砂布、研磨砂、研磨膏。

1. 研磨砂布

研磨砂布是在布上面粘上一层研磨砂制成的，根据布上的砂粒粗细研磨砂布分为00号、0号、1号、2号等，其中00号最细，号越大砂粒越粗。

2. 研磨砂

根据砂粒的粗细分为磨粒、磨粉、微粉三种。粗研磨时一般用磨粒、磨粉，当表面结构要求高于 $R_a0.2$ 时，应选用微粉研磨。

常用研磨砂有不同的分类，应根据被研磨的材料不同选定适用的研磨砂，详见表5-8。

表5-8　常用研磨砂

名称	主要成分	颜色	粒度	适用于被研磨的材料
棕刚玉	Al_2O_3 92%～95%	暗棕色 淡粉红色	12#～M5	碳素钢、合金钢、可锻铸铁、软黄铜等（表面渗碳钢、硬质合金不适用）
白刚玉	Al_2O_3 97%～98.5%	白色	16#～M5	
黑碳化硅	Si_2C 96%～98.5%	黑色	16#～M5	灰铸铁、软黄铜、青铜、紫铜
绿碳化硅	Si_2C 97%～99%	绿色	16#～M5	
人造碳化硼	B72%～78% C20%～24%	黑色		硬质合金、渗碳钢

3. 研磨膏

研磨膏是用油脂和研磨粉调制而成的，一般作为细研磨用。

二、研磨工具

研磨分为手工研磨和机械研磨两种方式。

1. 手工研磨工具

由于阀瓣与阀座的损坏程度不同，为了不造成过多的材料消耗及防止把阀瓣、阀座磨偏，通常不采用阀瓣与阀座直接对磨，而是先用专用的研磨工具分别与阀瓣、阀座研磨。

专用研磨工具又称为胎具，包括研磨头和研磨座，其中研磨头用来研磨阀座，研磨座用来研磨阀瓣，如图 5－14 所示。胎具的材料硬度要低于被研磨的阀瓣、阀座，通常选用低碳钢或生铁制作。

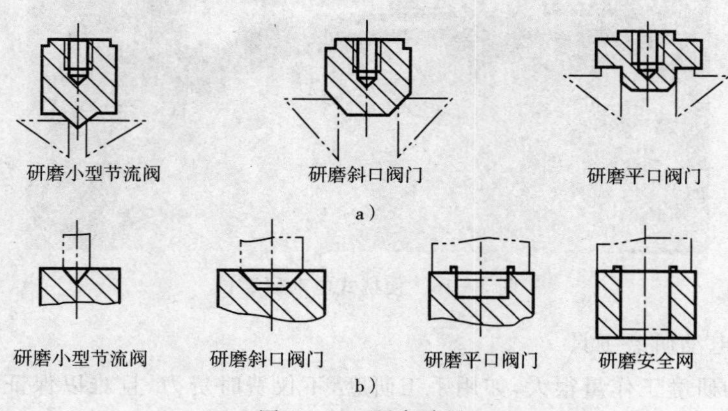

图 5－14　研磨胎具

a)研磨头；b)研磨座

使用胎具时应注意以下事项：

(1)选用胎具的尺寸、角度应与被研磨的阀瓣、阀座大小一致。

(2)使用研磨头时要配上研磨杆，研磨杆与胎具最好采用止口连接，这样便于更换胎具和对心，如图 5－15a 所示。

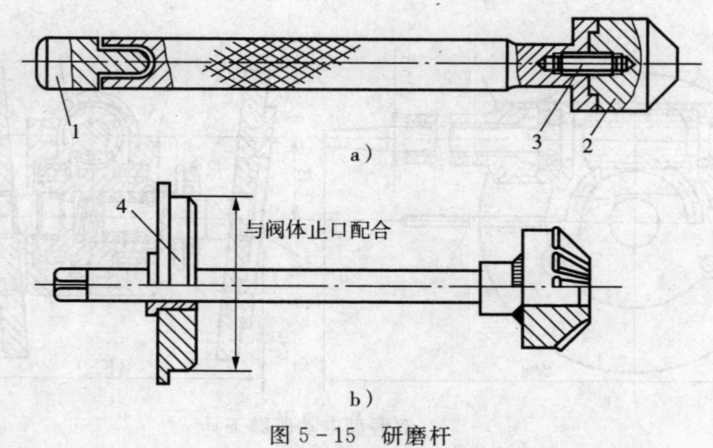

图 5－15　研磨杆

1—活动头；2—研磨头；3—丝对；4—定心板

(3)研磨过程中,研磨杆与阀座要保持垂直,不可偏斜,必要时可在研磨杆上装上定心板起到导向作用,以防出现磨偏现象,如图 5-15b 所示。

2. 机械研磨工具

(1)便携式电动研磨机

为减轻研磨阀门的劳动强度,加快研磨速度,对小型截止阀常用手电钻夹持研磨杆进行研磨。用这种方法研磨,速度较快,如阀座上深 0.2～0.3mm 的坑,只需几分钟就可磨平,然后再用手工稍加研磨即可达到质量要求。

近年来,便携式阀门研磨机(如图 5-16 所示)得到越来越普遍的应用,它是在手枪钻的基础上,配置了各种不同形状和规格的研磨杆和研磨头,专用于研磨各种规格的截止阀。

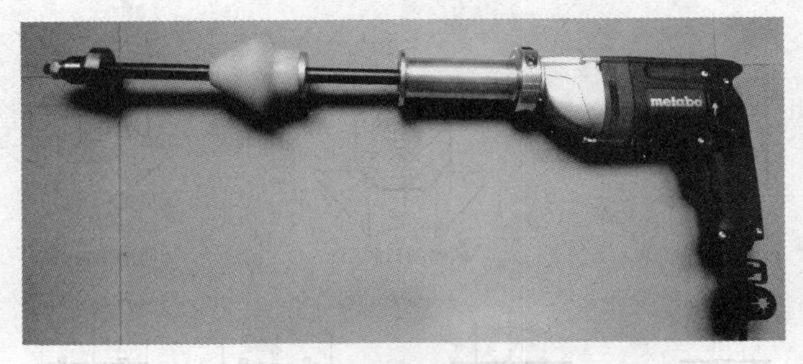

图 5-16　便携式电动研磨机

(2)闸板阀电动研磨工具

闸阀阀座的研磨工作量很大,如用手工研磨,不仅费时费力,且难以保证研磨质量,故通常采用机械研磨。图 5-17 所示的是双磨盘电动研磨工具。

这种研磨工具也是以手电钻的电机为动力,通过蜗杆 1、蜗轮 7 减速,再带动万向联轴节 9 驱使磨盘 3 转动进行研磨。研磨阀座时,在磨盘上涂研磨砂或用压盘 4 压上环形砂布。放入时拉动拉杆 8,使弹簧 5 受到压缩,这样两磨盘间距离小于两阀座间距离,保证磨盘顺利插入阀体;放入后让磨盘与阀座对正再松开拉杆,弹簧张开,使磨盘与阀座贴紧,再启动电机进行研磨。

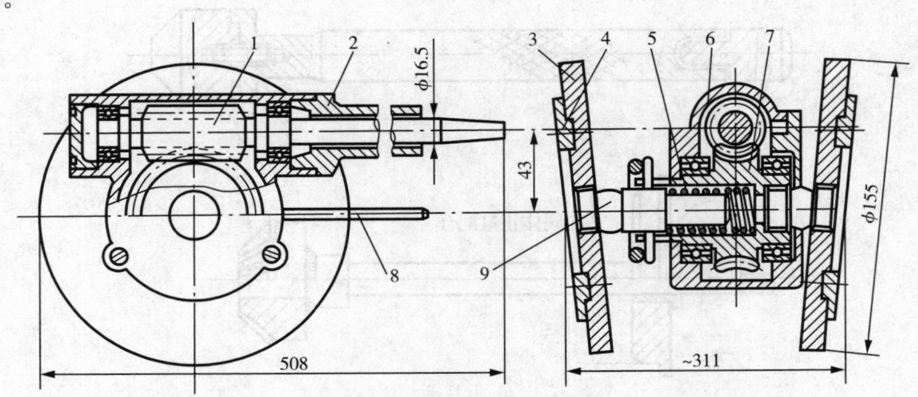

图 5-17　双磨盘电动研磨工具

1—蜗杆;2—套筒;3—磨盘;4—压盘;5—弹簧;6—外壳;7—蜗轮;8—拉杆;9—万向联轴节

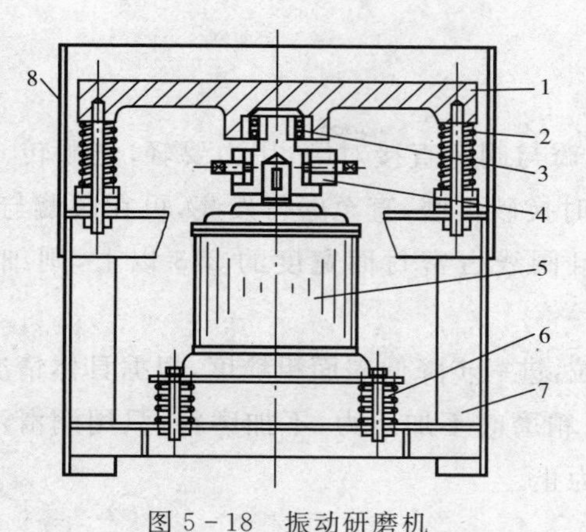

图 5－18　振动研磨机

1—研磨盘；2—弹簧；3—滚珠轴承；
4—偏心环；5—电机；6—弹簧；7—机架；8—安全罩

(3)振动研磨机

图 5－18 是振动研磨机的结构示意图。研磨盘 1 用生铁铸造，表面精车；弹簧 2 支撑研磨盘并使其产生振动，弹簧张力可调；偏心环 4 装在电机轴颈上，其偏心距可调，电机转动时其离心力使电机振动。研磨时，在研磨盘上涂以研磨砂，将阀瓣要研磨的一面放在研磨盘上，启动电机后，偏心环引起的振动通过弹簧带动研磨盘振动，研磨盘上的阀瓣一面自转，一面相对于研磨盘公转，从而使阀瓣在振动与旋转中得到研磨。

(4)FLC 系列研磨机

FLC 系列研磨机具有一机多用、加工范围广的特点，可研磨各类阀门和法兰密封面。其结构由动力源、电动杆、驱动系统、磨头系统、可调支架和底座等几大部分组成，如图 5－19 所示。其工作原理是：扣下电源开关，动力源提供动力通过电动杆传至驱动系统。驱动系统由两组机构组成，一组通过大伞齿轮驱动大磨盘作低速转动；另一组行星齿轮机构驱动磨盘上的 5 个小磨头自转，对阀门密封面进行研磨。

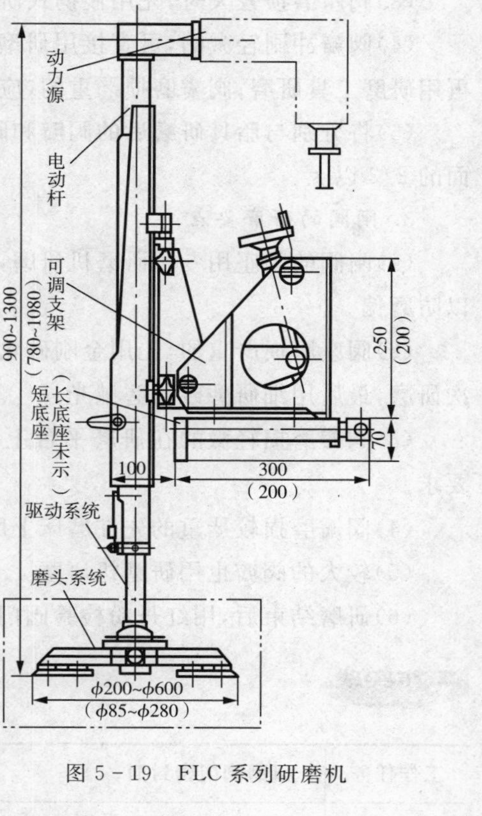

图 5－19　FLC 系列研磨机

三、研磨工艺

1. 研磨步骤

当阀瓣与阀座密封面上麻点、锈坑、刻痕的深度在 0.5mm 以内时，可采用研磨方法修复；当缺陷深度大于 0.5mm 时，应先上车床光一刀，再进行研磨。用研磨砂研磨阀门密封面时，一般按照粗磨、中磨、细磨等三个步骤进行。

(1)粗磨

粗磨主要是为磨去麻点和划痕。选用 280 号或 320 号磨粉涂在密封面上，用较大的压力(约 15N)压着胎具，顺着一个方向研磨。当感到无砂粒时，把旧砂擦去换上新砂再磨。直至麻点、划痕完全消失。

(2)中磨

粗磨结束后，把残留的砂擦干净，在密封面上加一层薄薄的 M28～M14 微粉，用较小的压力(约 10N)压着胎具，仍顺着一个方向研磨。当感到无砂粒时，更换新砂再磨。多次换砂研磨后，密封面基本光亮，此时在密封面上用铅笔画几道横线，合上胎具轻轻转几圈，铅笔线即被磨掉，则中磨结束。

（3）细磨

细磨时选用 M7～M5 微粉，用手工方式将阀瓣与阀座直接对磨，用力要轻，先顺转 60°～100°，再逆转 40°～90°，来回研磨。当微粉发黑时换砂再磨，直至磨得发亮，可在阀瓣与阀座的密封面上看到一圈黑亮的闭合带（阀线），且阀线占密封面宽度的 2/3 以上，则细磨结束。

需要说明的是，为了磨去嵌在金属表面的砂粒，进一步降低表面粗糙度，根据具体情况，可在细磨后进行研磨的最后一道工序——精磨。精磨时不加压力，不加磨料，只用润滑油，研磨方法与细磨相同，直到加入的油磨后不变色为止。

2. 截止阀的研磨要点

（1）锥面密封面的截止阀，研磨阀瓣、阀座应选用与其锥角一致的研磨胎具，角度偏差不大于 0.02mm。

（2）手动研磨胎具应平行地固定在阀体上，其底盘与阀座的间隙以不大于 0.2mm 为宜，以防止研磨杆歪斜出现磨偏现象。

（3）阀座磨损较大时，先用便携式研磨机粗磨，坑点磨掉后再用手工细磨。

（4）阀瓣冲刷轻微的，可直接用研磨工具进行研磨；阀瓣磨损较大的，可先上车床车光，再用研磨工具研磨；阀瓣磨损严重的，应先进行堆焊再进行机加工及手工研磨。

（5）将分别与胎具研磨后的阀瓣和阀座用细研磨砂再进行对研，接触宽度应为阀座密封面的 2/3 以上。

3. 闸阀的研磨要点

（1）闸阀的阀座用专用研磨机研磨，研磨机应安装正确，研磨盘直径与阀座口径应一致，以防磨偏。

（2）阀座磨损严重的，先用金刚砂轮研磨，然后用不干胶砂纸贴在研磨盘上，由粗到细依次研磨，最后用细研磨砂研磨抛光。

（3）阀瓣磨损轻微的在研磨平台上手工研磨，手研时要检查研磨平台平整度是否符合要求。

（4）阀瓣磨损较严重的先在磨床上磨或在车床上精车，然后在平台上手研，一次性完成。

（5）较大的阀瓣也用研磨机研磨。

（6）研磨结束后，用红丹粉检验阀门密封面的接触情况是否均匀良好。

工作实践

工作任务	研磨阀门密封面。
工作目标	熟悉并掌握研磨阀门的工艺步骤及质量标准，能正确使用工具进行阀门研磨。
工作准备	工作台、普通截止阀、研磨专用工具、研磨材料等。

（续表）

工作项目	研磨阀座： (1)检查阀座密封面的损坏情况，确定研磨方法：若缺陷严重，先用研磨机粗磨，再用手工细磨；若缺陷不大，采用手工研磨； (2)按照研磨步骤对阀座密封面进行研磨，直至符合标准。
	研磨阀瓣： (1)检查阀瓣密封面的损坏情况，根据缺陷大小，采用不同的处理方法； (2)按照研磨步骤对阀瓣密封面进行研磨，直至符合标准。
	阀瓣、阀座对研：将单独研磨过的阀瓣和阀座进行对研，直至密封面接触情况符合标准。

任务三　盘根密封工艺

工作任务

学习盘根密封的相关知识与技能，能够正确选用密封材料，熟悉盘根密封的常见缺陷及处理方法，掌握更换盘根的操作工艺。

知识与技能

阀门的阀杆是活动部件，为防止阀杆与阀盖之间发生介质泄漏，必须采用动态密封的方法，即盘根密封法。

一、认识盘根密封装置

盘根密封装置基本上由填料室（盘根盒）、填料（盘根）、填料压盖（格兰）、压盖螺栓等部分组成，图 5-20 显示了盘根密封装置的各种不同形式。

图 a 为基本结构。填料室 4 是位于阀盖与阀杆之间的环形空间，其中围绕阀杆填入一圈圈的环状填料 3（盘根），拧紧压盖螺栓 1，使填料压盖 2 压紧盘根，从而达到密封目的。

图 b 也属于基本结构，只是采用了活节压盖螺栓，便于加、取盘根。

图 c 的结构有两个特点：①运行中的盘根可能会发生收缩变形，装在盘根顶部的蝶形弹簧 7，能够依靠强力弹性即时压紧盘根，有效防止因盘根松弛而发生的泄漏。②从阀体外向盘根室中部的密封环 9 引入有一定压力的非工质流体，增强了盘根的密封性能，保证了阀体内工质不外泄。该结构应用于有毒或放射性介质的阀门中。

图 d 的填料采用的是人字形橡胶密封圈，可用于高压油、气阀门。

图 e 采用的皮碗密封，适用于压缩空气阀门。

图 f 则用于小口径低压阀门的阀杆密封。

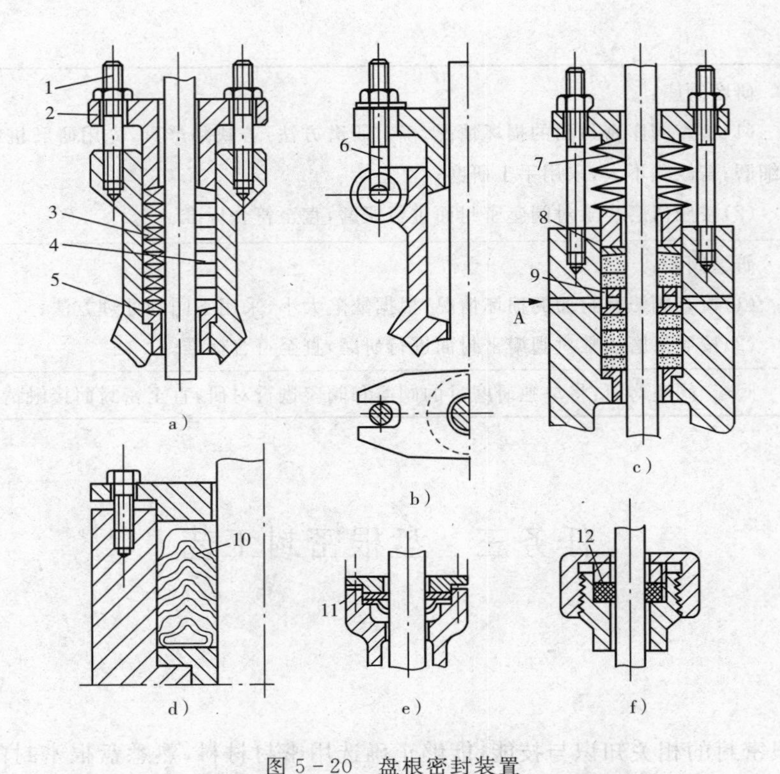

图 5－20　盘根密封装置

1－压盖螺栓；2－填料压盖；3－填料；4－填料室；5－衬套；6－活节螺栓；7－蝶形弹簧；8－不锈钢垫圈；9－密封环；10－人字形橡胶密封圈；11－皮碗；12－O 型密封圈

为了改善盘根密封效果，一些高温高压阀门采用了阀杆反向密封结构，如图 5－21 所示。这种结构是将填料室底部外形加工成反向阀座，当阀门全开时，阀芯的背部与反向阀座紧密接触，起到密封作用，从而阻止阀体内介质压力直接作用在盘根上。

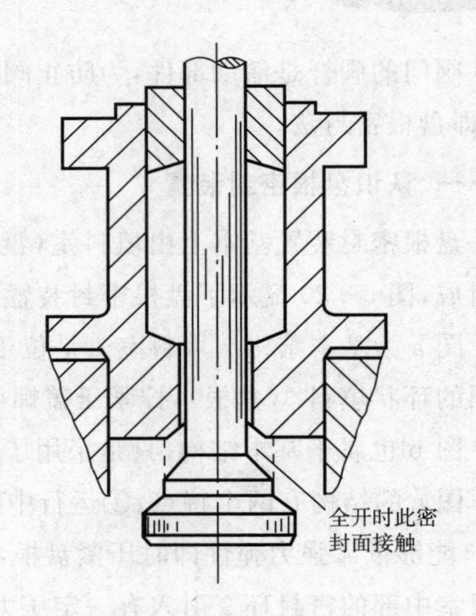

图 5－21　阀杆反向密封结构

二、选用盘根

盘根有各种不同的种类，检修阀门时应根据介质的理化性质和工作参数选用合适的盘根，见表5－9。

三、更换盘根工艺

(1)将填料室清理干净，阀杆上与盘根相接触的部分要保持光滑。

(2)选用的盘根大小应与盘根盒的尺寸相一致，若其宽度尺寸略小，可允许将盘根拍扁使用，但注意不能拍散。

(3)干硬、破裂的盘根禁止使用。

表 5-9　常用的盘根

种　类	材　料	压力(MPa)	温度(℃)	介　质
棉盘根	棉纱编结棉绳;油浸棉绳;橡胶棉绳	<20～25	<100	水、空气、油类
麻盘根	麻绳;油浸麻绳;橡胶麻绳	<16～20	<100	
普通石棉盘根	油和石墨浸渍过的石棉线,夹铝丝 石棉编织线,用油、石墨浸渍;夹铜丝 石棉编织线,用油、石墨浸渍	<4.5 <4.5 <6	<250 <350 <450	水、空气、蒸汽、油类
高压石棉盘根	石棉布(线),以橡胶为黏结剂,石棉与片状石墨粉的混合物	<6	<450	水、空气、蒸汽
石墨盘根	石墨制成的环,并在环间填充银色石墨粉,掺入不锈钢丝,以提高使用寿命	<14	540	蒸汽
碳纤维盘根	经预氧化或炭化的聚丙烯纤维,浸渍聚四氟乙烯乳液	<20	<320	各种介质
氟纤维盘根	聚四氟乙烯纤维,浸渍聚四氟乙烯乳液	<35	260	各种介质
金属丝盘根	铅丝 铜丝	<35	230 500	油、蒸汽
PSM—O 型柔性石墨密封圈	(成品为矩形截面圆圈)	<32		用于高压阀门

(4)汽水阀门填加盘根时,应放入少量鳞状干石墨粉,以便下次检修时容易取出旧盘根。

(5)每圈盘根的接头应切成 30°～45°的斜口,切口要整齐,无松散纤维;为保证尺寸准确,切割时最好绕在与阀杆等径的圆棒上进行;相邻两圈盘根的接头要错开 120°,如图 5-22 所示。

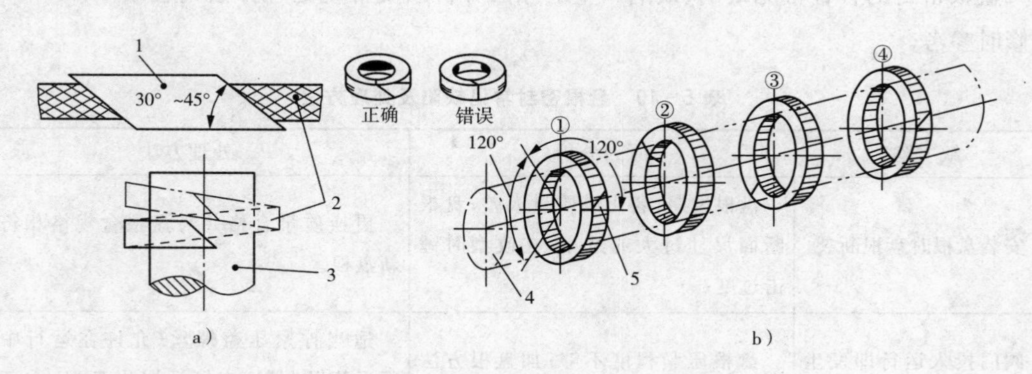

图 5-22　盘根接头

1—样板;2—盘根;3—与阀杆等径的圆棒;4—阀杆;5—盘根接头

(6)填加盘根时,每加入 1～2 圈盘根就要用两个半圆的套管压紧一次,不允许将所有的盘根加入后一次性压紧压盖,这样会产生上紧下松的现象;压盖压紧后不允许有偏斜,如图5－23所示。

(7)盘根的填加圈数由填料压盖压入填料盒的深度决定,填料压盖压入填料盒的深度以可压入深度 H 的 1/2～2/3 为宜,如图 5－24 所示。

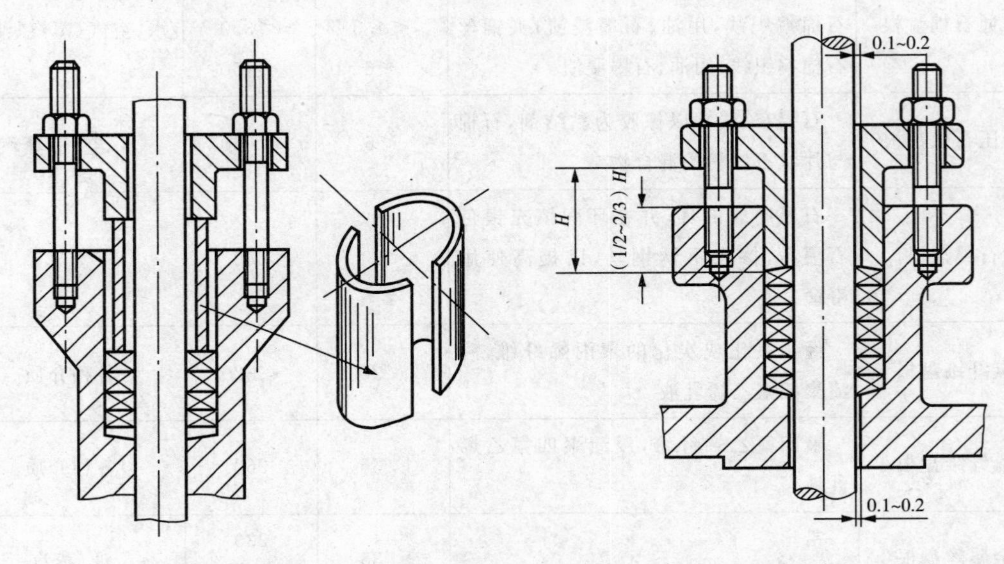

图 5－23　盘根的压紧　　　　图 5－24　盘根的压入深度

目前在一些重要系统的阀门上已开始采用 O 型柔性石墨密封圈,这种用密封材料制成的密封圈加有不锈钢材料制作的保护垫圈,自身开有切口。安装时沿轴向扭开切口,将密封圈套入阀杆。这种可单独使用的密封圈改进了传统的现场制作盘根圈的繁琐工艺,增强了盘根的密封性能。

四、盘根密封的常见缺陷及处理方法

盘根密封的各种常见缺陷、缺陷产生的原因分析以及常规处理方法列在表 5－10 中,供检修时参考。

表 5－10　盘根密封常见缺陷及处理方法

缺　陷	原因分析	处理方法
安装盘根时盘根断裂。	盘根过期、老化或质量太差;盘根断面尺寸过大或过小,在改型时锤击过度。	更换质量合格并与盘根盒规格相符的新盘根。
阀门投入运行即发生泄漏。	盘根压紧程度不够;加盘根方法有误;盘根尺寸过小。	适当拧紧压盖螺丝(允许在运行中进行),若仍泄漏,应停运取出盘根,重新按照正规工艺填加合格的盘根。

（续表）

缺　陷	原因分析	处理方法
阀门运行长时间后发生泄漏。	由于盘根老化而收缩，致使压盖失去原有的紧力，或因盘根老化、磨损，在阀杆与盘根之间形成定型的轴向间隙；因阀杆严重锈蚀而出现泄漏。	若泄漏严重，则应停运检修；若泄漏量不大，允许在运行中适当拧紧压盖螺帽；对锈腐的阀杆必须进行复原及防锈处理。
阀门运行中突然大量泄漏。	多属发生突然事故，如系统的压力突然增加或盘根压盖断裂、压盖螺栓滑丝等机械故障。	检查系统压力突增的原因，凡发生大量泄漏的阀门盘根应重新更换；有缺陷的零部件必须更新。
阀杆与盘根接触段严重腐蚀。	阀杆材料的抗腐能力太差，密封处长期泄漏；盘根与阀杆接触段产生电腐蚀。	重要阀门的阀杆应采用不锈钢制造，对腐蚀的阀杆，可采用喷涂工艺解决抗腐问题。抗电腐蚀：应采用抗电腐蚀的材料加工阀杆；在加盘根时应注意清洁工作，做水压试验时要用凝结水以减少电解作用。
盘根与阀杆、盘根盒严重粘连及盘根盒内严重腐蚀。	长期泄漏或阀门长期处于全开或全关状态；工作不负责任，未认真清理旧盘根和盘根盒，加盘根时不加干黑铅粉。	阀门不允许发生长期泄漏；在检修时必须认真清理盘根盒，加盘根时在盘根盒内抹上干黑铅粉或抗腐蚀的涂料。

工作实践

工作任务	填加盘根。
工作目标	正确选用盘根，掌握填加盘根的操作工艺。
工作准备	工作台、普通截止阀、盘根、工具、材料等。
工作项目	选用盘根：根据介质的温度、压力及盘根盒规格选用合适的盘根。
	填加盘根： (1)清理盘根盒； (2)围绕与阀杆等径的圆棒切割盘根，切口角度 30°～45°； (3)一圈一圈压紧盘根，注意相邻两圈要错口，压入圈数要符合要求； (4)对称拧紧压盖螺栓螺母。
	密封效果检验：通过水压试验完成。

任务四　阀门水压试验

工作任务

熟悉阀门水压试验质量标准，掌握水压试验的操作工艺。

知识与技能

检修后的阀门必须进行水压试验，试压合格方可使用。未从管道上拆下来检修的阀门，其水压试验可以和管道系统的水压试验同时进行；拆下来检修的阀门，其水压试验必须在试验台上进行，如图 5－25 所示。

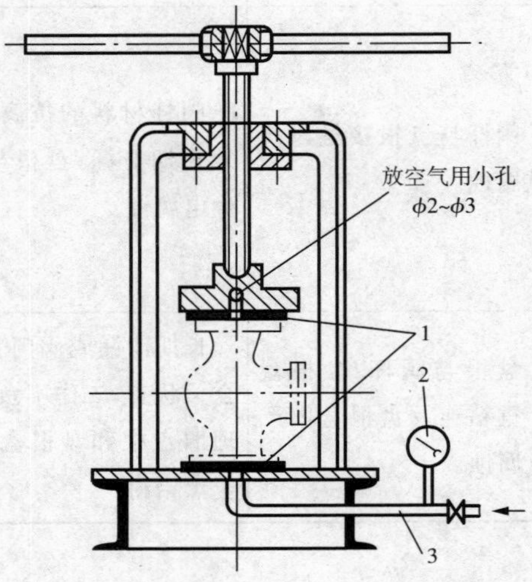

图 5－25　阀门水压试验台

1－垫片；2－压力表；3－压力水管

一、低压旋塞和低压阀门试验

1. 低压旋塞(考克)的试验

关闭阀门，通过嘴吸的方法，能吸住舌头 1min，即认为合格。

2. 低压阀门的试验

关闭阀门，将阀门入口向上，倒入煤油，经数小时后，阀门密封面不渗透，即认为合格。

3. 最佳试验法

将低压阀装在具有一定压力的工业用水管道上进行试压，若有条件用小型水压机试压效果更佳。

二、高压阀门水压试验

高压阀门的水压试验分为材料强度试验和气密性试验两种。当阀体或阀盖出现重大缺陷，如变形、裂纹，经车削加工或补焊工艺修复的阀门，应做材料强度试验；对于常规检修后的阀门，只需做气密性试验。

1. 材料强度试验

试验目的：检查阀体、阀盖的材料强度及铸造、补焊的质量。

试验方法及标准：把阀门压在试验台上，打开阀门并向阀体内充满水，然后升压至试验压力(材料强度试验压力为工作压力的 1.5 倍)，边升压边检查，在试验压力下保持 5min，如没有出现泄漏、渗透等现象，则强度试验合格。

2. 气密性试验

试验目的：检查阀瓣与阀座、阀杆与盘根、阀体与阀盖等处是否严密。

试验方法：

(1)阀瓣与阀座密封面的试验：将阀门压在试验台上，处于开启状态，向阀体内注水，待阀体内空气排尽后，将阀门关闭，然后加压到试验压力。

(2)阀杆与盘根、阀体与阀盖的密封试验：在阀门密封面试验后，打开阀门，向阀体内注水并充满，再加压到试验压力。

试验标准：边升压边检查，加压到试验压力(气密性试验压力为工作压力的1.25倍)后恒压5min，如没有出现降压、泄漏、渗透等现象，则气密性试验合格。如不合格，应再次对阀门进行检修，然后重做水压试验，直至合格。试验合格的阀门，要挂上“已修好”的标牌。

工作实践

工作任务	阀门水压试验。
工作目标	熟悉阀门水压试验质量标准，掌握水压试验的操作工艺。
工作准备	水压试验工作台、组装好的截止阀、工具等。
工作项目	材料强度试验：把阀门压在试验台上，打开阀门并向阀体内充满水，然后升压至试验压力(材料强度试验压力为工作压力的1.5倍)，边升压边检查，在试验压力下保持5min，如没有出现泄漏、渗透等现象，则强度试验合格。
	气密性试验： (1)阀瓣与阀座密封面的试验：将阀门压在试验台上，处于开启状态，向阀体内注水，待阀体内空气排尽后，将阀门关闭，然后加压到试验压力； (2)阀杆与盘根、阀体与阀盖的密封试验：在阀门密封面试验后，打开阀门，向阀体内注水并充满，再加压到试验压力； (3)边升压边检查，加压到试验压力(气密性试验压力为工作压力的1.25倍)后恒压5min，如没有出现降压、泄漏、渗透等现象，则气密性试验合格。

思考与练习

1. 阀门在解体前和组装时，为何要使阀芯处于开启状态？
2. 怎样确定截止阀的安装方向？
3. 开启阀门时阀杆在动，但阀门打不开是什么原因？
4. 阀门粗磨时，为什么不能将阀瓣与阀座直接对磨？研磨中何时更换研磨砂？
5. 简述填加盘根的工艺步骤及注意事项。
6. 阀门运行中盘根处发生泄漏的原因是什么？怎样处理？
7. 阀门气密性水压试验的目的是什么？简述其操作步骤。

项目六 转机部件检修基础工艺

【项目描述】

总体介绍转机部件检修过程中所需要的轴弯曲度的测量方法及直轴的方法，晃动、瓢偏的测量方法，转子找静、动平衡的方法，联轴器找中心的方法。

【学习目标】

(1)掌握轴弯曲度的测量方法及直轴的方法，判断轴弯曲类型、绘制轴弯曲状态图，并能根据轴和现场工作状况选择直轴的工艺。

(2)掌握晃动、瓢偏的测量方法，判断出轴与轴的相对位置关系。

(3)掌握转子找静、动平衡的方法，通过找静平衡实现转子中心的确定。

(4)掌握联轴器找中心的方法，消除转子的振动问题。

任务一 轴弯曲度的测量

工作任务

学习轴弯曲度测量的相关知识与技能，每2～3人为一个工作小组，选择相应的工器具，进行轴弯曲度测量，并绘制出轴弯曲曲线，分析轴的弯曲状态。

知识与技能

轴是转动设备的一个核心零件，它不但支撑着所有套装在轴上的零部件，而且通过轴传递扭矩。轴因长期使用发生摩擦或撞击、轴局部过热、热膨胀受阻、拆卸不当、搬运碰撞等原因而发生弯曲，特别是细而长的轴更容易弯曲。轴弯曲之后，会引起转子的不平衡和动静部分的磨损，故新轴或旧轴在拆下后应进行检查。

一、外观检查与更换

对拆卸后的轴表面进行外观检查时，一般情况下不需要特意加以修整，只需要用细砂布或百洁布略微打光即可。检查是否有沟痕，轴颈表面是否有擦伤、碰痕，如果有，则应专门进

行修整。

检查后，若发现有以下情况之一者应更换新轴：

(1)轴表面发现裂纹，此裂纹会在交变负载下不断发展，如不更换会导致断轴的事故。

(2)轴表面有高速液流冲刷的沟槽，尤其是在键槽处。

(3)轴弯曲较大，经多次校直，运行后仍发现弯曲。

(4)轴弯曲为扭曲变形。

二、轴弯曲度的测量

测量方法如图 6－1 所示。

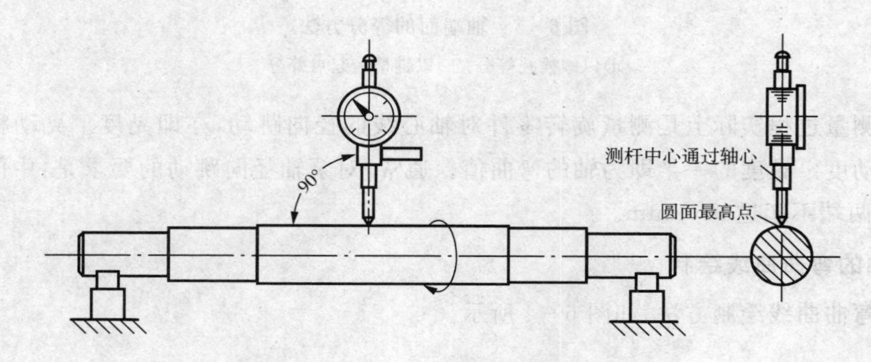

图 6－1　测量轴的弯曲

首先，把轴的两端架在 V 形铁上，V 形铁应放置平稳、牢固，使轴保持水平状态并不允许有轴向窜动。通常将轴分成几个测量段，将测量段打磨光洁，并将轴圆周分成 8 等分(如图 6－2、图 6－3 所示)，用石笔划出标记。再把百分表支好，使测量杆指向轴心。最好用 3～5 块表同时测量(两端各 1～2 块，中间 1 块)，同时读数，这样可以保证测量的准确性。然后，缓慢地盘动轴，并记录读数。轴有弯曲的情况下，每转 1 周则百分表有 1 个最大读数和最小读数，两读数的差值即表明了轴的弯曲程度。测量时应测两次，以便校对，每次转动的角度应一致，读数误差应小于 0.005mm。

图 6－2　轴弯曲测量的准备

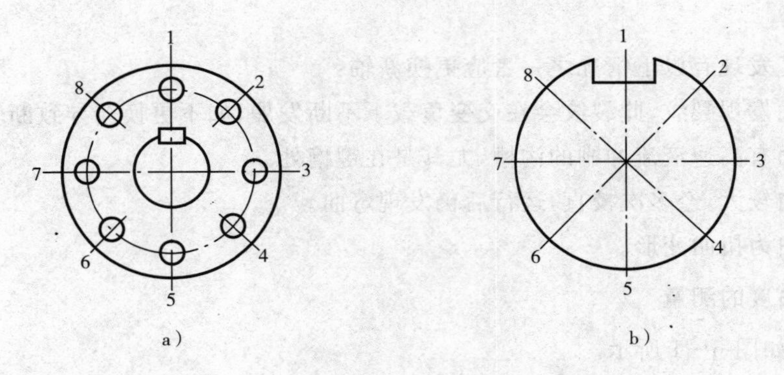

图 6－3　轴端面的等分方法

a）以螺栓孔等分；b）以键槽为起点等分

这个测量过程实际上是测量旋转零件对轴心线的径向跳动，亦即晃度。晃动程度的大小称为晃动度。晃度的一半即为轴的弯曲值。通常，对泵轴径向跳动的要求是：中间不超过 0.05mm，两端不超过 0.02mm。

三、轴的弯曲曲线绘制

轴的弯曲曲线绘制方法，如图 6－4 所示。

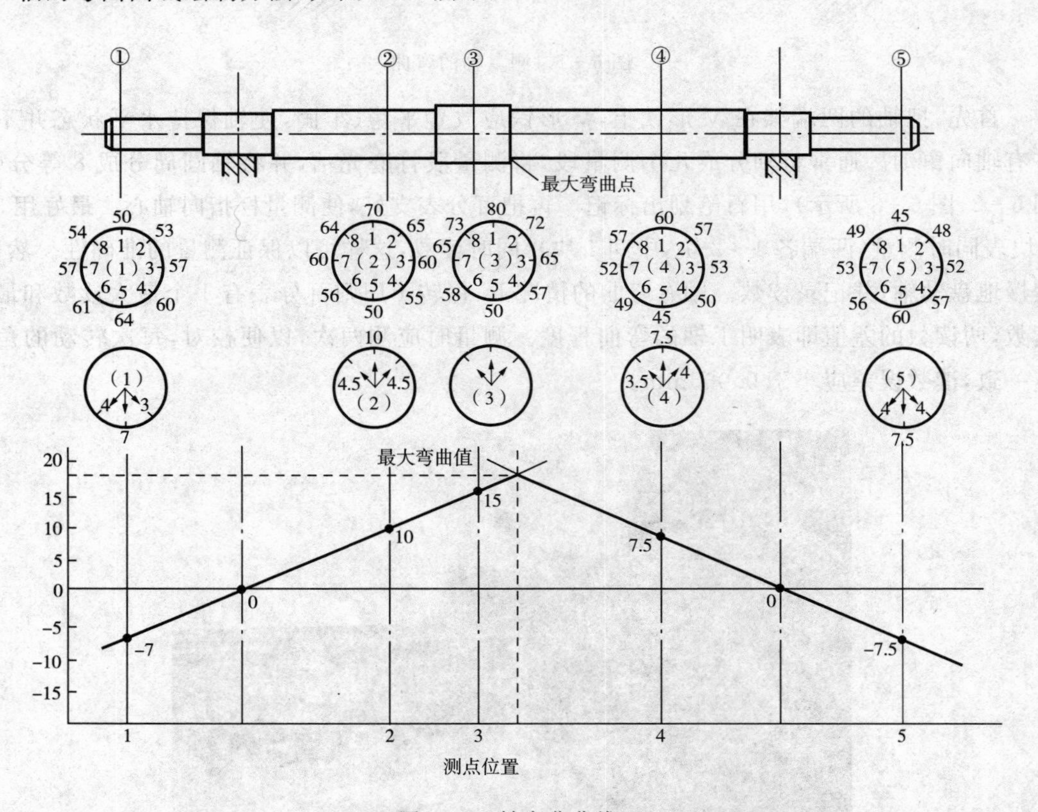

图 6－4　轴弯曲曲线

（1）将轴的端面分等分（等分越多越精确），各等分点的编号作为测量方位。在整个轴长

度范围内摆放若干只百分表，如百分表有限可逐点测量。按测量晃度的方法，测得每一测量断面每一方位的晃度值，并作好记录。

(2)用方格纸画出直角坐标系，纵坐标按一定放大比例表示弯曲值，横坐标按一定缩小比例表示轴的全长和各测量断面的间距。在各测量断面对应的纵坐标上标出弯曲值。在1-5方位得到1～8等分点，将这些点依次连接，所得的直线相交于一点，该点为近似最大弯曲点。然后在该点的两侧增加几个测量断面，测得的弯曲值标在相应的纵坐标上，将这些较密集的若干点连成平滑曲线与两直线相切，则构成一条真实的轴弯曲曲线。从该曲线上可找到该方位的最大弯曲点在轴上的位置及弯曲度。

(3)用同样的方法找出2-6、3-7、4-8等方位的最大弯曲点和弯曲值。

四、分析

通过作图，可知不同方位的最大弯曲值即是轴的最大弯曲度，同时也可看出各弯曲点是否在同一方位。如果轴是单弯，那么自两支点与各点的连线应是两条相交的直线，最大弯曲点在各方位曲线的同一断面上。若不是两条相交的直线，则可能是测量有差错或轴有几个弯。

工作实践

工作任务	测量轴的弯曲及绘制弯曲曲线坐标图。
工作目标	掌握轴弯曲测量方法，分析轴的弯曲形状。
工作准备	设备：轴弯曲专用实训设备或者实际设备(多级水泵)； 工量具：百分表5～6只及相应的磁力表座、钢直尺等常用工具若干； 材料：棉布适量。
工作项目	轴弯曲测量： (1)测量轴颈的不圆度，其值应小于0.02mm； (2)将轴分成若干测段，测点应选在无锈斑、无损伤的轴段上，并测记测点轴段的小圆度； (3)将轴的端面8等分，序号的1点应定在有明显固定记号的位置，如键槽、止头螺钉孔，以防在擦除等分序号后失去轴向弯曲方位； (4)为了保证在测量时每次转动的角度一致，应在轴端设一固定的标点； (5)架装百分表时，百分表测量杆应垂直通过轴心线。在整个轴线上依次架设5个以上百分表； (6)将轴沿序号方向转动，依次测出每个百分表在各等分点的读数，并将读数按测段分别记录在测量图上。根据记录图计算出每个测段截面的弯曲向量值，将各弯曲向量图绘制在测量记录图下面； (7)根据各截面弯曲向量绘制弯曲曲线图。横坐标为轴全长和各测量截面的距离，纵坐标为各截面同一相位的弯曲值。将各截面纵坐标和横坐标的交点连成两直线，在交点附近多测量几个截面，将测得的各点弯曲向量连成平滑曲线与两直线相切，构成轴的弯曲曲线。

（续表）

工作项目	弯曲状态分析： (1)如果各测段截面的最大弯曲向量位于同一相位，说明该轴只有一个弯。如果各测段截面的最大弯曲向量不位于同一相位，说明该轴不止一个弯； (2)由于轴不圆度、不同轴度及测量等影响，各测段最大向量的连线不是直线，此时应均衡各测点弯曲值的关系； (3)对于可能存在多个弯曲点的，为证实分析的正确性，应进行实测验证。

任务二　转子晃度和瓢偏的测量

工作任务

学习转子晃度和瓢偏测量的相关知识与技能，每 2～3 人为一小组，能正确使用工器具测量出转子相对位置的变化，实现转子晃度的测量、瓢偏的测量并能注意出现误差的原因。

知识与技能

一、晃度测量

转子的晃度，即其径向跳动。测量转子的径向跳动，目的就是及时发现转子组装中的错误及转子部件不合格的情况。

测量转子晃度的方法与测量轴弯曲的方法类似。将所测转体的圆周等分成 8 份，并编上序号。固定好百分表架，将表的测杆按标准安放在圆周上，如图 6－5a 所示。被测量处的圆周表面必须经过精加工，其表面应无锈蚀、油污、伤痕。

把百分表的测杆对准图 6－5a 所示的位置 1，先试转一圈。若无问题，便可按序号转动转体，依次对准各点，并测量、记录其读数，如图 6－5b 所示。

根据测量记录，计算出最大晃动度。以图 6－5b 的测量记录为例，最大晃动位置为 1－5 方向的“5”点，最大晃动值为 0.58－0.50＝0.08mm。

测量工作应注意以下几点：

(1)在转子上编序号时，按习惯以转体的逆转方向顺序编号。

(2)晃动的最大值不一定正好在序号上，所以应记下晃动的最大值及具体位置，并在转体上做上明显的记号，以便检修时查对。

(3)记录图上的最大值与最小值不一定正好是在同一直径线上，无论是否在同一直径线

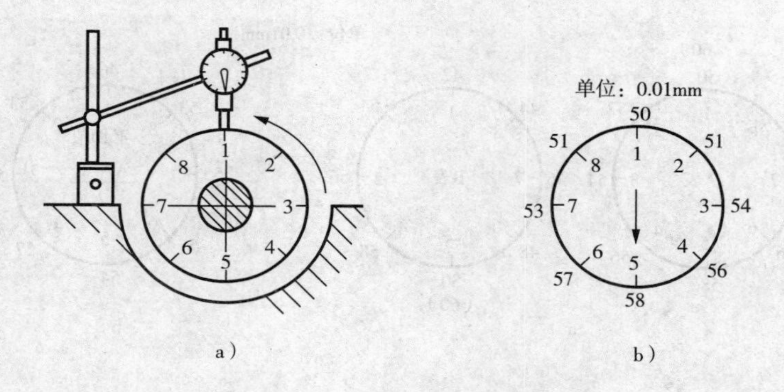

图 6－5　测量晃动的方法

a)百分表的安置；b)晃动记录

上，其计算方法不变，但应标明最大值的具体位置。

(4)测量晃动的目的，是找出转体外圆面的最凸出位置和凸出的数值，故其值不能除以 2(若除以 2，则成了轮外圆中心的偏差)。

二、瓢偏测量

旋转零件端面沿轴向的跳动，即轴向晃动，称为瓢偏。瓢偏程度的大小称为瓢偏度。

在测量瓢偏时，必须将两块百分表分别装在同一直径相对的两个方向上(如图 6－6 所示)，以消除轴向窜动的影响。转动转体，按序号记录两表的读数，并记录。

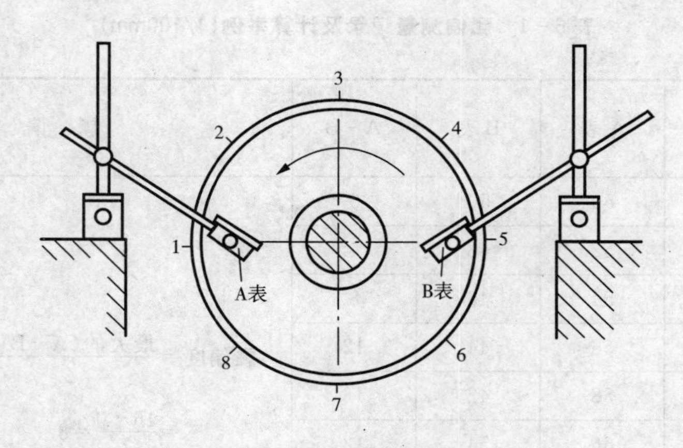

图 6－6　测量瓢偏的方法

1. 用图记录法

(1)将 A、B 两表的读数分别记在圆形图中，如图 6－7a 所示。

(2)算出两记录图同一位置的平均数，并记录在图 6－7b 中。

(3)求出同一直径上两数之差，即为该直径上的瓢偏度，如图 6－7c 所示。通常将其中最大值定为该转体的瓢偏度。由图 6－7c 中可看出，最大瓢偏在位置 1—5 方向，最大瓢偏度为 0.08mm。该转体的瓢偏状态，如图 6－7d 所示。

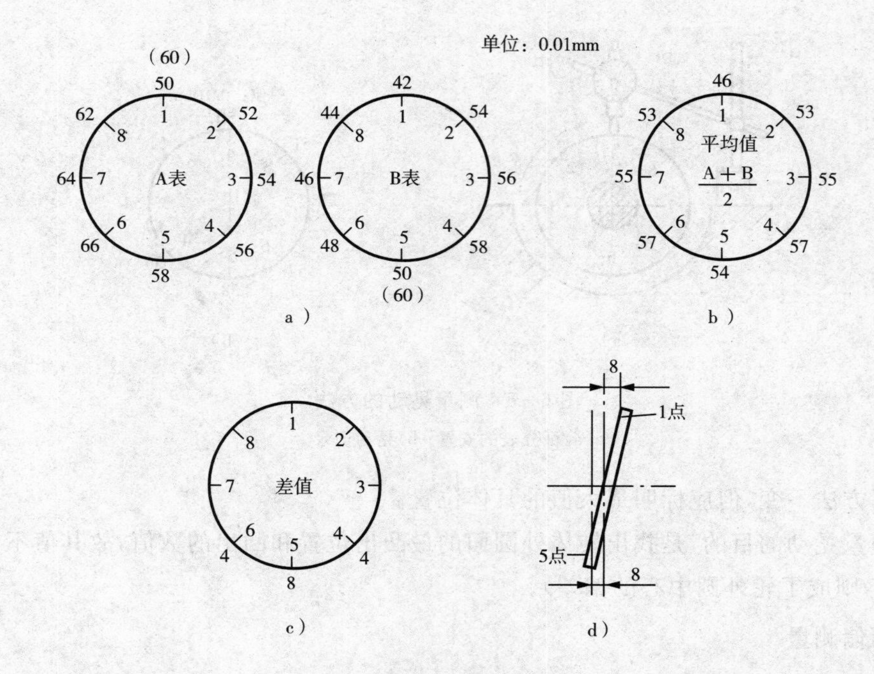

图 6-7　瓢偏测量记录

a)记录；b)两表的平均值；c)相对点差值；d)瓢偏状态

2. 用表格记录方法(见表 6-1)

表 6-1　瓢偏测量记录及计算举例(1/100mm)

位置编号		A表	B表	A-B	瓢　偏　度
A表	B表				
1-5		50	50	0	
2-6		52	48	4	
3-7		54	46	8	
4-8		56	44	12	$瓢偏度=\frac{最大的(A-B)-最小的(A-B)}{2}$
5-1		58	42	16	$=\frac{16-0}{2}=8$
6-2		66	54	12	
7-3		64	56	8	
8-4		62	58	4	
1-5		60	60	0	

由图 6-7 和表 6-1 可知，测点转动一圈后，两只百分表在 1—5 点位置上，并未回到原来的读数，而是由“50”变成“60”。这表明在转动过程中，转子窜动了 0.10mm，但是由于使用了两只百分表，在计算中，该窜动值被减掉了，没有影响测量结果。

瓢偏测量注意事项：

（1）瓢偏测量进行两次，以校验测量结果。第二次测量应将测量杆向转子中心移动5～10mm，两次测量结果应很接近。如相差很大，需查明原因，重新测量。

（2）在实际测量过程中，如百分表以“0”为起点读数时，数据有出现负值的可能，应注意+、－的读法（见图6－8），在记录和计算时同样应注意数据的+、－，但这不会影响测量计算。

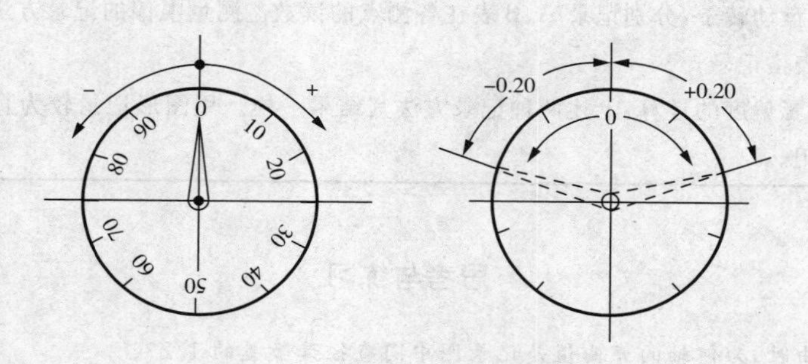

图6－8　百分表以零为起点的读数法

（3）用表计算时，其中两表差可以用（A－B），也可以（B－A）来计算，但在确定其中之一后就不能再变。

（4）图和表中的最大值与最小值不一定在同一直径上。出现不对称情况是正常的，表明此转体的端面变形是非对称的扭曲。

通常，要求叶轮密封环的径向跳动不得超过0.08mm，轴套处晃度不得超过0.04mm，两端轴颈处晃度不得超过0.02mm。

工作实践

工作任务	测量转体的瓢偏和晃动。
工作目标	掌握测量转体瓢偏和晃动的方法，知道瓢偏、晃动产生的原因及危害。
工作准备	设备：专用实训设备或实际转动设备； 工量具：2～3只百分表及磁力表座，常用工具一套。
工作项目	晃动测量： （1）将转体的被测外圆面擦干净，生锈部位允许用细砂布除锈，要求被测面无麻点、缺损； （2）将转子外圆8等分（可将等分点标在轴端面），并按逆旋转方向编号； （3）将磁力表座吸附在设备的中分面上（或其他部位），把百分表表杆正对外圆面的上部（或其他方位）； （4）试盘动转子一圈，百分表指针应回原位； （5）按转子旋转方向盘动转子，每转1等分点记录1次百分表读数； （6）根据记录计算最大晃动度及其方位：晃动度＝最大读数－最小读数。

（续表）

工作项目	瓢偏测量： (1)将被测端面8等分后，把等分点的1、5点置于水平位置，并在1、5点处分别架装百分表A和B，要求A、B两表杆垂直于端面，并要求两表杆的触点至轴心的半径相等； (2)盘动转子一圈至初始位置，检查两表的指示值，若两表的指示值之差与初始时相同，则说明表安装无误，否则应找出不等的原因； (3)盘动转子，分别记录A、B表在各测点的读数。测量瓢偏的记录方法可用图形记录，也可用表格记录； (4)瓢偏度的计算：上述两种记录方法其结果一样。用图形记录较为直观，用表格记录方便实用。

思考与练习

1. 在测量轴弯曲时，为何轴的弯曲值是记录图中同直径读数差的1/2？

2. 在圆轴上架设百分表，用什么方法证实所架百分表的表杆测头位于轴的最上方？又用何法证实表杆的中心线通过被测轴的轴心线？

3. 叙述瓢偏、晃动的定义。

4. 晃动的定义为什么不能用不同轴度进行解释？

5. 瓢偏为什么不能用不垂直度进行解释？

6. 测量瓢偏时，为何架设两只百分表就能消除轴向窜动的影响？

7. 某轴颈晃度测量记录如下表，求晃动值。

单位：mm

值 编号	表 值	值 编号	表 值	值 编号	表 值
1	0.50	4	0.52	7	0.52
2	0.51	5	0.53	8	0.51
3	0.52	6	0.52	9	0.50

任务三 直轴的方法及选择

工作任务

在完成直轴的方法及选择基本理论学习的基础上，每4～5人为一学习小组，通过实际操作的方式演练工具的使用，并讨论在什么情况下选择相应的工具、检修前的工具准备需要注意什么问题。

知识与技能

发现转轴发生弯曲后，在直轴操作前需进行如下的检查工作：

首先应在室温状态下用百分表对整个轴长进行测量，并绘制出弯曲曲线，确定出弯曲部位和弯曲度（轴的任意断面中，相对位置的最大跳动值与最小值之差的1/2）的大小。

其次，还应对轴进行下列检查工作：

（1）检查裂纹：对轴最大弯曲点所在的区域，用浸煤油后涂白粉或其他的方法来检查裂纹，并在校直轴前将其消除。消除裂纹前，需用打磨法、车削法或超声波法等测定出裂纹的深度。对较轻微的裂纹可进行修复，以防直轴过程中裂纹扩展；若裂纹的深度影响到轴的强度，则应当予以更换。

裂纹消除后，需做转子的平衡试验，以弥补轴的不平衡。

（2）检查硬度：对检查裂纹处及其四周正常部位的轴表面分别测量硬度，掌握弯曲部位金属结构的变化程度，以确定正确的直轴方法。淬火的轴在校直前应进行退火处理。

（3）检查材质：如果对轴的材料不能肯定，在不损伤中心孔的情况下，应从轴头取样分析，质量不小于50g。在知道钢的化学成分后，才能更好地确定直轴方法及热处理工艺。

（4）金相覆膜检查：摩擦部位与正常部位进行金相覆膜检查，检查由于摩擦受热后金相组织的改变及原始金相组织，作为选择直轴方法的参考。

在上述检查工作全部完成以后，即可选择适当的直轴方法和工具进行直轴工作。直轴的方法有捻打法、机械加压法、局部加热法、局部加热加压法和应力松弛法等。下面就一一加以介绍。

一、捻打法（冷直轴法）

捻打法就是在轴弯曲的凹下部用捻棒进行捻打振动，使凹处（纤维被压缩而缩短的部分）的金属分子间的内聚力减小而使金属纤维延长，同时捻打处的轴表面金属产生塑性变形，其中的纤维具有了残余伸长，因而达到了直轴的目的。

捻打时的基本步骤为：

（1）根据对轴弯曲的测量结果，确定直轴的位置并做好记号。

（2）捻打法所用的工具：手锤、捻棒、垫木。捻棒的材料一般选用45钢，其宽度随轴的直径而定（一般为15～40mm）。捻棒的工作端必须与轴面圆弧相符，边缘应削圆无尖角（$R_1=2\sim3$mm），以防损伤轴面。在捻棒顶部卷起后，应及时修复或更换，以免打坏泵轴。捻棒形状如图6-9所示。垫木要用硬木做成或在方铁上垫铜皮，垫木的接触面积要大而软。

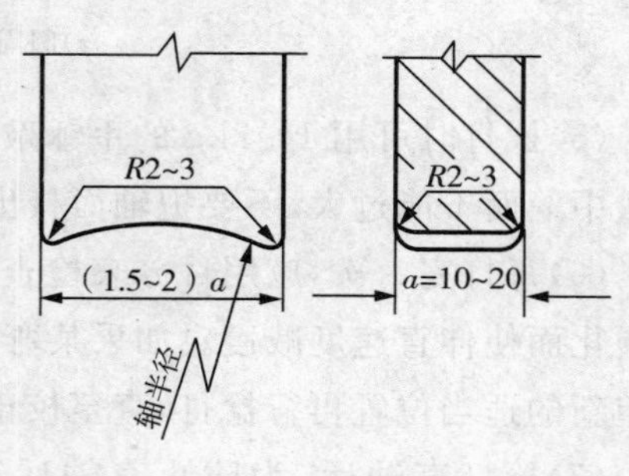

图6-9　捻棒形状

(3)直轴时，将轴凹面向上放置，在最大弯曲断面下部用硬木或经过退火处理的铜垫支撑并垫以铅板，如图 6－10 所示。

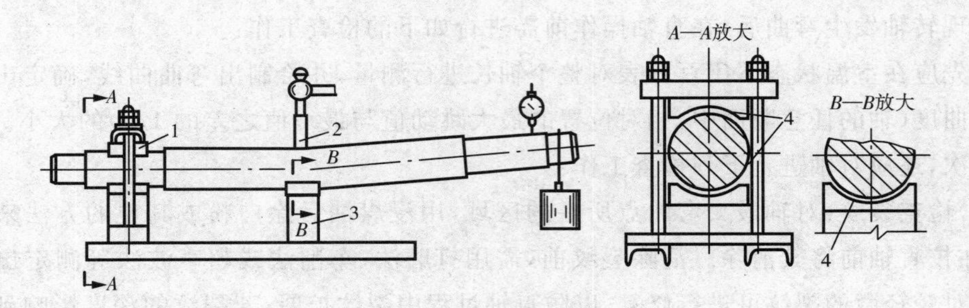

图 6－10　捻打直轴法

1－固定架；2－捻棒；3－支持架；4－软金属板

另外，直轴时最好把轴放在专用的台架上并将轴两端向下压，以加速金属分子的振动而使纤维伸长。

当轴的直径和弯曲度都不大时，捻打直轴时不必挂重物或加压力。

(4)捻打的范围为圆周的 1/3(即 120°)，此范围应预先在轴上标出。捻打时的轴向长度可根据轴弯曲的大小、轴的材质及轴的表面硬化程度来决定，一般控制在 50～100mm 的范围之内。

捻打顺序按对称位置交替进行，捻打的次数为中间多、两侧少。(如图 6－11 所示)

若弯曲发生在轴肩处，应用专用捻棒振打轴肩，捻棒圆弧应与轴肩相符。

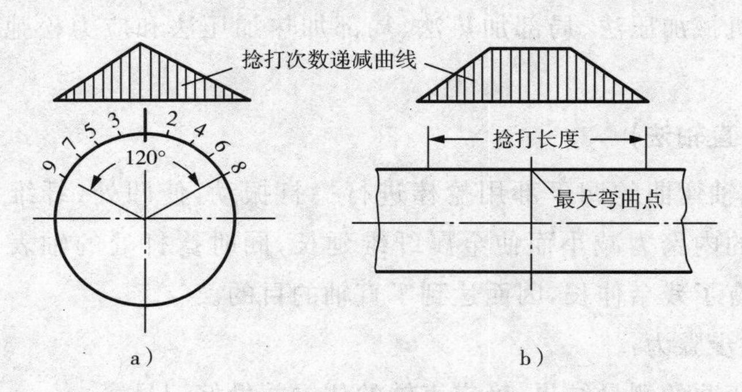

图 6－11　捻打方法

a)圆周捻打范围；b)长度捻打范围

(5)捻打时可用 1～2kg 的手锤敲打捻棒，捻棒的中心线应对准轴上所标范围，锤击时的力量中等而不能过大，不要把轴面打出痕迹。

(6)每打完一次，应用百分表检查弯曲的变化情况。一般初期的伸直较快，而后因轴表面硬化而使伸直速度减慢。如果某弯曲处的捻打已无显著效果，则应停止捻打并找出原因，确定新的适当位置再行捻打，直至校正为止。

(7)捻打直轴后，为防止直轴后又回复弯曲，轴的校直应向原弯曲的反方向稍过弯 0.02～0.03mm，待稳定回火后，弯曲值就达到要求。

(8)检查轴弯曲达到需要数值时，捻打工作即可停止。此时应对轴各个断面进行全面、仔细的测量，并做好记录。

(9)最后，对捻打轴在300℃～400℃进行低温回火，以消除轴的表面硬化及防止轴校直后又弯曲。

上述的冷直法是在工作中应用最多的直轴方法，但它一般只适于轴颈较小且轴弯曲在0.2mm左右的轴。此法的优点是直轴简单易行，易于控制，应力集中较小，轴校直过程中不会发生裂纹。其缺点是直轴后在一小段轴的材料内部残留有压缩应力，且直轴的速度较慢。

二、内应力松弛法

此法是把泵轴的弯曲部分整个圆周都加热到使其内部应力松弛的温度（低于该轴回火温度30℃～50℃，一般为600℃～650℃），并应热透。在此温度下施加外力，使轴产生与原弯曲方向相反的、一定程度的弹性变形，保持一定时间。这样，金属材料在高温和应力作用下产生自发的应力下降的松弛现象，使部分弹性变形转变成塑性变形，从而达到直轴的目的(如图6-12所示)。

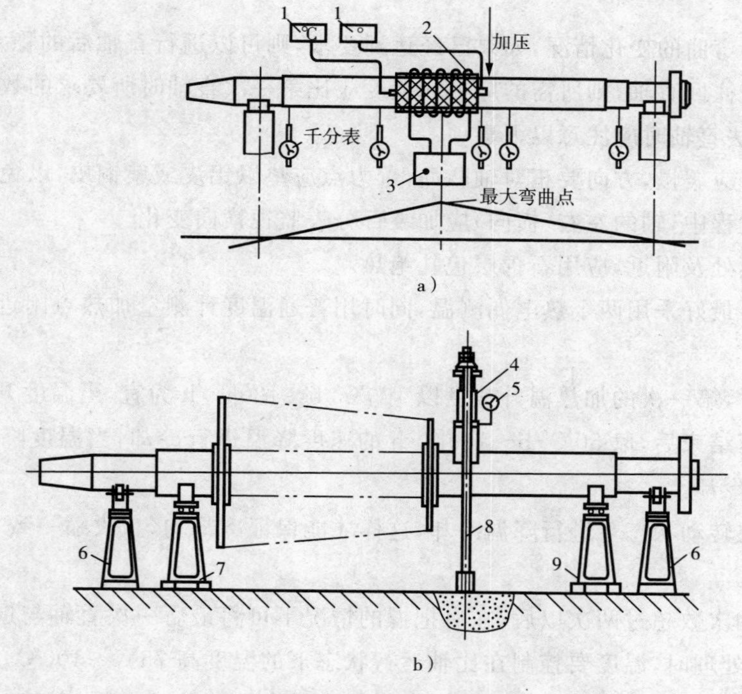

图6-12　内应力松弛法直轴

a)总体布置；b)加压与支撑装置

1—热电偶温度计；2—感应线圈；3—调压器；4—千斤顶；5—油压表；

6—滚动支架；7—活动承压支架；8—拉杆；9—固定承压支架

校直的步骤为：

(1)测量轴弯曲值，绘制轴弯曲曲线。

(2)在最大弯曲断面的整修圆周上进行清理，检查有无裂纹。

(3)将轴放在特制的、设有转动装置和加压装置的专用台架上，把轴的弯曲处凸面向上放好，在加热处侧面装一块百分表。加热的方法可用电感应法，也可用电阻丝电炉法。加热温度必须低于原钢材回火温度20℃～30℃，以免引起钢材性能的变化。测温时是用热电偶直接测量被加热处轴表面的温度。直轴时，加热升温不盘轴。

(4)当弯曲点的温度达到规定的松弛温度时，保持温度1h，然后在原弯曲的反方向(凸面)开始加压。施力点距最大弯曲点越近越好，而支承点距最大弯曲点越远越好。施加外力的大小应根据轴弯曲的程度、加热温度的高低、钢材的松弛特性、加压状态下保持的时间长短及外加力量所造成的轴的内部应力大小来综合考虑确定。

(5)由施加外力所引起的轴内部应力一般应小于0.5MPa，最大不超过0.7MPa。否则，应以0.5～0.7MPa的应力确定出轴的最大挠度，并分多次施加外力，最终使轴弯曲处校直。

(6)加压后应保持2～5h的稳定时间，并在此时间内不变动温度和压力。施加外力应与轴面垂直。

(7)压力维持2～5h后取消外力，保温1h，每隔5min将轴盘动180°，使轴上下温度均匀。

(8)测量轴弯曲的变化情况，如果已经达到要求，则可以进行直轴后的稳定退火处理；若轴校直过量，需往回直轴，则所需的应力和挠度应比第一次直轴时所要求的数值减小一半。

采用此方法直轴时应注意以下事项：

(1)加力时应缓慢，方向要正对轴凸面，着力点应垫以铝皮或紫铜皮，以免擦伤轴表面。

(2)加压过程中，轴的左右(横向)应加装百分表监视横向变化。

(3)在加热处及附近，应用石棉层包扎绝热。

(4)加热时最好采用两个热电偶测温，同时用普通温度计测量加热点附近的温度来校对热电偶温度。

(5)直轴时，第一次的加热温升速度以100℃/h～120℃/h为宜，当温度升至最高温度后进行加压；加压结束后，以50℃/h～100℃/h的速度降温进行冷却，当温度降至100℃时，可在室温下自然冷却。

(6)轴应在转动状态下进行降温冷却，这样才能保证冷却均匀、收缩一致，轴的弯曲顶点不会改变位置。

(7)若直轴次数超过两次以后，在有把握的情况下可将最后一次直轴与退火处理结合在一起进行。热处理时，温度要控制在比轴运行状态下的温度高75℃～100℃。

内应力松弛法适用于任何类型的轴，校直的轴具有良好的稳定性，尤其对于高合金钢锻造焊接轴安全可靠，在实际工作中应用的也很多。

三、局部加热法

这种方法是在泵轴的凸面很快地进行局部加热，人为地使轴产生超过材料弹性极限的反压缩应力。当轴冷却后，凸面侧的金属纤维被压缩而缩短，产生一定的弯曲，以达到直轴的目的。轴弯曲应力变化如图6-13所示。

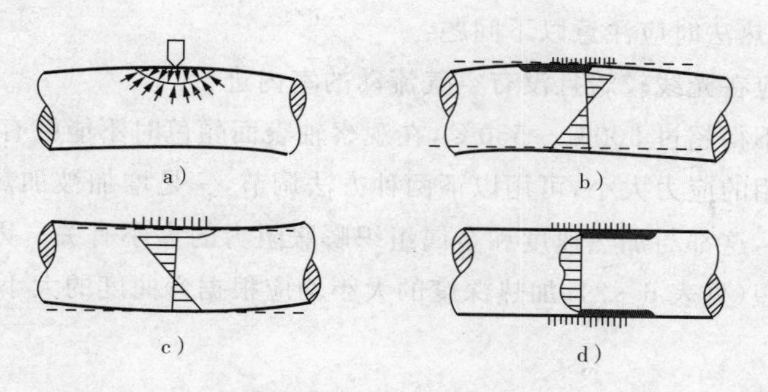

图 6-13　轴弯曲应力变化图

a)过热部分受热膨胀；b)应力分布情况；c)应力方向；d)附加应力使轴伸直

加热区域应是椭圆形或长方形。一般尺寸选择如下：长度为轴圆周的 1/4 或 0.3D，宽度(沿轴向)一般为 30～40mm 或 0.1～0.15D(D 是加热处轴径)。

具体的操作方法如图 6-14 所示：将弯曲轴凸起的部分朝上放置在专用支架上，加热部位的轴要整个用石棉布包起来，然后将上半加热部位的石棉布按加热区间的尺寸去掉，成一个椭圆或长方形开孔，再用石棉板按开孔尺寸和形状作一个孔盖，覆盖在石棉布上。轴的下半部分稍浸水，使用头号火嘴的氧气烤把加热，氧气的压力要维持在 0.5MPa。当轴的直径小，轴弯曲度也小时，可以采用较小的 2 号或 3 号火嘴加热。加热时应当从石棉板开孔的中间开始，然后逐渐扩展至轴露出的全部表面，不应在某一点上停止火嘴不动，应均匀地、周期地移动火嘴，始而反复地回到圆弧的中心，使加热地方的温度达到 600℃～700℃，即呈暗樱桃红色。加热完毕后，立即将加热部位(开孔)用石棉布盖上，使轴自然均衡冷却下来。冷却到 50℃～60℃时，可将石棉布去掉，在空气中加快冷却。冷却到室温后用千分表测量轴的弯曲值，绘出新的曲线图。尚未达到直轴要求时，可继续重复一次。局部加热直轴一般要求超过轴的弯曲度 0.05～0.075mm，这个超过的数值在退火过程中往往减少或全部消失。

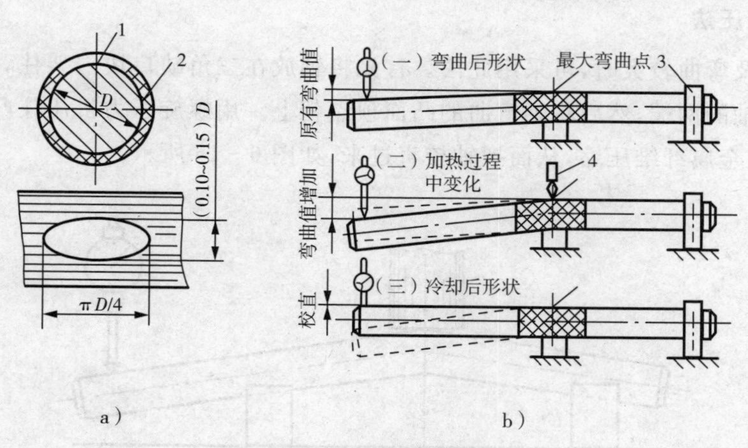

图 6-14　局部加热法直轴

a)加热孔尺寸；b)加热前后轴的变化

1—加热孔；2—石棉布；3—固定架；4—火嘴

在使用局部加热法时应注意以下问题：

(1)直轴工作应在光线较暗且没有空气流动的室内进行。

(2)加热温度不得超过500℃～550℃，在观察轴表面颜色时不能戴有色眼镜。

(3)直轴所需用的应力大小，可用以下两种方法调节，一是增加被加热的金属层深度，二是增加加热的面积，这都与加热速度和金属组织膨胀阻力的大小有关。因此，加热区域的尺寸、加热的时间长短(见表6-2)、加热深度的大小均应根据弯曲度的大小和加热直轴过程中的经验确定。

表6-2　直轴加热时间表　(mim)

轴径(mm)	轴的弯曲度(mm)											
	0.2	0.4	0.6	0.8	1.0	1.2	1.4	1.6	1.8	2.0	2.2	2.6
100	3.0	3.5	4.0	4.5	5.0	5.5	6.0	6.5	7.0	7.5	8.0	9.0
150	3.5	4.0	4.5	5.0	5.5	6.0	6.5	7.0	8.0	8.0	8.5	10.0
200	4.0	4.5	5.0	5.5	6.0	6.5	7.0	8.0	9.0	9.0	10.0	12.0
250	4.5	5.0	5.5	6.0	6.5	7.0	8.0	9.0	10.0	11.0	12.0	14.0
300	5.0	5.5	6.0	7.0	8.0	9.0	10.0	11.0	12.0	13.0	14.0	16.0
350	6.0	7.0	8.0	9.0	10.0	11.0	12.0	13.0	14.0	15.0	16.0	18.0

注：表中列出为第一次采用标准的1号火嘴加热的最小时间，仅供参考。

(4)当轴有局部损伤、直轴部位局部有表面高硬度或泵轴材料为合金钢时，一般不应采用局部加热法直轴。

轴校直后应迅速进行退火。退火时，可以采取局部退火(即在直轴加热的地方局部全周退火)，也可以采取整体退火(即对整个大轴退火)。

四、机械加压法

轴径较小及弯曲较大时，可采用此法。首先将轴放在三角缺口块内架住，或放在机床上利用顶针顶住轴的两端，然后将轴弯曲的凸面顶点朝上。用螺旋压力机压住凸起顶点，向下顶压，使该部位金属纤维压缩，从而把轴校直过来，如图6-15所示。

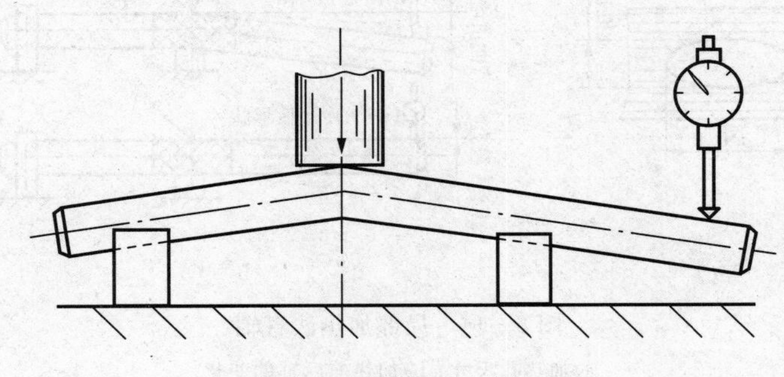

图6-15　机械加压直轴法

五、局部加热加压法

这种方法又称为热力机械校轴法(如图 6－16 所示)。此法与局部加热直轴法不同之点在于,在局部加热之前,把轴的凸起部位朝上放置,利用机械加压工具,事先在加热处附近施加压力,使轴的加热部分先产生应力。当加热时,轴向上弯曲遇到附加的阻力,因而在加热处的金属比局部加热直轴时提前超过屈服点,从而加快了直轴的过程,可以取得良好的效果。此方法较直轴速度快,效果比较理想,仅设备比局部加热直轴法所使用的设备复杂一些。

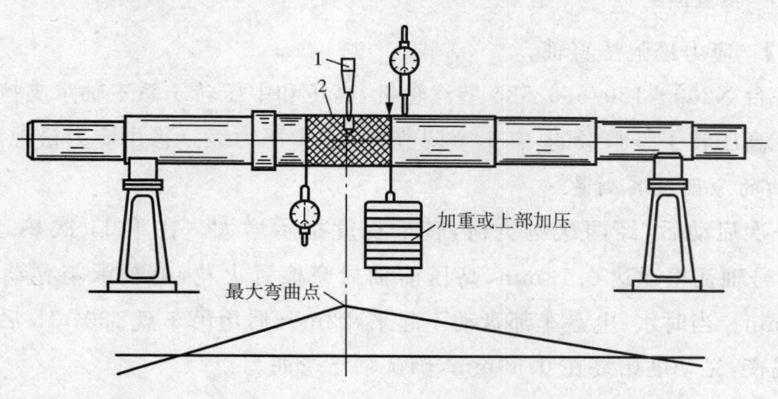

图 6－16　局部加热加压直轴的设备布置

1—火嘴;2—石棉布

在这 5 种直轴方法中,机械加压法和捻打法只适用于直径较小、弯曲较小的轴,其中在现场最简便易行的方法是捻打法;局部加热法和局部加热加压法适用于直径较大、弯曲较大的轴,这两种方法的校直效果较好,但直轴后有残余应力存在,而且在轴校直处易发生表面淬火,在运行中易再次产生弯曲,因而不宜用于校正合金钢和硬度大于 HBl80～190 的轴;应力松弛法则适于任何类型的轴,对轴的寿命影响小,无残余应力,稳定性好,特别适用于合金钢制造的高压整锻转子大轴,只是操作时间要稍长一些。

【例 6－1】　大型高合金发电机转子捻打直轴。

某火力电厂使用的东方电机厂生产的 300MW 发电机,在运行中发生聚电环下引线短路故障,导致瞬时温度过高,造成聚电环主轴表面熔化,引起主轴端部挠曲 0.37mm(弯曲为 0.175mm)。转子材质为 25Cr2Ni4MoV,硬度值为 270～280HB,轴外径为 ϕ29.7mm,中心孔内径为 ϕ116mm。

捻打在原发电机轴承座内进行。将弯曲点凹面向上支撑,凸面位置下垫以厚 $\delta=40$mm 弧型钢板,与轴接触处下垫以 0.50mm 铜皮。弧型钢板与主轴接触为 120°,置于 30t 千斤顶上。在捻打时打起千斤顶,使轴与轴瓦脱离约 0.10mm 左右,不致由于捻打过程损坏轴瓦乌金。捻棒接触面积为 15×35mm^2,材质为 35 钢。为增加捻打效果在轴端悬吊 2t 重量,捻打位置应为凹面处 120°,但由于其两侧有两个 ϕ40mm 引线孔,故仅能在 90°范围按要求捻打。锤采用 8 磅锤,锤把长 500mm。总捻打约 2500 锤,中间测量一次,最后端部挠度为 0.05mm、弯曲 0.025mm,符合检修标准,即告结束。测量位置见图 6－17,测量结果见表 6－3,工作结束后进行金属探伤,并将冷作硬化处打磨掉。

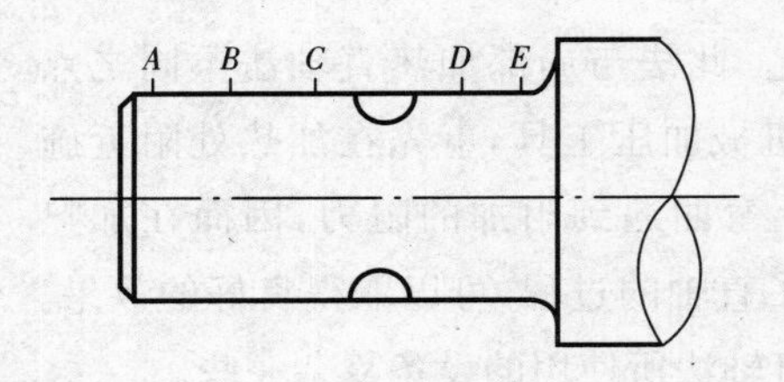

图 6-17　测量位置

表 6-3　挠度测量位置及数值　　(mm)

挠度＼位置	A	B	C	D	E
原始数据	0.37	0.29	0.20	0.09	0.02
中间测量	0.16	0.12	0.08	0.04	0.02
最后数据	0.05	0.03	0.05	0.015	0.01

【例 6-2】 应力松弛法直轴。

某电厂一台 N200－130/535/535 型汽轮机，高压和中压转子系三轴承支持，高压转子仅有 1 个轴承。高压转子是整锻的，有 1 个调节级，11 个压力级。曾用应力松弛法直轴。

1. 轴弯曲的原因及其测量

该机第一次启动后，经两次甩负荷，转子挠度指示增大。在第 11 次热态启动升速到 1300r/min，2 号轴瓦振动达 0.12mm，高压前轴封摩擦冒火花，前轴承箱晃动，于是紧急停机，惰走仅 2min。当时水、电盘车都盘动不起来，23min 后用吊车盘 180°，1h 后，用水力盘车连续盘转两昼夜，晃动度始终在 0.50mm，确认轴已弯曲。

揭盖检查及测量轴弯曲时，发现高压前轴封齿已大部分磨损倾倒，第 1～8 级叶片铆钉头及隔板阻汽片在 90°范围内均有磨痕。在高压和中压联轴器连接情况下测量弯曲度。因前轴封齿均已磨损倾倒，在轴封部位无法测量，故在轴封两侧沟槽内安设百分表测量，绘成曲线如图 6-18 所示。由图可见，最大弯曲点在直径为 ϕ454 处（第 4 号轴封中心稍

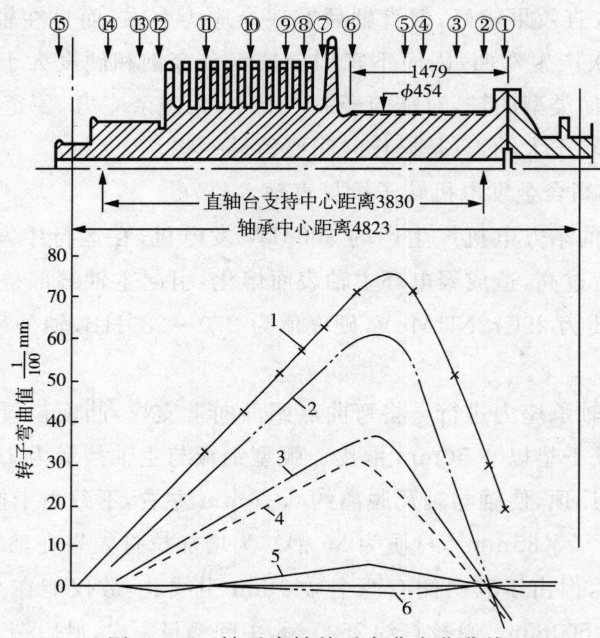

图 6-18　转子直轴前后弯曲变化曲线

1—直轴前在汽缸内测得（接上对轮）；2—直轴前在直轴台上测得；3—回火后测得；4—第一次加压后测得；5—第二次加压后测得；6—第三次加压回火冷却后测得

偏前)，凸出方位在11号联轴器螺栓孔偏12号处，其值为0.72mm。然后将转子吊出放置于直轴台架上测量弯曲度，因支点改变，测得的最大弯曲值为0.70mm，弯曲中心及方位未变。

2. 直轴方案选择

由于该轴系合金钢制成，弯曲度较大，故采用应力松弛法直轴。

松弛法直轴的两个主要条件是应力和温度，加力大小和加温高低对应力松弛有显著影响，故适当采用较大的应力和提高加热温度，可以加速直轴过程。

考虑该转子为27Cr2Mo1V钢，其屈服强度较高，抗松弛性能也较好，直轴应力取60～70N/mm²；加热温度取660℃，低于原回火温度30℃～50℃，否则会引起性能改变。

为了加速直轴过程，决定直轴前回火、加压直轴和直轴后稳定回火处理连续进行，中间不降温。

3. 直轴前的准备工作

(1)加压及支承装置

加压及支承装置如图6-19所示。

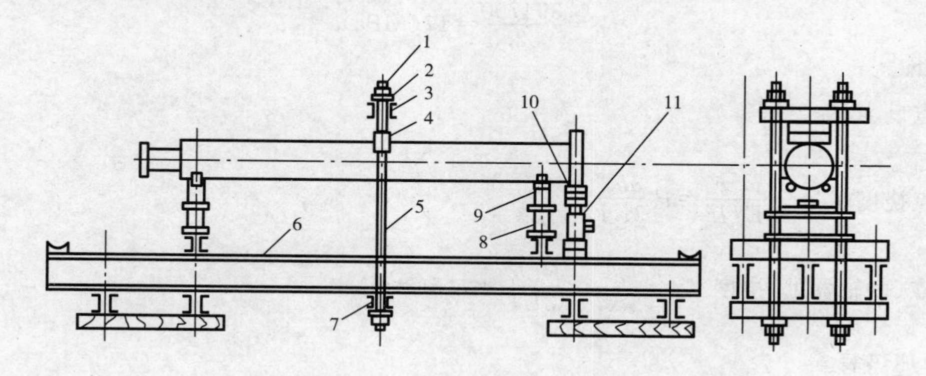

图6-19　加压支承装置

1—M80螺母；2—30mm厚垫圈；3—上梁；4—垫块；5—M80螺栓；6—底框；7—下梁；8—瓦座；9—滚动支承；10—弧形垫；11—千斤顶

(2)测量装置

测量弯曲度共装设了15只百分表，为了不受框架弹性变形的影响，另设龙门架焊以槽钢，安设百分表，以保证测量读数正确。

测量温度采用直径1mmEU型热电偶，用电容点焊机点焊于轴表面上。温度测点共计15点，铜线圈中心上、下、左、右4点，铝线圈中心上、下、左、右4点，调节级叶轮两侧内外4点，两个线圈中间1点，轴中心孔内2点。

(3)转子材料检查

根据制造厂提供的资料，高压转子材料为27Cr2MolV钢，经取样分析，其实际化学成分及常温机械性能与该钢材吻合。转子未磨损部位硬度为HB218，磨损处因凹凸不平和汽封槽狭窄，不便测量，宏观检查无裂纹。

(4)加力计算

首先准确测量各支点距离和加热中心(即弯曲中心)距离,如图 6-20 所示。

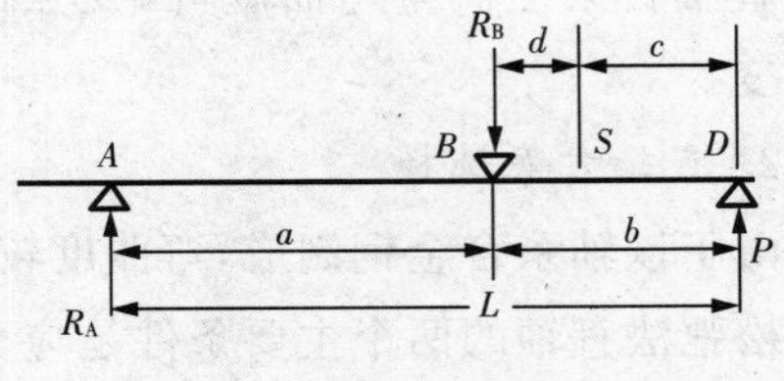

图 6-20 加力计算图

$a=2270$mm;$b=1670$mm;$L=3940$mm;$c=1210$mm;$d=460$mm

轴封处直径为 433mm(已考虑沟槽减少值),轴中心孔直径为 97mm。

$$W=\frac{\pi}{32D}(D^4-d^4)=7.96\times10^6(\text{mm}^3)$$

$$J=\frac{\pi}{64}(D^4-d^4)=1.76\times10^9(\text{mm}^4)$$

取弯曲中心 S 处的应力 σ 为 60N/mm²,则

$$P=\frac{\sigma W}{c}=394700(\text{N})$$

油压千斤顶直径为 172mm,面积为 232.5cm²,故监视油压表油压

$$p=\frac{394700}{232.5}=17(\text{MPa})$$

B 点反力 $R_B=\frac{PL}{a}$

B 点挠度 $f_B=\frac{R_Ba^2b^2}{3EJL}=P\ \frac{ab^2}{3EJ}$

D 点(联轴器处)挠度 $f_D=\frac{f_BL}{a}=\frac{PLb^2}{3EJ}=4.6(\text{mm})$

(5)加热装置

加热采用工频感应加热法。由于轴封摩擦过热部位较长,为便于最大弯曲点加压加热及整个高压轴封过热段作回火处理,在高压转子进气侧轴封段安设了两个感应线圈,加热段总长 920mm,见图 6-21 所示。线圈 1 是供直轴加热用的,使用时间长,采用了铜绞线。线

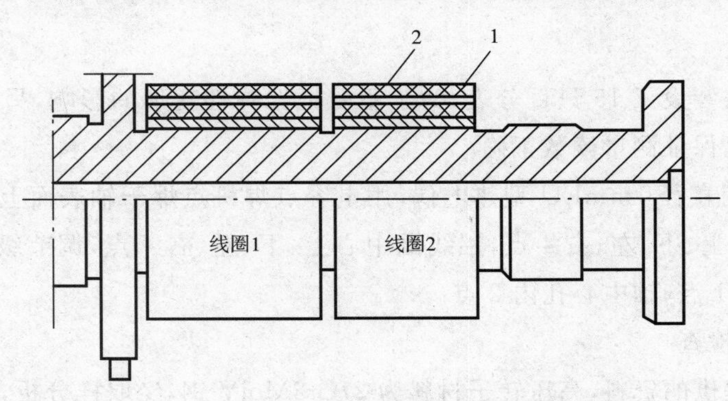

图 6-21 感应线圈图

1—通风槽;2—保温层

圈 2 是供回火处理及辅助加热用的，由于材料供应限制，线圈 2 使用了钢芯铝绞线。两组线圈的规范见表 6－4。

表 6－4　两组线圈的规范

规　　范	线 圈 1	线 圈 2
(1)用途	最大弯曲段加热用	轴封过热段回火及辅助加热用
(2)轴的计算外径(mm)	450	450
(3)轴的中心孔径(mm)	100	100
(4)保温层厚度(mm)	25	25
(5)线圈长度(mm)	500	420
(6)线圈层数	2	2
(7)每层匝数及总匝数	18＋17＝35	11＋11＝22
(8)导线规范	股数×单股直径(37×2.84) 截面 $240mm^2$	AC150(截面 $150mm^2$)
(9)导线绝缘层	玻璃丝带半迭包两层	裸　线
(10)匝间绝缘	间距 2～5mm	ϕ15 石棉绳间绕
(11)层间绝缘	ϕ18 瓷管外缠玻璃丝带一层	ϕ18 瓷管外缠玻璃丝带一层
(12)最大电压(V)	3.5	3.5
(13)使用最大端电压(V)	100	64
(14)使用最大电流(A)	300	400
(15)同时送电使用最大安匝	16000	16000

保温层由三部分组成。底层用玻璃丝布包厚 1.5mm 的电工用云母纸板一层，中间以玻璃丝布与普通石棉布相间缠绕至总厚度 25mm，外包玻璃丝带两层，用玻璃丝带束紧。两线圈之间留出安设百分表的位置。

加热电源采用 75 kV・A感应调压器两台，分别向两个线圈供电。调压器初级电压 380V，次级电压 30～150V，初级额定电流 215A，次级最大负载电流 500A。两个线圈的电流方向保持一致。负载电流按各段温升分别调节。调压器负载侧装电压表、变流器、电流表各一套。

为减少轴的径向温差，在轴中心孔内设置了一个 600mm 的电阻加热器，功率为 2.25kW，用调压器供电。

为了切断轴沿支架的导磁回路，减少输入功率损失，防止支架托辊可能发生的局部涡流发热，在支架两端托辊座下各垫 30mm 厚的铜板，用铜螺栓连接。

4. 直轴前的回火处理

回火在直轴台架上进行，将最大弯曲点置于上方，以 50℃/h～60℃/h 的升温速度加热到 650℃，恒温 5h。在升温过程中发现实际上两个线圈中间点的测点温度最高。如果两个线圈温度都要升到650℃，则该测点的温度将超过660℃以上，故将铜线圈停止送电加热，先把铝线圈升温到650℃，恒温5h进行回火处理，再以20℃/h～30℃/h速度降温，然后将铜线圈升温到650℃，恒温5h，故实际回火处理加热时间总共用了29.5h。回火后保持温度进行180°盘车，使转子上下温度均匀后进行弯曲测量，测得其最大弯曲度为0.45mm，降低了34%。在加热过程中轴的内外壁温差始终小于20℃，故轴孔加热器一直未投。

5. 加压直轴

直轴加压时，转子最大弯曲点仍处于上方，铜线圈部分保持650℃。为延长线圈1的加热长度，充分发挥加压对直轴的作用，线圈2保持在一定温度下。用斜垫铁将轴顶离1号轴承处(图6-19的左端)的滚动支架，将油压千斤顶逐步升压至17MPa(表压)。

此时对轮上升15.15mm，这主要是框架变形，拉力螺杆伸长所致，支点B上升达5.55mm，使S点大幅度上升。在保持17MPa油压下恒压4h，联轴器共上升0.18mm，此即为有效松弛数值。在第一个小时内松弛较快，以后就极其缓慢以至不变了。而油压最后自行上升到17.5MPa。4h后松开千斤顶，每5min盘车180°，使转子上下温度均匀，测量弯曲，在盘车及测量时停止送电，保持转子温度始终为650℃。第一次加压后，测得最大弯曲度为0.37mm，弯曲值减少0.08mm，弯曲度比加压前降低18.8%。弯曲点方位未变。

第一次加压后经分析研究，认为第二次加压如不增加温度和应力，效果必然不大，故决定提高温度到660℃，增加应力至65MPa，计算得千斤顶油压应为21.2MPa。加压时仍将弯曲点置于上方，当升压到21.2MPa时，框架B点上升到5.75mm，对轮上升17.15mm，然后保持压力不变，恒压2h，有效松弛值为0.70mm，最后油压自行上升到21.8MPa。从百分表上观察得此时已过校约0.1mm，即转子向反方向弯曲0.1mm。但在松压后，测得其最大弯曲为正向0.09mm，即过校值没有保持，恢复了原有弯曲方向。

第三次加压，应力提高到70MPa，油压为22.5MPa，温度仍保持660℃不变，框架B点上升5.77mm，对轮上升17.34mm，恒压3h，有效松弛值为0.36mm，此时油压自行上升到23.4MPa。从百分表上观察得知已过校0.28mm。以后每盘车180°测量即缩小0.0l～0.02mm。1h后过校值减为0.12mm，2h后减为0.08mm，最后测得最大弯曲为反向0.04m。考虑回火降温后，弯曲将继续缩小，故认为转子已校直，开始直轴后的稳定回火处理。

三次加压，从开始到结束，总共用了22.5h，其中以第二次加压效果最为显著，弯曲值较第一次加压后的弯曲值减少0.28mm，降低弯曲度75.6%。

6. 直轴后的稳定回火处理

第三次加压后，就保持650℃恒温8h，然后以20℃/h～30℃/h的降温速度降至250℃，随即停止送电自然冷却。恒温及降温过程中，间断地盘动转子180°，300℃以上每5min盘一次，300℃～200℃每10min盘一次，100℃以下停止盘车。降到室温后，测得最大弯曲度为0.03mm，故认为直轴已合格。直轴温度曲线如图6-22所示。

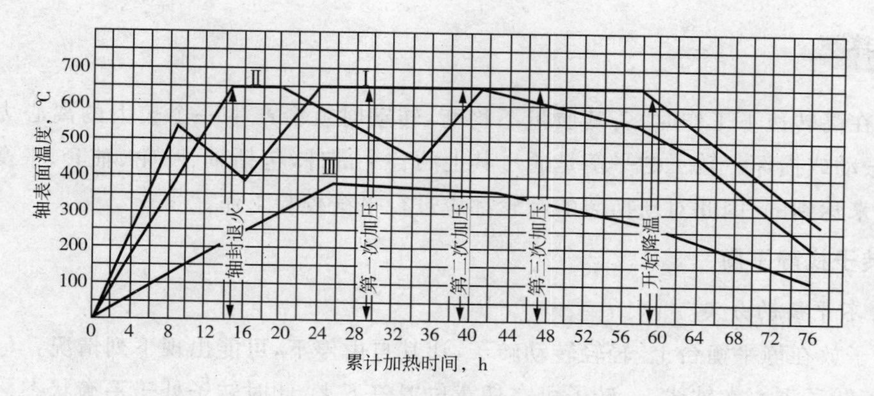

图 6-22 直轴温度曲线

Ⅰ—最大弯曲点(线圈 1 中心)温度线；Ⅱ—轴封回火段(线圈 2 中心)温度线；Ⅲ—第一段轮盘根部温度线

7. 直轴后的检查

直轴后由于晃度不大及设备条件的关系，决定不再找动平衡。当与中压转子连接以后，发现高压前轴封处最大晃度增加到 0.09mm，分析原因是支点改变的缘故，于是将高中压联轴器重新找中心，将高压转子联轴器往相反方向调整，使前轴封处最大晃度减少到 0.055mm，将 12 个联轴器螺栓孔全部重铰装配。当连接好后，测得中压联轴器晃度为 0.03mm，高压联轴器晃度为 0.055mm。

直轴后第一次起动前先用电盘车(40r/min)转动观察若干小时，后又用水力盘车(105r/min)转动，消除局部摩擦后才冲动转子。在 400r/min 及 1200r/min 处各暖机 lh，一切正常后升速到 3000r/mim，整个升速过程中振动均在合格范围内。定速后各轴承振动比直轴前略小，带负荷后振动不大。以后又起动一次，振动情况不变，实践证明，直轴效果是良好的。

思考与练习

1. 叙述捻打法直轴的步骤及注意事项。
2. 叙述局部加热法直轴的原理、方法及注意事项。
3. 直轴的方法有哪些？各有何特点？

任务四 转子找平衡的方法及实践

工作任务

学习转子找平衡的相关知识与技能，通过相关实践训练，熟悉转子不平衡的类型，学会转子找静平衡和动平衡的方法，掌握转子平衡的检验方法及注意事项。

知识与技能

转子在高转速下工作时,若其质量不均衡,转动时就会产生一个较大的离心力,造成水泵、风机振动或损坏。转子的平衡是通过其上的各个部件(包括轴、叶轮、轴套、平衡盘等)的质量平衡来达到的,因此对新换装的叶轮都应进行平衡校验工作。

一、转子找静平衡

1. 静不平衡的分类

将转子放在静平衡台上,轻轻转动转子,让其自由停下,可能出现下列情况:

(1)若转子重心在轴线上,转子可在任意位置停下来,此时转子处于平衡状态。

(2)若转子重心不在轴线上,有一个偏心,此时转子处于静不平衡状态,静不平衡又有以下两种表现形式:

①显著不平衡:当偏心力矩>滚动摩擦力矩时,转子经过摆动、静止后,重心处于正下方。

②不显著不平衡:当偏心力矩<滚动摩擦力矩时,转子虽有转动的趋势,但不能使其转动,看似平衡,实则不平衡。

2. 静平衡原理及方法

在转子上不平衡重量同一直径的反向位置增加一个平衡重量,使其产生的转动力矩与不平衡力矩大小相等、方向相反,从而消除静不平衡。

将转子或装在假轴上的叶轮轻轻地放在预先校正好的导轨平衡架上(如图 6-23 所示),并沿导轨全长滚动转子,检查导轨是否有弯曲现象。转子的轴心线应与导轨垂直,如不垂直,转子滚动时将跑偏。

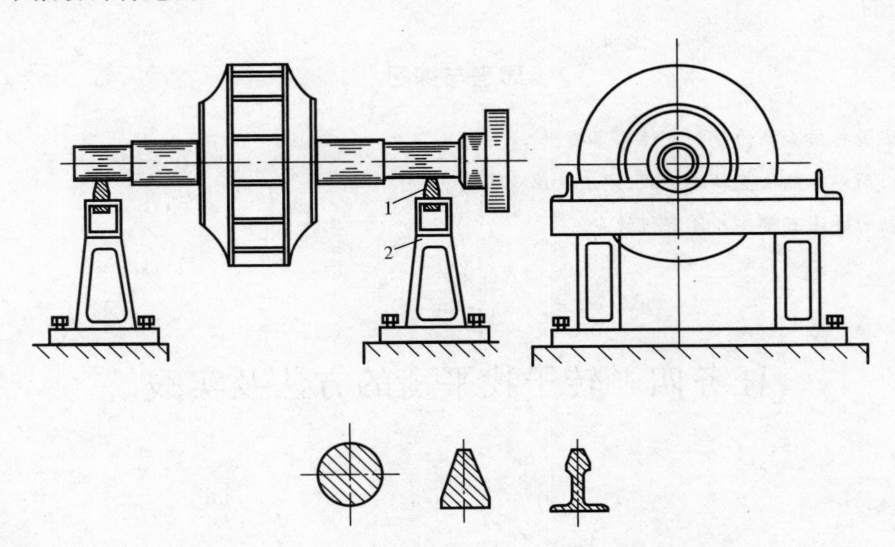

图 6-23 静平衡台及轨道截面形状

1—轨道;2—台架

找静平衡通常有两次加重法、加重周移法和秒表法。

(1)两次加重法找转子显著不平衡

① 找出转子重心方位。将转子在平衡架的导轨上往复滚动数次，转子滚动时，不平衡重量所在的位置自然时垂直向下。如果转子的停止位置始终不变，也就是转子垂直向下的这一半径位置几次试验都一样，它就是转子偏重的一侧，可在转子上作出记号，这就是转子重心 G 的方位(即转子不平衡重的方位)。将该方位定为 A，A 的对称方位为 B，即为加试加重的方位，如图 6－24a 所示。

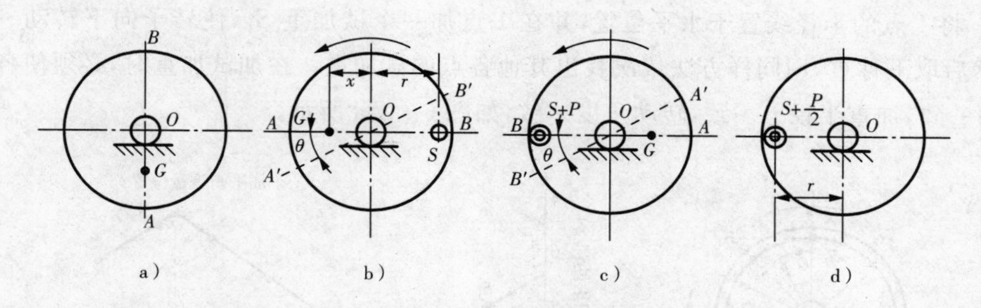

图 6－24　两次加重法找转子显著不平衡的工艺步骤

② 求第一次试加平衡重。将 AB 转到水平位置，在 OB 方向加一平衡重 S，加重半径为 r，加重后要使 A 点自由向下转动一个角度 θ(θ 角以 30°～45°为宜)，如图 6－24b 所示，然后称出 S 重，再将 S 转回原位置。

③ 求第二次试加平衡重。仍将 AB 转到水平位置(通常将 AB 调转 180°)，又在 S 上加一个平衡重 P，要求加 P 后 B 点自由向下转动一个角度，此角度必须和第一次的转动角 θ 一致，如图 6－24c 所示，然后取下 P 称重。

④ 计算应加平衡重两次转动所产生的力矩。第一次是 $Gx-Sr$，第二次是 $(S+P)r-Gx$，因两次转动角度相等，故其转动力矩也相等，即

$$Gx-Sr=(S+P)r-Gx$$

则

$$Gx=\frac{2S+P}{2}r$$

在转子滚动时，导轨对轴颈的摩擦力矩，因两次的滚动条件近似相同，其摩擦力矩相差甚微，故可视为相等，并在列等式时略去不计。

若使转子达到平衡，所加平衡重 Q 应满足 $Qr=Gx$ 的要求，将 Qr 代入上式，得

$$Q=S+\frac{P}{2} \tag{6-1}$$

说明：第一次加重 S 后，若是 B 点向下转动 θ 角，则第二次试加重 P 应加在 A 点上(加重半径与第一次相等)，并向下转动 θ 角，其平衡重应为

$$Q=S-\frac{P}{2} \tag{6-2}$$

⑤ 校验。将 Q 加在试加重位置，若转子能在轨道上任一位置停住，则说明该转子已不存在显著不平衡。

上述所加的重量及其位置，只能说是消除了显著不平衡，但转子还有一部分不显著不平衡存在。

(2)用试加重周移法找转子不显著不平衡

① 将转子圆周分成若干等分（通常为 8 等分），并循序在等分点上标上编号 1、2、3、…、8。

② 将 1 点的半径线置于水平位置，并在 1 点加一个试加重 S_1，使转子向下转动一个角度 θ，然后取下称重，用同样方法依次找出其他各点的试加重。在加试加重时，必须使各点转动方向一致，加重半径 r 一致，转动角度一致，如图 6－25a 所示。

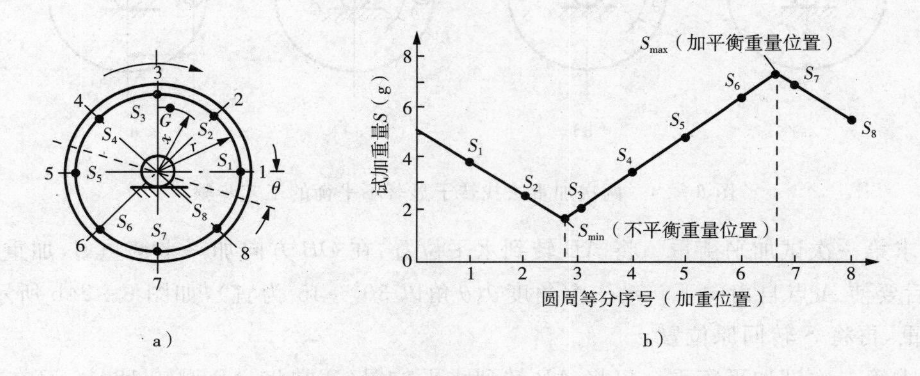

图 6－25　用试加重周移法找转子不显著不平衡

a)求各点试加重；b)试加重与加重位置曲线

③ 以试加重 S 为纵坐标，加重位置为横坐标，绘制曲线图，如图 6－25b 所示。曲线最低点为转子不显著不平衡 G 的方位。但要注意：曲线最低点不一定与最小试加重位置相重合。因为最小试加重位置是在转子编制的序号上，而曲线的最低点是试加重曲线的交点。曲线最高点是转子的最轻点，也就是平衡重应加的位置。同样应注意曲线最高点与试加重最重点的区别。

④ 根据图 6－25 可得下列平衡式，即

$$Gx+S_{\min}r=S_{\max}r-Gx$$

则
$$Gx=\frac{S_{\max}-S_{\min}}{2}r \tag{6-3}$$

若使转子达到平衡，所加平衡重 Q 应满足 $Qr=Gx$ 的要求，将 Qr 代入上式，并化简得

$$Q=\frac{S_{\max}-S_{\min}}{2} \tag{6-4}$$

把平衡重 Q 加在曲线的最高点，该点往往是一段小弧，高点不明显，可在转子与曲线最高点相应位置的左右做几次试验，以求得最佳位置。

(3)用秒表法找转子显著不平衡

秒表法找静平衡的原理:一个不平衡的转子放在静平衡台上,由于不平衡重的作用,转子在轨道上来回摆动。转子的摆动周期的平方与不平衡重的大小成反比,不平衡重越重,转子的摆动周期越短,反之周期越长。

根据上述原理,用秒表法找转子显著不平衡的步骤如下:

① 用前述方法求出转子不平衡重 G 的方位,如图 6-26a 所示,并将 AB 置于水平位置。

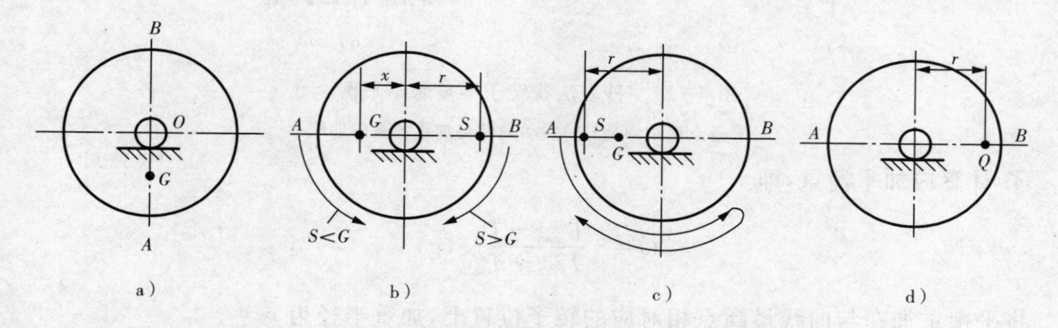

图 6-26 秒表法找转子显著不平衡的工艺步骤

② 在转子轻的 B 侧加一个试加重 S,加重半径为 r,试加重产生的力矩必须超过转子不平衡力矩与摩擦力矩之和,即试加重要大大超过不平衡重(即 $S>G$),方可能使转子 B 侧向下转动。

③ 用秒表测记转子摆动一个周期的时间,其时间为 $T_{\max}$。

④ 将 S 取下加在 A 侧(G 的方位),加重半径仍为 r,再用秒表测记一个周期的时间,以 $T_{\min}$ 表示,如图 6-26c 所示。

⑤ 计算应加平衡重 Q,即

$$Q=S\frac{T_{\max}^2-T_{\min}^2}{T_{\max}^2+T_{\min}^2} \tag{6-5}$$

G 值也就是应加平衡重 Q 的数值,故只需将平衡重 Q 加在 B 侧,半径为 r 的位置上,即可消除转子显著不平衡,如图 6-26d 所示。

(4)用秒表法找转子不显著不平衡

① 将转子分成 8 等分,并标上序号。

② 将 1 点置于水平位置,并在该点的轮缘上加一个试加重 S,1 点自由向下转动,同时用秒表测记转子摆动一个周期所需的时间。用同样的方法依次测出各点的摆动周期,如图 6-27a 所示。在测试时,必须满足以下要求:所选的试加重 S 不变,加重半径不变,转子摆动时按秒表的时机一致。

③ 根据各等分点所测的摆动周期(秒数)绘制曲线图,如图 6-27b 所示。曲线最低点在横坐标的投影点为转子重心方位,其摆动周期最短,以 $T_{\min}$ 表示;曲线最高点在横坐标的投影点为应加平衡重的方位,其摆动周期最长,以 $T_{\max}$ 表示。

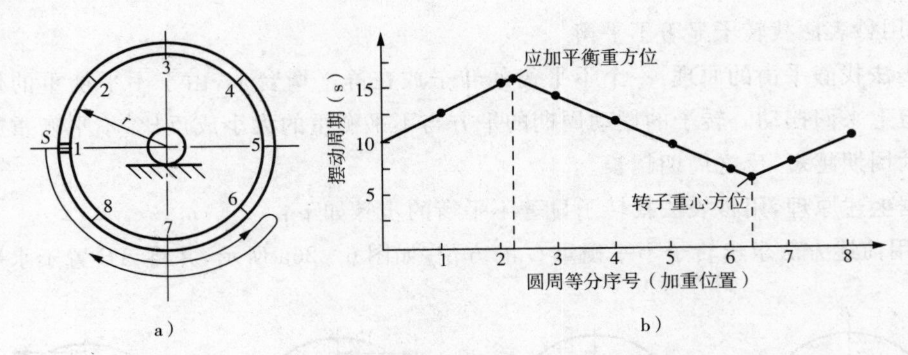

图 6-27　秒表法找转子不显著不平衡

a)求各点摆动周期；b)摆动周期与加重位置的曲线

④ 计算应加平衡重，即

$$Q=S\frac{T_{max}^2-T_{min}^2}{T_{max}^2+T_{min}^2}(g)$$

将平衡重加在与曲线最高点相对应的转子位置上，加重半径为 r。

3. 工艺分析

(1)轨道与轴颈的加工精度对转子找静平衡的影响

轨道的平直度及转子轴颈的圆度直接影响转子找静平衡的效果，尤其是在找转子的不显著不平衡时其影响程度更为明显，具体表现为：

① 在等分点上加试加重时，无法控制转子向下的转动角度。试加重轻一点，转子不动，略为增加很少一点，转子立即转动一个很大角度。

② 各等分点所加的试加重数值无规律性变化，以至造成无法作曲线图，如图 6-28 所示。

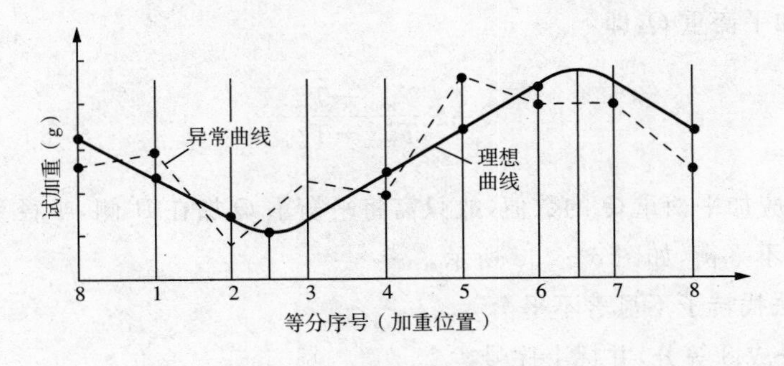

图 6-28　异常曲线示例

③ 曲线图中的最低位置(即转子重心方位)与最高位置(即应加平衡重方位)不仅不在同一直径线上，而且相差甚远，以至无法确定应加平衡重的方位。

为避免出现上述现象，要求轨道与轴颈必须用磨床精磨，同时对轨道水平的调整也应认真进行。

(2)关于不显著不平衡曲线图中最高点与最低点的位置

理论上曲线的最高点与最低点应处于对称的方位，事实上做不到，总会有误差。当误差

不是很大时，通常是以最高点为准，并在最高点左右位置重复做几次加重试验，求出最佳加重方位。

(3)关于显著不平衡与不显著不平衡的问题

① 当转子存在显著不平衡时，应先消除转子的显著不平衡，再消除不显著不平衡。

② 若转子无显著不平衡，此时不能认定转子已处于平衡状态，只有在通过找转子不显著不平衡后方可认定。

③ 一般小型、低速转子(如小型单级泵转子、风机转子)可以只找转子的显著不平衡。

(4)加重法与秒表法找静平衡的效果比较

实践证实，用秒表法找静平衡的效果要优于加重法，尤其是在找不显著静平衡时，秒表法的优点更为明显。

① 加重法是靠调整试加重的轻重来控制转子转动角度的，这种操作费时、费事，并且难以控制转子的转动角度，误差较大。

② 用加重法时，轴颈在轨道上滚动距离很短(约为 $\pi D/8$)；用秒表法时，转子是来回摆动一个周期，轴颈滚动的距离要长得多(约为 $\pi D/1.5$)。两者相比，加重法对轨道平直度及轴颈圆度的质量要求更为苛刻。

4. 剩余不平衡重量的测定和静平衡质量的评定

转子在找好平衡后，往往还存在着轻微的不平衡，这种轻微的不平衡称为剩余不平衡。找剩余不平衡的方法与用试加重法找转子不显著不平衡的方法完全一样。

剩余不平衡重量=(最大配重－最小配重)/2

消除静不平衡时，可用电焊把平衡重块固定在转子上，也可在较重侧通过减重量的方法来达到叶轮的平衡。去重的部位在配重的对方，即在配重圆最小配重点上。可用铣床铣削或是用砂轮磨削(当去除量不大时)去掉转子上的金属，使其重量等于剩余不平衡重量。但注意铣削或磨削的深度不得超过叶轮盖板厚度的1/3。

如果去重位置与测量时加重位置不相同，可进行换算：

$$G_1 = G\frac{r}{r_1} \tag{6-6}$$

式中：G_1——铣削重量；

r——加重块的半径；

G——加重块的重量；

r_1－铣削处半径。

经静平衡后的叶轮，静平衡允许偏差值不得超过叶轮外径值与0.025g/mm之积，见表6-5。

剩余不平衡重量越小，静平衡质量越高。实践证明：转子找静平衡后，当转子的剩余不平衡重量在额定转速下产生的离心力不超过该转子质量的5%时，就可保证设备的平稳运行，即静平衡已经合格。

表 6-5 3000r/min 工作的叶轮静平衡的允差极限值规定

叶轮外径(mm)	叶轮最大直径上的静平衡允差极限(g)
≤200	3
201～300	5
301～400	8
401～500	10
501～700	15
701～900	20

【例 6-3】 某转子重 1200kg，转速 $n=750\text{r/min}$，配重圆半径 $R=0.6\text{m}$，找剩余不平衡质量的试加质量(如表 6-6 所示)，试回答剩余不平衡质量是否在允许范围内？

表 6-6 试加质量表 (g)

序号	1	2	3	4	5	6	7	8
配重	900	960	900	860	820	760	820	860

解:剩余不平衡质量等于 8 个试加质量中最大值和最小值之差的一半，即

$$m_y=(m_{max}-m_{min})/2=(960-760)/2=100(\text{g})$$

允许最大剩余不平衡质量所产生的离心力为

$$F_{允}=5\%G=5\%\times1200=60(\text{g})$$

允许剩余不平衡质量为

$$m=F_{允}g/\omega^2R=60\times9.8/[(750\times3.14/30)^2\times0.6]=155(\text{g})$$

将 m 与 m_y 进行比较，100g＜155g，故剩余不平衡质量在允许范围内。

二、转子找动平衡

1. 做动平衡的含义

叶轮加上平衡重块之后即静平衡了，但如果两点不在同一垂直轴心的平面内，则在转动时两点分别形成的离心力不但不能互相抵消，反而形成不平衡力偶，将引起振动，这就是动不平衡。故一般经过静平衡校验的转子在高速旋转时仍发生振动，因为所加或减去的平衡重量不一定能和转子原来的不平衡重量恰好在垂直于转子的同一平面上。因此，一般转子经静平衡校验后，必须再做动平衡校验。动平衡适应条件见表 6-7。

2. 转子找动平衡的方法

在机械振动中，由于惯性效应的存在，振幅始终落后于引起振动的不平衡重量一个角度，这个角称为滞后角。该角度的大小与振动系统的自振频率及系统阻尼有关。对于一个已定型的转子，如转速、轴承结构、转子重量及结构不变的转子，其滞后角是一个定值。

表 6-7　动平衡适应条件

序号	判断项目	适应条件 n(r/min)
1	旋转体的工作转速	旋转体净长度大于最大外径时，转速 1000r/min 以上要求做动平衡调整。
2	轴承上所受离心力的大小	旋转体轴承上所受到的不平衡离心力大于该侧轴承上所受转子重量的 5%，要做动平衡调整。
3	机组运行中轴承振动情况	当机械运行中，任何一侧轴承振幅大于 0.02mm 时，其旋转部件要做动平衡调整。

不平衡转子的滞后角是一个未知量，在找动平衡时，并不需要求出滞后角的大小，而是根据滞后角是一个定值的特征，进行找动平衡。

转子找动平衡的方法较多，如简单划线法、两点法、三点法及闪光测相法等，现场采用闪光测相法、划线法较多。

3. 闪光测相法找动平衡

(1)原理

引起转轮振动的干扰力就是不平衡质量产生的离心力。通过仪器测出干扰力的最大振幅及相位变化，运用向量计算可知不平衡质量的大小和位置，在其相反位置上加上相等的质量，就可以抵消由于不平衡质量而产生的振动。用闪光法找平衡时设法把闪光灯的电源与振动联系在一起，使闪光灯的闪光时间直接受振动的控制。闪光测相的布置如图 6-29 所示。当转速与闪光灯的闪光频率同步时，闪光灯每次闪光的时间正好是转轮到同一位置的时候，所以在闪光灯下看转轮就感到转轮好像静止不动一样。

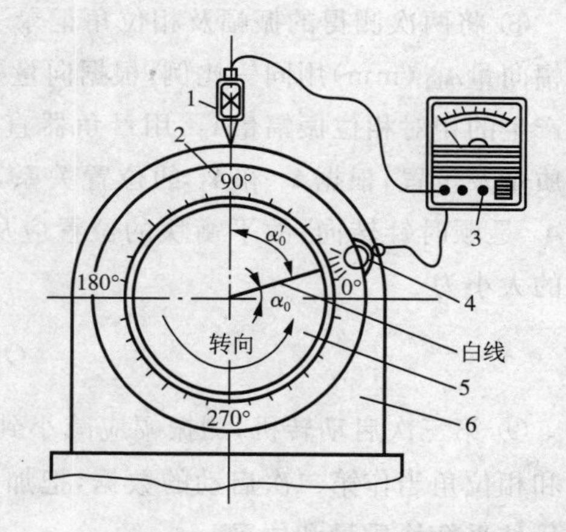

图 6-29　闪光测相的布置

1—检振器；2—刻度盘；3—闪光测振仪；4—闪光灯；5—轴端头；6—轴承座

(2)具体步骤

① 准备好测量振动及相位的仪器。

② 在轴头突出部位画上记号，在轴头周围的静止部位画好 360°的刻盘。

③ 查明被平衡转轮的重量及加放平衡重量的部位。

④ 事先按加平衡块部位的几何尺寸做好不同重量的平衡重量块。

⑤ 第一次启动转机，待达到规定的工作转速时，在轴承外壳上分别从垂直、水平、轴向三个方向测量振动值，取振动值最大的一个方向作为平衡工作的计算数据，以后均以此方向测量。同时用闪光灯记录刻录盘上的度数，待转机稳定 30min 后，再次进行测量，数据无重大变化时将振动值(即振幅 A_0)和相位角(α_0)记录下来，然后停机。记录为 $\mathbf{A}_0 = A_0 \angle \alpha_0$，如图 6-30a 所示；Ⅰ线就是轴机不平衡重量的振幅向量$\mathbf{A}_0$ 的位置。

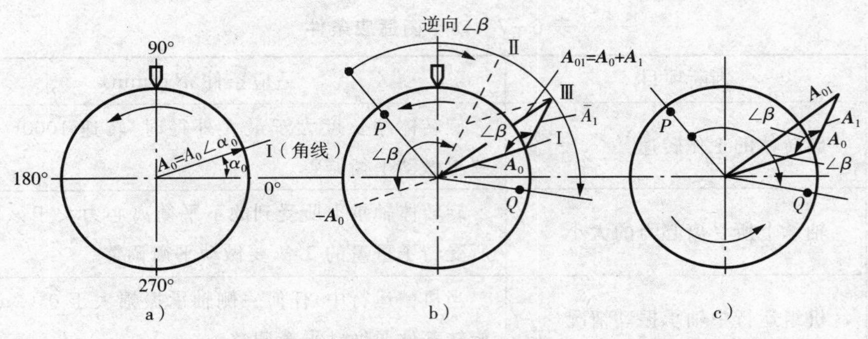

图 6-30　用闪光法找动平衡

⑥ 在转轮任意位置上试加平衡块 P，平衡块的质量不必太精确，可根据轴承承重的百分数来估计。

⑦ 第二次启动转机。由于加了试加平衡块 P，转轮的振幅及相位角都发生了变化。将变化后测得的振幅和相位角记录下来，此时测得的振幅为转机不平衡重量和试加重 P 的合振幅 A_{01}，Ⅲ线就是合振幅的相对相位，如图 6-30b 所示。如果振幅的变化小于 10%，相位角变化小于±20°，说明试加质量太小，适当增加平衡质量后再启动测定。

⑧ 将两次测得的振幅及相位角记录下来。然后将不平衡重量的振幅向量 $\boldsymbol{A}_0$（mm），合振幅向量 $\boldsymbol{A}_{01}$（mm）用同一比例，根据向量平行四边形法则进行向量作图，从图中测得试加重 P 产生的相对相位振幅量 $\boldsymbol{A}_1$，用量角器直接测出 $\angle\beta$，Ⅱ线就是 $\boldsymbol{A}_1$ 的位置，求出应加平衡块的质量及位置，根据 $\boldsymbol{A}_0$ 和 $\boldsymbol{A}_1$ 的位置关系，判断加平衡块的方位，如图 6-30c 所示。$\boldsymbol{A}_1$ 至 $-\boldsymbol{A}_0$ 是顺时针转向，故平衡块的位置应从试加重的位置逆时针转向 $\angle\beta$（半径不变）。平衡块的大小为

$$Q=P\frac{A_0}{A_1}(\mathrm{g})$$

⑨ 第三次启动转机，测振幅应减小到转机允许的范围内，否则将第三次启动测得的振幅和相位角当作第二次启动的数据，把加上的平衡块当作试加质量，再进行作图运算，以求出最佳平衡块质量和位置。

找动平衡工作结束后，一定要将平衡块牢固地装在平衡槽内。无平衡槽的转轮应将平衡块焊接固定在转轮的适当部位，以防运行中脱落损坏设备。

4. 简单划线法找动平衡

用划线的方法求取振幅相位，因此称划线法。划线法简单、直观，具体操作方法如下：

(1) 在靠近转子的轴上选择一段长为 20～40mm，表面光滑、无椭圆、不晃动的轴段作为划线位置，在该段上涂一层白粉或紫色液。启动转子至工作转速，待转速稳定后，用铅笔或划针向涂色轴段轻微地靠近，在该段上划 3～5 道线段，线段越短越好，如图 6-31 所示。

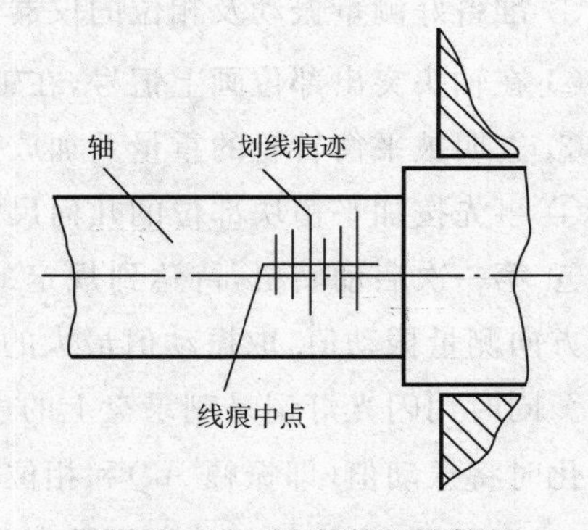

图 6-31　划线痕迹示意图

(2)涂色轴段划线的同时,用测振仪测取轴承的振幅为 A_1。

(3)停机后,找出各线段的中点,并将该点移到转子平衡面上,此点即为第一次划线位置点,设该点为 A。

(4)选取试加重。

(5)自平衡面上 A 点逆时针转 90°得 C 点(选择 90°目的是便于作图、求证及使划线法规范),在 C 点上加上试加重 P,如图 6-32a 所示。再次启动转子,进行第二次划线,并将划线中点移至平衡面上,设该点为 B,同时测记的轴承振幅为 A_2。

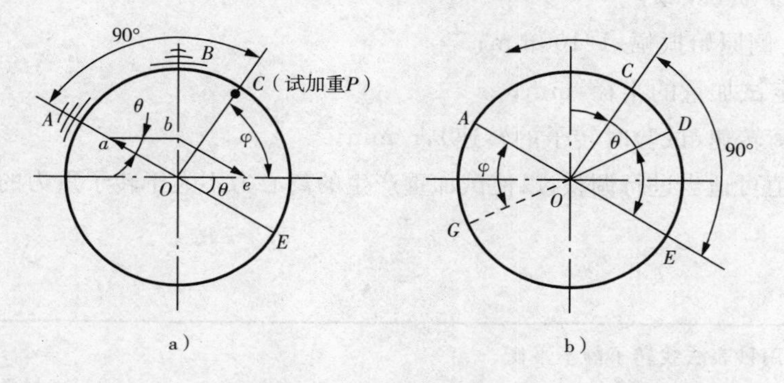

图 6-32　划线法作图

(6)作图。以实际加重半径作圆,也可按比例缩小,圆周上 A、B 点为两次划线的中点,C 点为试加重 P 的位置点。连接 OA、OB、OC,在 OA、OB 线上按同一比例分别截取 Oa、Ob 等于振幅 A_1、A_2。连接 ab,设$\angle Oab=\theta$,由 Oc 为始边逆时针转 θ 角至 D 点,则 D 点就是应加平衡重的位置,如图 6-32b 所示。

由图 6-32 可看出,Oa 是转子的原振幅,该振幅的相位要滞后转子实际不平衡相位一个 φ 角,即 OG 相位为转子的小平衡重相位。平衡重应加在 OG 反方向,即 D 点。由图 6-32可知,$\angle COE=90°$,而$\angle COE=\angle\varphi+\angle\theta$,因此只要以 OC 为始边逆时针方向作一θ 角,即得应加平衡重的 D 点。

根据向量平行四边形法则,$\boldsymbol{Ob}=\boldsymbol{Oa}+\boldsymbol{Oe}$。要使转子处于平衡状态,其合振幅 Ob 应为零,即 P 所产生的振幅数值等于 Oa,并且方向相反。因为 $Oe=ab$,所以平衡重 Q 应为

$$Q=P\frac{Oa}{ab} \tag{6-7}$$

(7)将平衡重 Q 加在 D 点后,启动转子,进行试验。若振幅不合格,可对 Q 值及其位置作适当调整。若转子位于两轴承之间,则应先在振幅较大的一侧找好平衡,再进行另一侧的找平衡,并将平衡重按周移法分配至两平衡面上。

5. 试加重的计算

在找转子动平衡时,对试加平衡重有以下要求:加试加重后转子的振幅与相位要有明显的变化,以利于对平衡状态的分析。试加重不宜过重,以免试验时转子振幅过大而发生意外。

在找转子动平衡时，影响转子振幅变化的因素复杂，很难精确计算试加重的大小，因此仅能进行粗略的估算。现将常用计算方法介绍如下：

下式仅适用于转速大于 1500r/min 的高速动平衡，即

$$P=1.5\frac{mA_0}{r\left(\frac{n}{3000}\right)^2}(\mathrm{g})$$

式中：m——转子质量，kg；

A_0——A 侧原始振幅，1/100mm；

r——固定试加重的半径，mm；

n——平衡转速（试验时转子的转速），r/min。

求出的 P 值可适当进行调整，以使试加重产生的离心力不大于转子重力的 10%～15%。

工作实践

工作任务 1	用秒表法找转子静不平衡。
工作目标	知道转子产生静不平衡的原因及找静平衡的原理，掌握秒表法找转子显著不平衡及不显著不平衡的方法。
工作准备	设备：可调试静平衡台及配套转子； 工量具：普通天平、水平仪、秒表、橡皮泥。
工作项目	调整静平衡台： (1)静平衡台应固定平稳，安装处无风吹及振动影响； (2)轨道工作面无灰尘及伤痕； (3)调整轨道水平，倾斜度不超过 0.1～0.3mm/m，两轨道平行误差不超过 2mm/m，同时保证两根轨道面高度一致； (4)转子与轴的配合无松动，轴颈表面光滑、无伤痕，其不圆度不超过 0.02mm。摆放转子时转子的轴心线与轨道纵向垂直。 找转子显著不平衡： (1)找出转子重心方位 G，其方位用 OA 表示，OA 的反方向为 OB； (2)在 B 侧半径 r 处加一个试加重 S，将转子 OA 方向盘到水平位置，假设加重后，A 点向下转动，用秒表测记转子摆动一个周期的时间 T； (3)取下 S，将 S 加在 B 侧，加重半径不变，再用秒表测记转子摆动一个周期的时间 t； (4)消除转子显著不平衡应加的平衡重 $Q=S(T^2-t^2)/(T^2+t^2)$；假设加重后，A 点向上转动，消除转子显著不平衡应加的平衡重 $Q=S(T^2+t^2)/(T^2-t^2)$。

（续表）

工作项目	找转子不显著不平衡： (1)将转子分成8等分，并标上序号； (2)将 l 点置于水平位置，并在该点轮缘上加一个试加重 S，使 l 点自由向下转动，同时用秒表测记转子摆动周期。用同样的方法、同一试加重量、同一加重半径，测记2～8点的转子摆动周期； (3)以测得的1～8点的摆动周期为纵坐标，以圆周等分序号（加重位置）为纵坐标，绘制曲线图。曲线的最低点在横坐标的位置为转子重心的方位，其摆动周期最短，用 t 表示，曲线的最高点在横坐标的位置为加平衡重 Q 的方位，用 T 表示； (4)消除转子不显著不平衡应加的平衡重 $Q=S(T^2-t^2)/(T^2+t^2)$。

工作任务2	用划线法找动平衡。
工作目标	知道转子产生动不平衡的原因及找动平衡的基本原理，知道在检修中常用的找动平衡的方法。
工作准备	设备：单级风机（无叶片）或专用的动平衡实习设备； 工量具：便携式测振仪、天平； 材料：试加重（螺钉、螺母）及常用工具，绘图仪器。
工作项目	前期工作：检修动平衡设备，无问题后启动，其振动值小于0.30mm。
	测取原始数据：测记原始振幅。
	找转子动平衡： (1)用划线法测记加试重的振幅； (2)根据原始振幅及加试加重后的合振幅作图，计算出加平衡重的重量及方位； (3)将平衡重加在转子的平衡面上，启动转子，其振幅不大于0.02mm。

思考与练习

1. 何谓显著静不平衡和不显著静不平衡？
2. 如图6-24c所示，为什么要将转子调转180°后，在 S 上再加一个试加重 P？不调转180°是否可以？
3. 简述用秒表法找静平衡的工艺步骤。
4. 在找静平衡时，为何秒表法优于试加重法？
5. 用秒表法找转子不显著静不平衡时，为什么最小周期是转子的重心方位？
6. 简述动不平衡产生的原因。
7. 说明在用测相法找动平衡时在转子轴端划一条白线的作用。
8. 简述测相法找动平衡的工艺步骤。
9. 说明用划线法找动平衡时在轴颈处划线的目的及划线注意事项。
10. 平衡块的制作与固定应满足哪些要求？

任务五　联轴器的找正方法及实践

工作任务

学习联轴器找正的知识与技能，熟悉联轴器找正的工艺步骤，掌握联轴器找正的测量方法，会分析转子中心状态，并根据计算偏差进行调整。

知识与技能

联轴器的找正又称找中心、对中，是机器检修、安装的重要工作之一。找正的目的是保证机器在工作时使主动轴和从动轴两轴中心线在同一直线上。找正的精度关系到机器是否能正常运转，这对高速运转的机器尤其重要。

两轴绝对准确地对中是难以达到的，对连续运转的机器要求始终保持准确的对中就更困难，各零部件的不均匀热膨胀、轴的挠曲、轴承的不均匀磨损、机器产生的位移及基础的不均匀下沉等，都是造成不易保持轴对中的原因。因此，在设计机器时规定两轴中心有一个允许偏差值，这也是安装联轴器时所需要的。从安装质量角度讲，两轴中心线偏差愈小，对中愈精确，机器的运转情况愈好，使用寿命愈长。

一、联轴器找正的原理

联轴器找正的原理如图 6-33 所示，其目的是使一转子轴中心线为另一转子轴中心线的延续线。要实现此目的，就必须满足以下两个条件：①使两个对轮中心重合，也就是两对轮的外圆同心；②使两轴中心线平行。

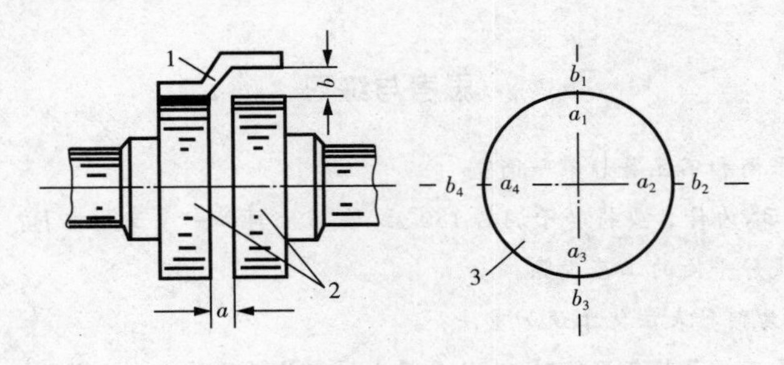

图 6-33　联轴器找正的原理

1—桥规；2—联轴器对轮；3—中心记录图

当两对轮同时转动时，如图 6-34 所示，对轮的瓢偏和晃动对端面不平行值 a 和外圆偏差 b 的影响。

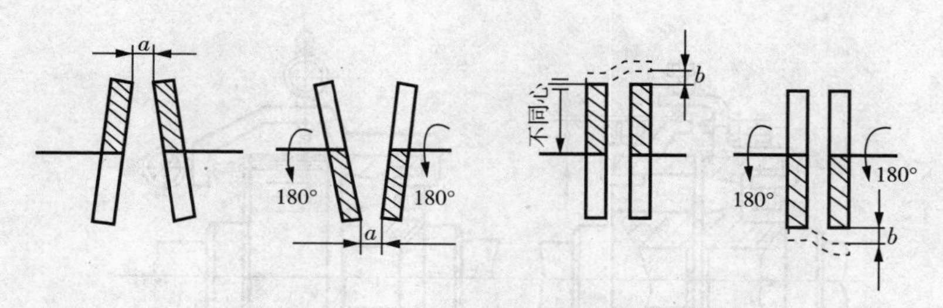

图 6-34 两对轮同时转动的情况

二、联轴器找正的方法

常用的联轴器找正方法有直尺塞规法、双表法、三表法、单表法、激光对中仪等(图 6-35)。直尺塞规法一般用于转速较低、精度要求不高的机器。双表法一般适用于采用滚动轴承、轴向窜动较小的中小型机器。三表法精度很高,适用于需要精确对中的精密机器和高速机器。如汽轮机、离心式压缩机等,但此法操作、计算均比较复杂。单表法对中精度高,不但能用于轮毂直径小而轴端距比较大的机器轴找正,而且又能适用于多轴的大型机组(如高转速、大功率的离心压缩机组)的轴找正。用这种方法进行轴找正还可以消除轴向窜动对找正精度的影响,操作方便,计算调整量简单,是一种比较好的轴找正方法。

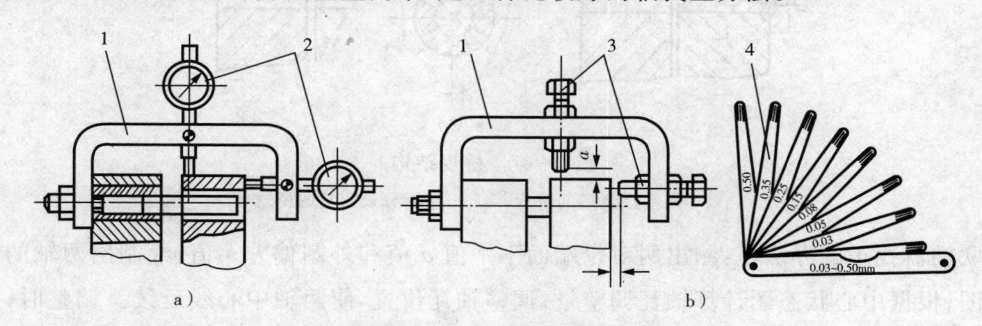

图 6-35 常见的两种量具

a)百分表测量;b)塞尺测量

1—专用支架;2—百分表;3—调整螺钉;4—塞尺

对轮连接方式如图 6-36 所示;联轴器找中心常用桥规结构如图 6-37 所示。

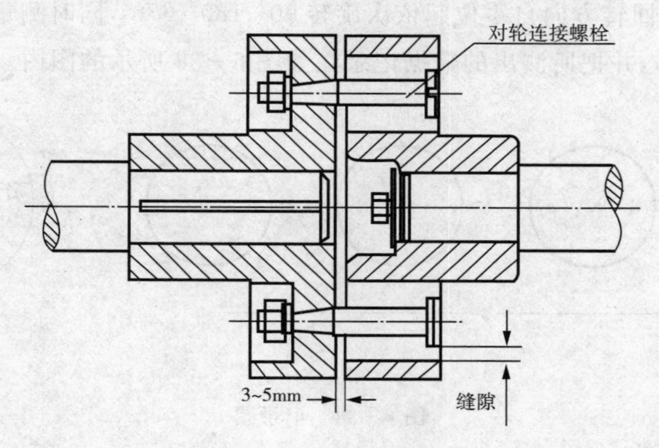

图 6-36 对轮连接

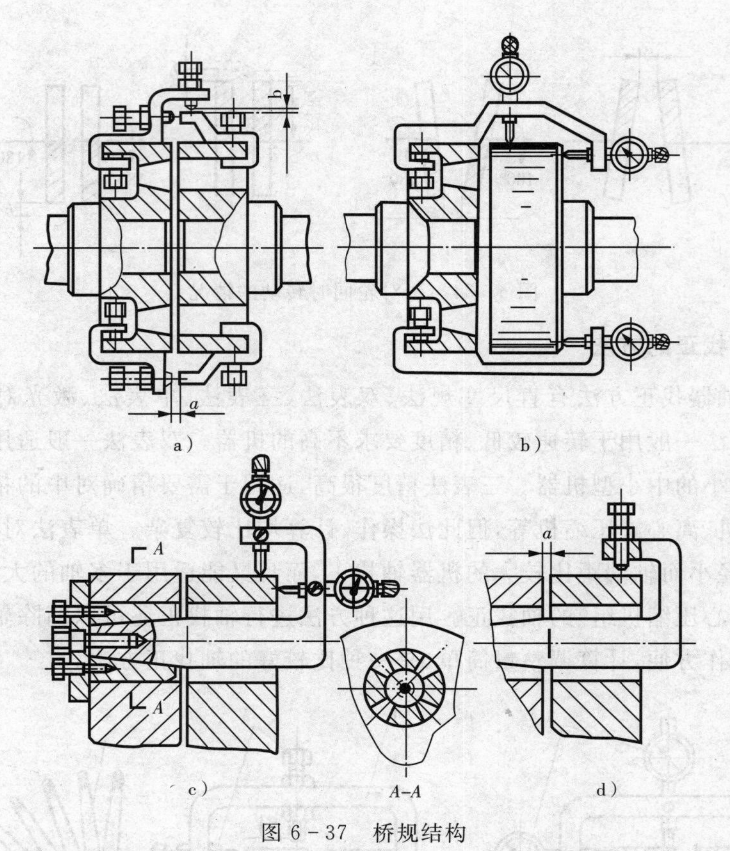

图 6－37　桥规结构

a)、d)用塞尺测量的桥规；b)、c)用百分表测量的桥规

联轴器找正的办法是：测出两对轮端面不平值 a 值和外圆偏差 b 值；绘制出两轴的中心状态图；根据中心状态图计算轴瓦调整量；调整轴瓦位置，使两轴中心线延续。调整时，先消除端面 a 值，使两轴中心线平行，再消除 b 值，使两轴同心。

三、联轴器找中心的步骤

(1)将两联轴器做上记号并对准，有记号处置于零位(垂直或水平位置)。装上专用工具架或百分表，沿转子回转方向自零位起依次旋转 90°、180°、270°，同时测量每个位置时的圆周间隙 a 和端面间隙 b，并把所测出的数据记录在如图 6－38 所示的图内。

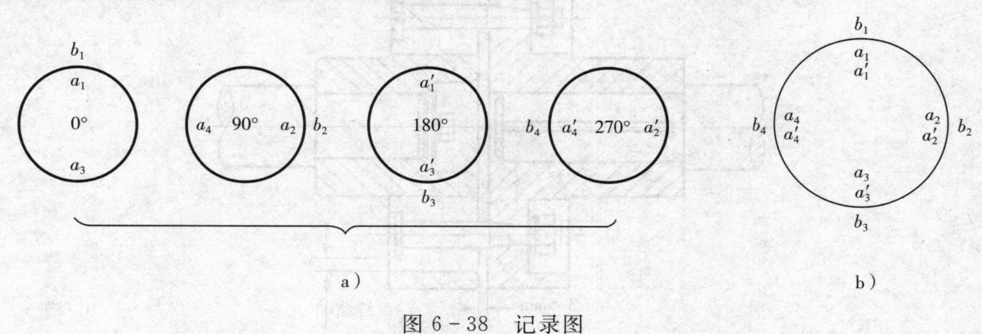

图 6－38　记录图

a)用 4 个图记录；b)用 1 个图记录

外圆中心差值(如图 6－39 所示):外圆差值为 b_1-b_3，而轴中心差值为 $(b_1-b_3)/2$。故外圆中心差值为相对位置数值之差的 1/2。

表 6－8　端面 *AB* 百分表测位与读数

A 表测位	0°	90°	180°	270°
A 表读数	a_1	a_2	a_3	a_4
B 表测位	180°	270°	0°	90°
B 表读数	a'_3	a'_4	a'_1	a'_2

端面平行差值(如图 6－40，表 6－8 所示):由于端面有两组数据，故要求求出每测点的平均值。端面上下不平行值为 $\frac{a_1+a'_1}{2}-\frac{a_3+a'_3}{2}$，左右不平行值为 $\frac{a_2+a'_2}{2}-\frac{a_4+a'_4}{2}$，故端面不平行值为相对位置平均值之差。

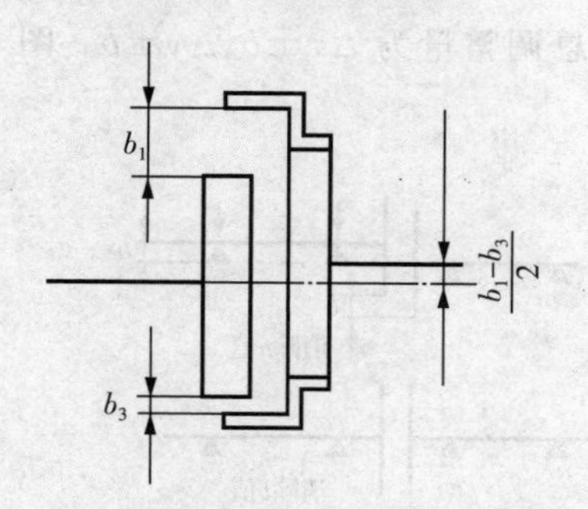

图 6－39　外圆中心差值的计算

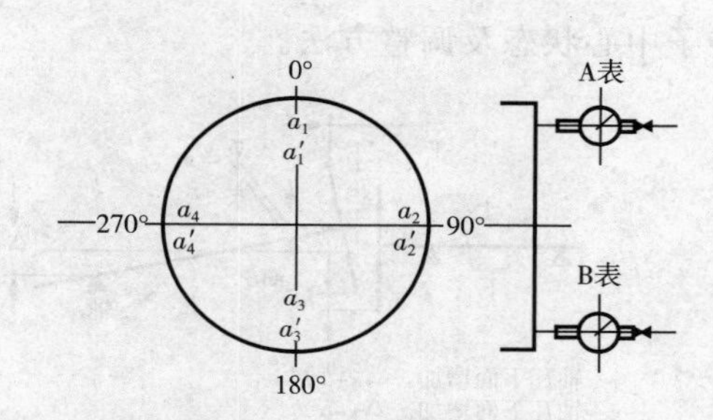

图 6－40　端面值的测记方法

(2)计算出外圆与端面偏差值，将偏差值记录在对轮偏差总结图中，如图 6－41b 所示。图为在计算时，将大数作为被减数，并将计算结果记录在被减数位置上，所以在偏差总结图中无负数出现。

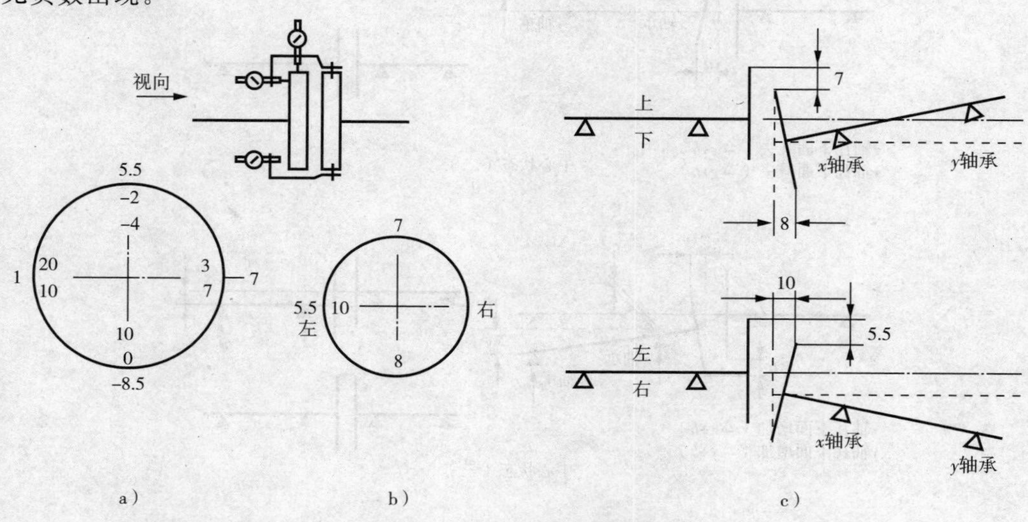

图 6－41　测量记录(用百分表测记)

a)记录图；b)偏差总结图；c)中心状态图

(3)绘制中心状态图并分析

根据对轮的偏差总结图中数据，即可对两轴的中心状态进行推理，并绘制出中心状态图，如图 6-41c 所示。绘制中心状态图是找中心成败的关键，不允许发生推理上的错误，要特别细心。

(4)调整量计算

轴瓦调整时，根据三角形相似定理(见图 6-42)，有如下关系：

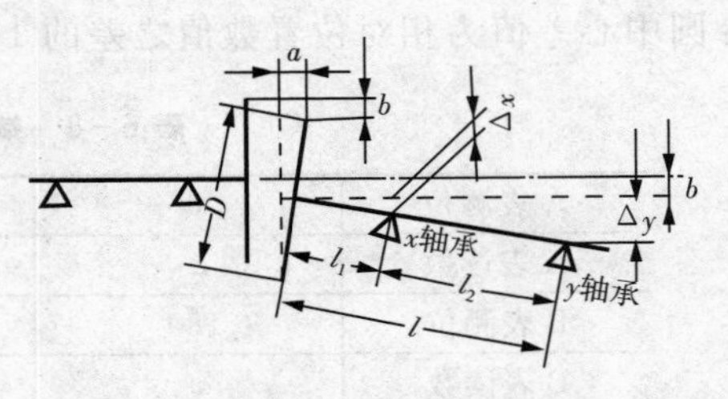

图 6-42　计算轴瓦调整量示意

$$\frac{\Delta x}{a}=\frac{l_1}{D},\quad \frac{\Delta y}{a}=\frac{l}{D}$$

则

$$\Delta x=\frac{l_1 a}{D},\quad \Delta y=\frac{la}{D} \tag{6-8}$$

再根据中心状态图，确定是减去 b 或加上 b，即总调整量为 $\Delta x \pm b$、$\Delta y \pm b$。图 6-43 为常见的转子中心状态及调整方法。

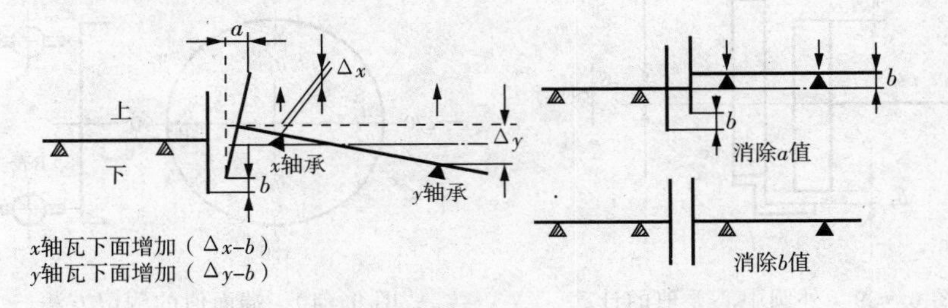

中心状态（一）

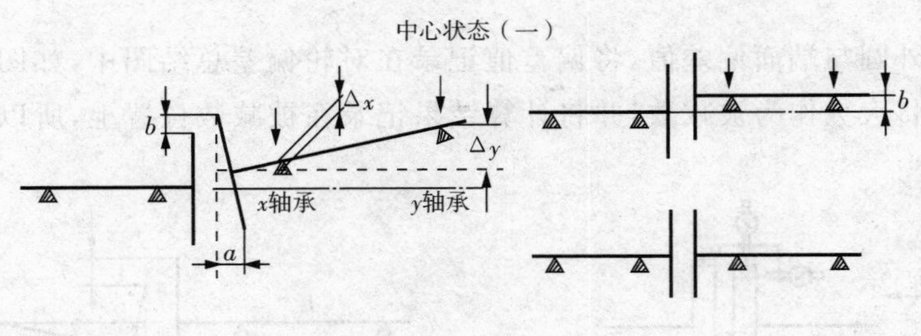

中心状态（二）

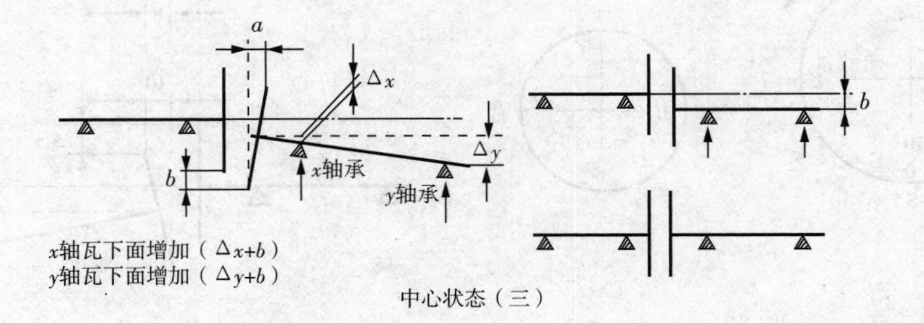

中心状态（三）

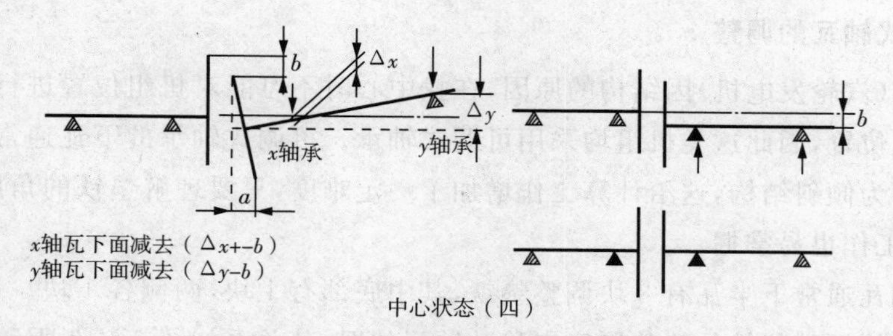

图 6-43　转子中心状态及调整方法

四、在测量过程中的注意事项

(1)测量前应将地脚螺栓都正常拧紧。找正时要在冷态下进行，热态时不能找中心。

(2)测量过程中，转子的轴向位置应始终不变，以免因盘动转子时前后窜动引起误差。

(3)要注意专用支架的安装方式对测量结果的影响，如图 6-44 所示。

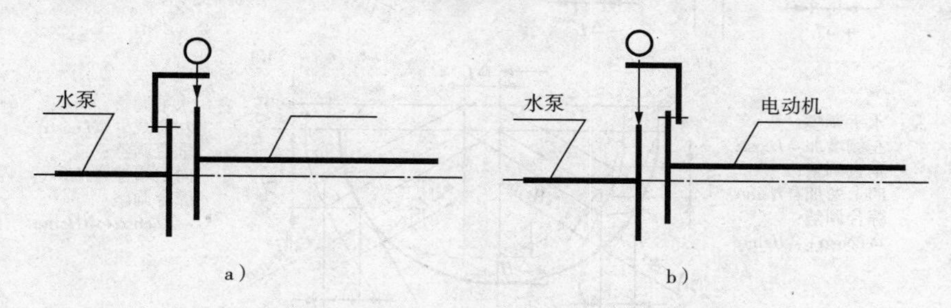

图 6-44　专用支架正反两种固定形式对读数的变化

a)正向固定，百分表测杆压缩；b)反向固定，百分表测杆伸长

(4)用百分表测量时，应注意百分表的读数与被测量位置的关系。用塞尺测量与用百分表测量，其数值往往相反，如图 6-45 所示。

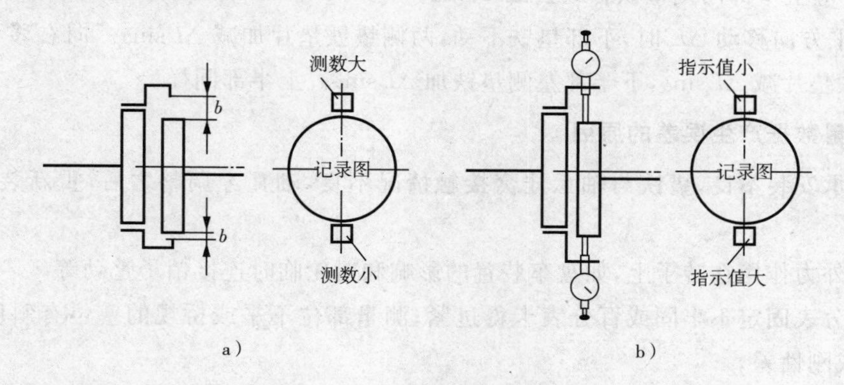

图 6-45　两种测量的比较

a)塞尺测量；b)百分表测量

(5)记录图中左、右的划分，必须以测记时的视向为准，视向的左边为左，右边为右，而且在整个找中心的过程中，其视向不要变动。在绘制中心状态图时，也以视向为准。

五、可调式轴瓦的调整

大型机组(汽轮发电机)因结构的原因,在找中心时不可能对机组位置进行调整,而是调整轴瓦的中心位置,因此这类机组均采用可调式轴承。可调式轴承的下瓦通常为3块垫铁,左右的两块多为倾斜结构,这给计算工作增加了一定难度,只要理解垫铁的角度与调整量的关系,其计算工作也易掌握。

可调式轴瓦通常下半瓦有3块调整垫铁,其中底部有1块,两侧各1块。可以通过改变下半轴瓦上3块调整垫铁的垫片厚度来移动轴瓦位置,其关系如图6-46所示。

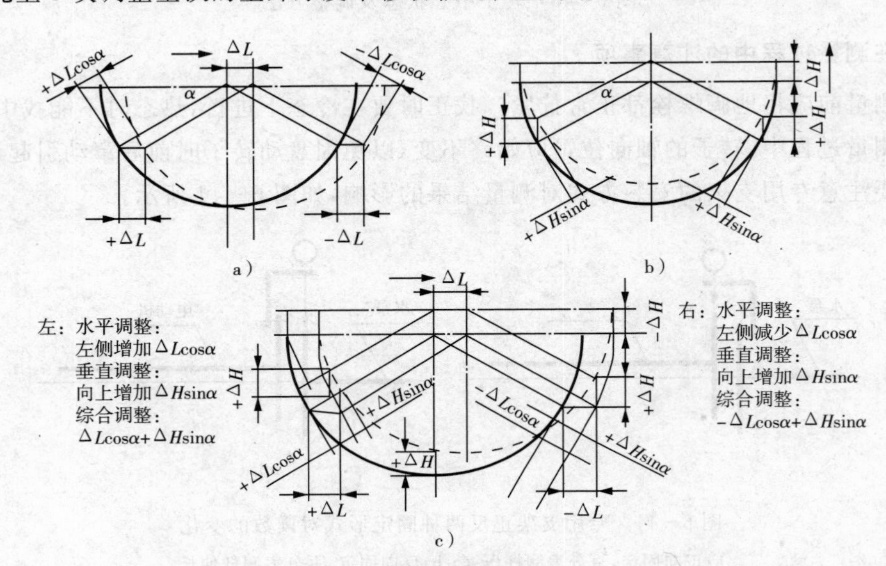

图6-46　可调式轴承调整量示意图

① 垂直方向移向 ΔH 时,下部垫铁垫片加减值同 ΔH,两侧垫铁垫片厚度加减为 $\Delta H\cos\alpha$,对应上半部两侧垫铁各减去 $\Delta H\cos\alpha$。

② 水平方向移动 ΔL 时,下部垫铁不动,两侧垫铁垫片加减 $\Delta L\sin\alpha$。向右移动时,下半部右侧垫铁垫片减 $\Delta L\sin\alpha$,下半部左侧垫铁加 $\Delta L\sin\alpha$。上半部同样。

六、测量数据产生误差的原因

(1)轴承安装不良,垫铁与轴承洼窝接触情况不良,轴瓦经调整之后,重新装入时未能复原。

(2)有外力作用在转子上,如盘车装置的影响和对轮临时连接销子蹩劲等。

(3)百分表固定不牢固或百分表卡得过紧;测量部位不平或桥规的塞位有斜度;桥规固定不牢固或刚性差。

(4)垫片片数过多,垫片不平,有毛刺或宽度过大。所以,要求垫片应是等厚度的薄钢片,冲剪后应磨去毛刺,垫片宽度应比垫铁小1～2mm。每次安装垫铁时,应注意与原来的安装方向相同。

(5)在绘制对轮偏差总结图、中心状态图及计算各轴瓦调整量时,发生计算和分析上的错误。

【例 6-4】　已知条件详见图 6-47a。

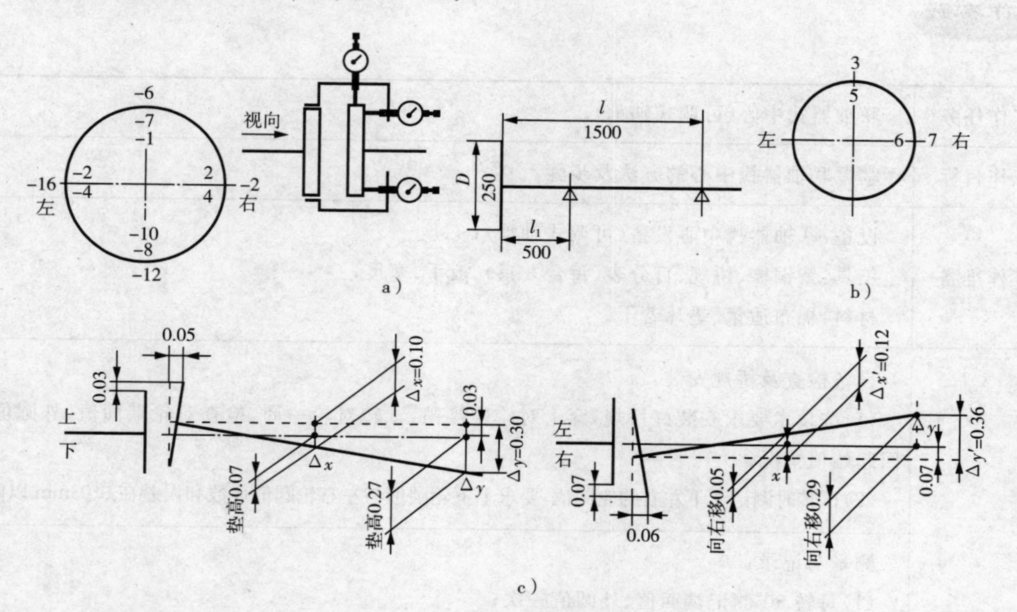

图 6-47　案例

(1)根据记录图画出对轮偏差总结图，如图 6-47b 所示。

(2)根据对轮偏差总结图及测量方法（桥规固定方式、量具），绘出中心状态图，如图 6-47c 所示。

(3)计算轴瓦为消除 a 值的调整量。

向上移动

$$\Delta x=\frac{0.05\times 500}{250}=0.10(\mathrm{mm})$$

$$\Delta y=\frac{0.05\times 1500}{250}=0.30(\mathrm{mm})$$

向右移动

$$\Delta x'=\frac{0.06\times 500}{250}=0.12(\mathrm{mm})$$

$$\Delta y'=\frac{0.06\times 1500}{250}=0.36(\mathrm{mm})$$

(4)根据中心状态图，为消除 b 值，两轴瓦应向下移动 0.03mm，向左移动 0.07mm。

(5)计算轴瓦最终调整量。

x 瓦应垫高 0.10－0.03＝0.07(mm)

y 瓦应垫高 0.30－0.03＝0.27(mm)

x 瓦应向右移动 0.12－0.07＝0.05(mm)

y 瓦应向右移动 0.36－0.07＝0.29(mm)

工作实践

工作任务	联轴器找中心(可调式轴承)。
工作目标	掌握联轴器找中心的方法及步骤。
工作准备	设备:联轴器找中心设备(可调式轴承); 工具:紫铜棒、桥规、百分表(每台3只)、扳手、塞尺; 材料:棉布适量、垫片若干。
工作项目	设备检查及桥规安装: (1)按技术要求安装好桥规,穿上对轮连接销,试转对轮一周,检查对轮端面值、外圆值归回起始值情况; (2)试转时测记上下左右的轮圆值,要求上下轮圆值与左右轮圆值代数和误差在0.03mm以内。
	测量与记录: (1)每转90°测记端面值、外圆值一次; (2)测记读数时应取出穿销,以防穿销蹩劲造成读数误差。
	计算中心偏差: (1)计算外圆偏差; (2)计算端面偏差
	绘制中心状态图: 根据外圆偏差、端面偏差分析中心状态,绘制中心状态图。
	计算轴瓦调整值,调整轴瓦垫片: (1)根据对轮直径、轴承中心距及中心偏差值,计算轴瓦上下左右的调整量; (2)根据轴瓦调整垫铁的制造角度及轴瓦的调整量,计算出调整垫片应加减的厚度; (3)调整轴瓦左右及下部垫铁内垫片:垫片的片数要符合要求,垫片清洁干净,垫块应拧紧。
	检查验收: 调整工作结束后,将轴瓦装复,并重新调整轴瓦紧力。将原桥规架装复,对调整后的中心进行核查验收,要求端面偏差不大于0.03mm,外圆偏差不大于0.04mm。

能力拓展

一、简易找中心方法

联轴器简易找中心法,适用于小功率的转动机械,如小容量的风机、水泵等。

在找中心前,应先检查联轴器两对轮的瓢偏度和晃动度及与轴的装配是否松动等。如

不符合要求，则应进行修理。

找中心时，用直尺和塞尺靠在两对轮的外圆面上测量两对轮的径向间隙，如图 6-48a 所示。用平规和楔形间隙规或足用平规和塞尺测量两对轮的轴向间隙，如图 6-48b 所示。转动两对轮，每转 90°测量一次，测记方法与中心的调整，按前节所述方法进行。

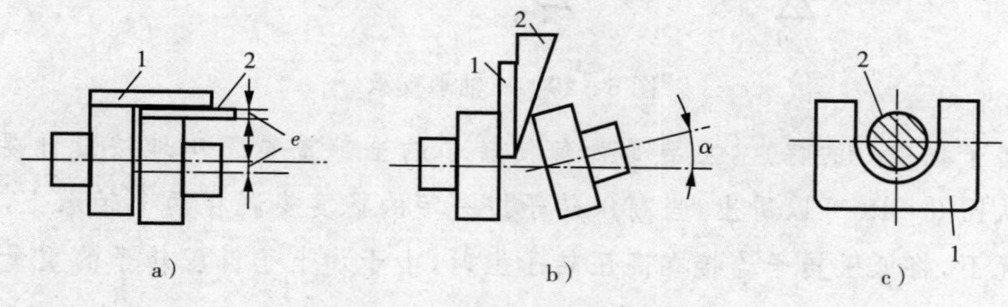

图 6-48　简易找中心方法

两对轮的中心调整方法，原则上是调整电动机的底脚，因为电动机无管道连接等附件。

调整用的垫片是用钢片制作的，应加在紧靠设备机脚的地脚螺栓两侧，垫片应做成 U 形，使地脚螺栓卡在垫片中间，如图 6-48c 所示。

垫片调好后，设备的四脚与机座应无间隙，切不可只垫三方，而留下一方不垫，也不能用调整地脚螺栓松紧的方法来调整联轴器的中心。

二、立式转动设备找中心

有些设备常采用立式结构。立式转动设备的电动机与立式机座采用止口对接，整机的同心度较高，对于这类结构的设备只要是原装的，在修理和装配时的工艺都是正确的，一般情况下其中心不会有多大问题。若更换了原装设备或机座发生变形需要找中心时，则其找中心的方法与卧式的设备相同。至于调整的方法，因机而异。多数是在电动机端盖与机座之间加减垫片，以解决对轮端面的平行度；用移动电动机端盖在机座止口内的位置，解决对轮外圆的同心度。但这种方法有不妥之处，需进一步改进。

转动设备联轴器中心的允许偏差（端面值）见表 6-9。

表 6-9　转动设备联轴器中心的允许偏差（端面值）　(mm)

联轴器类型	3000r/min	1500～3000r/min	750～1500r/min	500～750r/min	500r/min 以下
刚性联轴器	0.02	0.04	0.06	0.08	0.10
半挠性联轴器	0.04	0.06	0.08	0.10	0.15

外圆允许偏差比端面允许偏差可适当放大，但放大值一般不超过 0.02mm。

三、三轴承转子的联轴器找中心

一台双缸汽轮机的两个转子如果只有 3 个支承轴承，如图 6-49 所示，那么这两个转子之间一定要用刚性联轴器加以连接，其中一个联轴器的端面之凸头嵌入另一联轴器的止口内。国产 N125—135/550/550 型汽轮机的高、低压转子便支持在 3 个轴承上，高压转子有两个轴承支承，低压转子只有一个轴承支承，中间用刚性联轴器连接。这样设计除可以简化结构外，还可以使汽轮机的总长度稍微缩短。

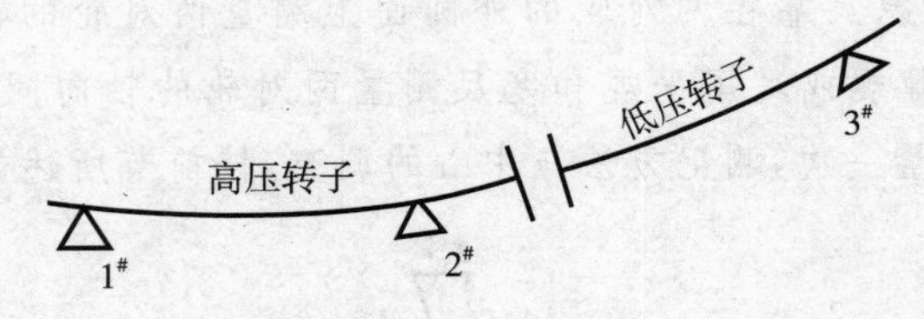

图 6-49　三轴承支承

三轴承转子找中心的特点，主要是如何使转子的全部重量正确地按设计要求分配到 3 个轴承上。从图 6-49 可以看出，当高压转子按一定的扬度安置在两个轴承上，在联轴器端面平行的情况下，将低压转子连接在高压转子上时，由于加上了低压转子的重量，使 2# 轴承负荷增加，轴颈下降，并引起 1# 轴承负荷减少，轴颈扬起。情况严重时，会使 1# 轴承处的轴颈离开下瓦，紧压到上瓦去，影响汽轮机的安全运转，因此必须设法纠正。

高压转子与低压转子连接时，可在联轴器下方预留一张口数值(注意左右面距离应相等)，在联轴器联接以后，利用联接螺栓的紧力作用，使联轴器端面平行而消除下张口现象。这样做的结果就相当于把转子在 2# 轴承处稍稍抬高一点儿，减轻了 2# 轴承的负重，达到了 3 个轴承合理分配负重的目的。

三轴承转子联轴器找正时，预留下张口的数值计算比较复杂，一般都由制造厂家供给，现场施工单位也可用试验方法求得。

四、激光找中心

1. 原理、构成及特点

用激光找联轴器中心与传统的百分表找正法原理相近。在激光找正法中，激光发射器 S（探测器）和激光反射器 M（接收器）分别替代两只百分表固定在联轴器两侧，根据相似三角形的几何原理输入相应数据，操作完成后计算机将自动计算出水平方向与垂直方向上的平行偏差和角度偏差，并自动给出可调整设备前、后机脚下相应的调整值。

激光对中仪主要由激光发射器 S（探测器）、激光反射器 M（接收器）计算机、支架、链条、连接线和测量尺等构成。

采用激光对中仪较传统百分表找中心法有以下主要优点：

(1)安装速度快

以发电厂汽动给水泵来说，安装百分表工具时，由于泵与小机对轮开档大，百分表架距离不够，需要制作专用加长管，再将磁座吸在加长管上。找中心需要使用 3 个百分表，一个熟练的工人大概需要 0.5～1h 的时间。而激光找中仪器仅需几分钟就可以完成。

(2)找中速度快

使用百分表找中心时，需要将转子盘一圈，并读取上下左右 4 个位置的数据，个别位置需要借助反光镜来读取，速度慢，易读错，而且读数受到表架刚度、表质量的影响，如果盘一圈后，表不回零，则需要检查表架，并重新测量。有时进行一次测量需要反复 3～4 次才得到较为满意的读数。用激光找中仪仅需将转子盘 180°即可得到测量结果(部分激光对中仪的

EASY TURN 功能仅需盘动 40°)，并直接显示在屏幕上，无需人工计算，系统显示各个地角的调整量。还以汽动给水泵找中心来说，用百分表找一次中心需要 1h 左右时间，用激光找中仪只需要 5min 时间。

(3)自动显示中心结果和实时调整结果

测量结束后，可在屏幕上显示中心情况，不需要人工计算。在调整地角时，可以实时显示中心情况，这是百分表找中心无法做到的。百分表找中心通常需要重新盘转子复测才能得到调整后的结果。

(4)可以用在百分表测量困难的场合

比如靠背轮开档太大，使用百分表测量误差大，而激光对中仪可以支持 5～10m 的靠背轮开档，测量结果相同。再比如旋转受限的场合，激光对中仪仅需旋转 40°即可得到测量结果。

2. 激光找正过程

(1)安装和固定测量装置

首先安装探测器 S，并将其固定在基准轴上，然后安装接收器 M，并将其固定在电机端轴上，最后连接上两根连接线(如图 6-50、图 6-51 所示)。

图 6-50　激光对中仪安装图(1)

图 6-51　激光对中仪安装图(2)

(2)启动测量系统

按下启动按键进入程序列表,触摸水平轴对中菜单图标进入设置界面,选择时钟测量法(图 6-52)。

(3)允差输入

触摸相应图标进入允差表菜单,选择或输入机组的允许位移偏差和角度偏差,保存并设置为当前数值。

(4)热膨胀预置

进入相应程序,选择输入方法(二选一),并输入相应的热膨胀值:地脚位移和角度变化值,保存并设置为当前数值。

(5)测试虚软脚

首先触摸相应图标进入软脚测量程序,将激光对中仪转到 12 点钟位置,调整激光束到靶心位置并打开目标靶;然后输入两个探头之间的距离、接收器 M 到前地脚中心的距离和前后地脚间的距离;接着依次松开和拧紧地脚螺栓,最后显示所有软脚的结果,按程序给出的数据调整垫片位置。

(6)测量程序

首先按画面的提示输入相应的距离并确认,然后将轴依次转到 9、3、12 点钟的位置,并记录数据。

(7)显示测量结果

电机的水平和垂直位置将用图像、数字显示出来,如图 6-52 所示。

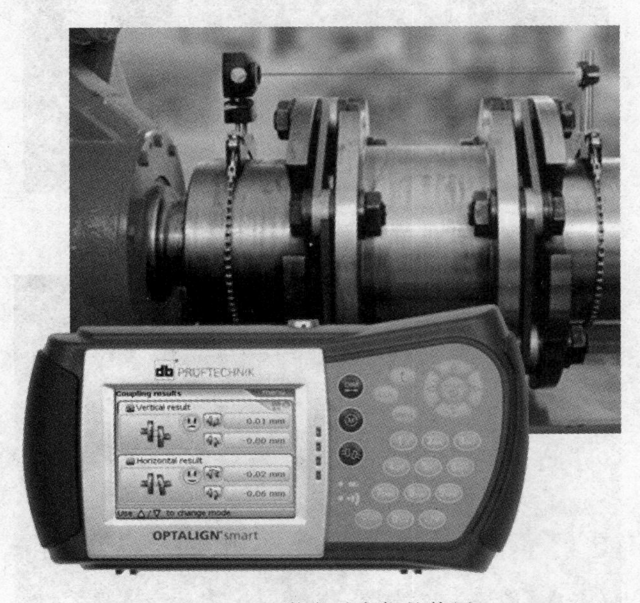

图 6-52 激光对中仪的使用

(8)调整

首先把轴旋转到 12 点钟的位置,在垂直方向把角度偏差和位移偏差都调整到误差允许范围内;然后把轴旋转到 3 点钟的位置,在水平方向把角度偏差和位移偏差都调整到误

差允许范围内；最后把轴转回到12点钟的位置，确定垂直方向的误差是否还在偏差允许范围内。

(9)重新测量复查

调整结束后，需要对结果进行复查，触摸相应图表进入重新测量程序。为保证最终找正数据真实可信，一般需进行两次复测。如果3次测量得出的数据均在允许偏差范围内，即可认为整个找正工作已经完成。

3. 激光对中仪测量精度的影响因素

影响测量精度的因素很多，其中对激光对中仪的测量精度影响最大的因素是温度。

当激光通过不同密度媒介时会发生折射，而不同温度空气的密度是不同的，激光通过时其光束会发生折射，如图6－53所示。

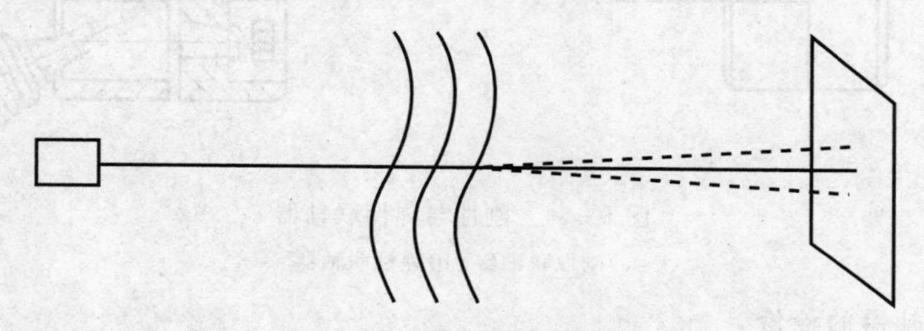

图6－53　温度对激光束的影响

在工作现场，尤其当有热空气在流动时，光束通过不断变化的冷热空气，光束能量中心会在感应平面板上不断漂移。对在线式激光对中仪来说表现为数据不停地跳动；对非在线式激光对中仪来说则表现为各次检测结果不一致，使对中无法正常进行。另外，停运的设备逐渐冷却时也会对对中检测产生一定影响，冷却的过程实际上也是改变设备尺寸的过程。因此在采用激光对中仪时应尽量避免周围有明显热源或冷热对流，必须待设备完全冷却后再对中。

五、联轴器的检修及安装

联轴器的主要作用，是将两根轴连接起来传递扭矩。在热力发电厂中，应用较多的联轴器有刚性、弹性、液力、蛇形弹簧和十字沟槽式等联轴器。

1. 刚性联轴器的检修

刚性联轴器按结构形式，分为平面式的和止口式两种。止口刚性联轴器，两对轮借助于止口的相互嵌合对准中心。通常，止口处按$\frac{H7}{h6}$配合车制，螺栓孔用铰刀加工，螺栓按$\frac{H7}{h6}$配制。螺栓只需与一边对轮配准即可，另一边可留0.1～0.2的间隙，如图6－54a所示。为保持平衡，对称配制在联轴器上的螺栓及其他零部件，其重量均应相等。

没有止口的平面对轮，也称为刚性联轴器，其连接螺栓需与两边的对轮一起配准。两边对轮孔在现场安装时，找好中心后一起用铰刀加工。

刚性联轴器两轴的同心度要求严格，两端面偏差要求不大于0.02～0.03mm，圆周偏差不大于0.04mm。

刚性联轴器,通常用于转速较低、振动小、轴的刚性又不太大的两轴连接上,其优点:结构简单、制造成本低、能传动较大的扭矩;其缺点:不能消除冲击和两轴不同心或偏斜引起的缺陷。

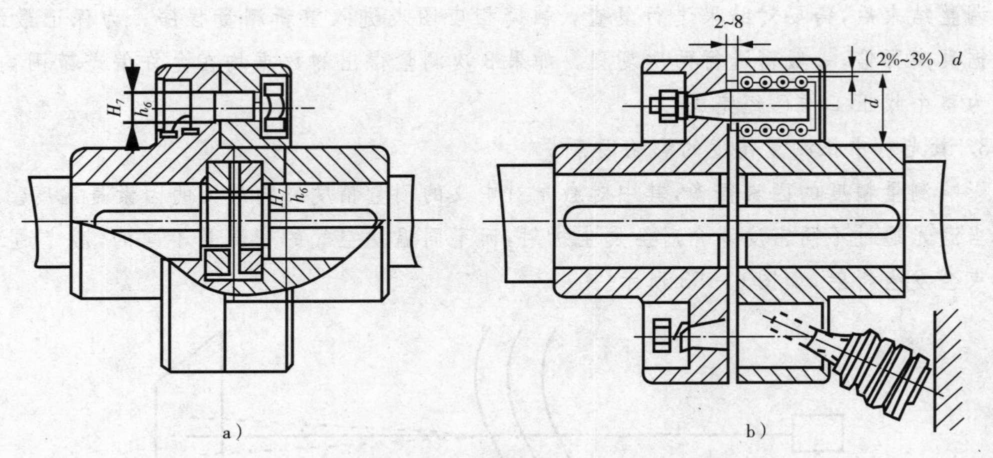

图 6-54　刚性与弹性联轴器

a)刚性联轴器;b)弹性联轴器

2. 弹性联轴器的检修

弹性联轴器的结构,如图 6-54b 所示。它是由 4～12 个带橡胶衬圈的螺栓将两边对轮连接在一起,螺栓与对轮的装配有直孔和锥孔两种。因橡胶衬圈富有弹性,在运转中两轴稍有倾斜或径向位移时,不致影响正常运转,并能吸收振动和冲击,常用于启动频繁、高速运行设备的连接。

(1)弹性连轴器的装配要求

① 两个对轮在连接前,将两轴做相对转动,任何两个螺栓孔对准时,螺栓都能自由穿入各孔内。

② 螺栓的配制,直孔按圆锥孔要求铰制,并与螺栓锥度一致。螺栓的紧固必须配制防松垫圈。

③ 两对轮连接前,应检测两轴的同心度。两端面偏差不大于 0.02～0.03mm,圆周偏差小大于 0.04mm。

④ 弹性橡胶圈的内径应略小于螺栓直径,装配后不应松动。橡胶圈的外径应小于对轮螺栓孔直径,其间隙值约为孔径的 2%～3%(径向间隙)。

(2)装配要点

① 两对轮同心度检测合格后,才可将带胶圈的螺栓插入两对轮的螺孔内并拧紧。

② 两对轮在拧紧时不允许紧靠,应留有一定间隙,其值视设备的大小而定。小型设备为 2～4mm,中型设备为 4～5mm,大型设备为 4～8mm。

3. 波形联轴器的检修

波形联轴器是半挠性联轴器的一种,其结构如图 6-55 所示。

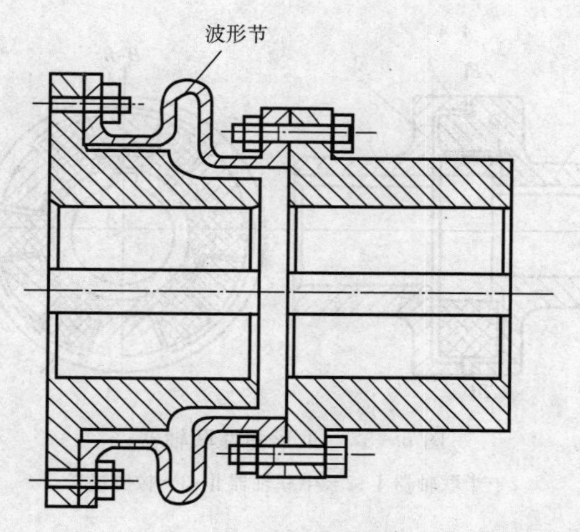

图 6－55　波形联轴器结构

波形节与两边对轮的连接螺栓的要求与刚性联轴器相同，利用螺栓的精密配合，保证两对轮和波纹节的同心度。这种半挠性联轴器，两对轮的端面允许偏差不大于 0.05mm，圆偏差不大于 0.06mm。

4. 十字沟槽式联轴器的检修

十字沟槽式联轴器，如图 6－56 所示。这种联轴器用于允许两轴线有少量径向偏移和歪斜的场合，其装配要点是：分别在轴 1 和轴 7 上配键 3 和 6，安装套筒 2 和 5，并将直尺贴放在以套筒 2 和 5 的外圆为基准的面上，使 2 和 5 的外圆都和直尺均匀接触，并在垂直和水平两个方向检查，找正后再安装中间圆盘 4，移动轴使套筒和圆盘间留有少量间隙 z，要求中间盘 4 在套筒 2 和 5 的槽内能自由滑动。

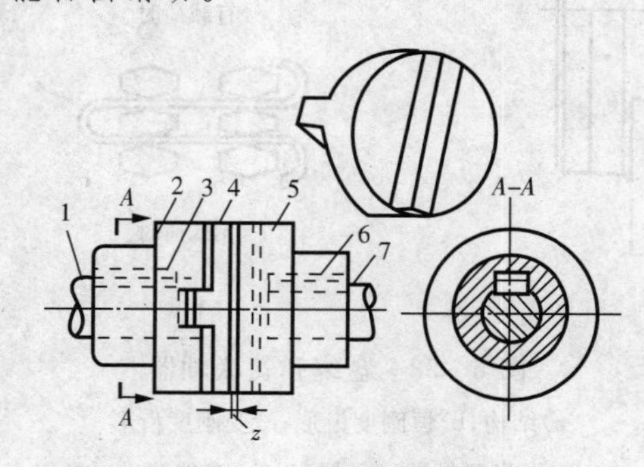

图 6－56　十字沟槽式联轴器

1、7—轴；2、5—套筒；3、6—键；4—中间圆盘

5. 爪形弹性联轴器

爪形弹性联轴器如图 6－57 所示，是由两个爪形半联轴器和中间的橡胶星轮组成。工作时，橡胶受压，在传递转矩时兼有减振功能，适用于启动频繁、正反转多变的中小功率的两轴连接，也能用于一些立式转动轴。

允许相对径向位移 $y=0.1\sim0.3$mm，允许相对轴向位移 $x=0.2$mm，允许相对角位移 $\alpha=1^{\circ}$。

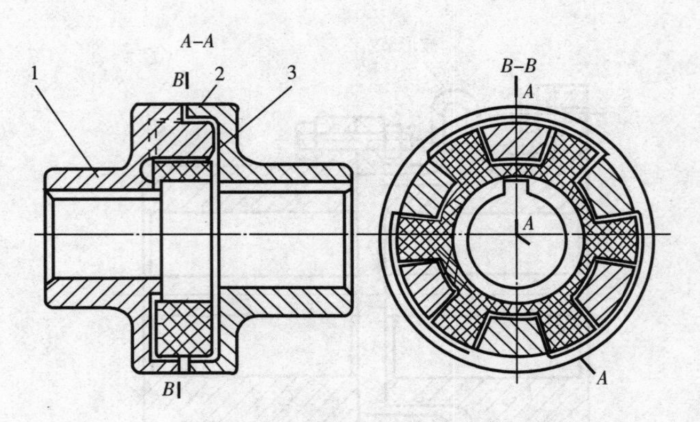

图 6-57　爪形弹性联轴器

1—半联轴器Ⅰ;2—半联轴器Ⅱ;3—橡胶星轮

6. 盘绕弹簧联轴器

盘绕弹簧联轴器，如图 6-58a 所示，是由 n 段弹簧绕在两半联轴器齿间以连接两轴。该联轴器有恒刚度和变刚度两种。恒刚度联轴器上的齿为菱形，如图 6-58b 所示，这种齿制造简便，适用于转矩变化不大的两轴连接；变刚度的联轴器上的齿为曲线形，如图 6-58c 所示，它的制造较复杂，适用于转矩变化较大的两轴连接。

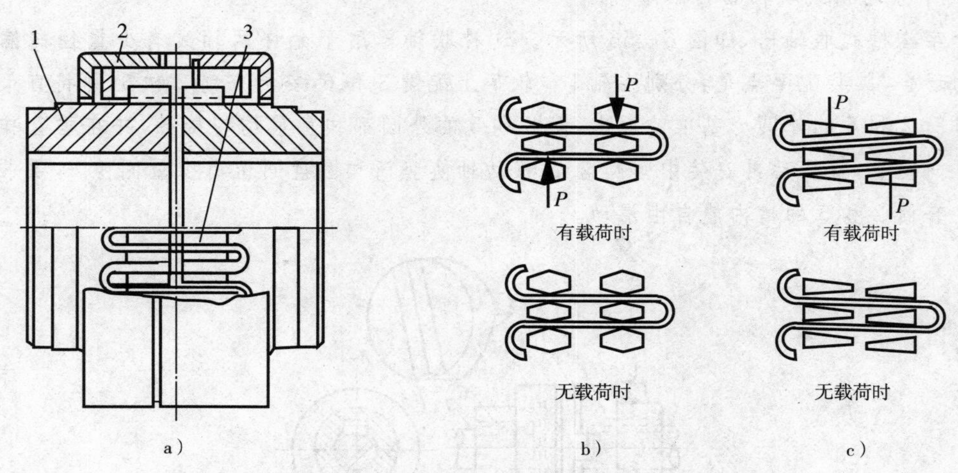

图 6-58　盘绕弹簧联轴器

a)结构；b)恒刚度齿形；c)变刚度齿形

1—半联轴器；2—罩壳；3—盘绕弹簧

常用传递转矩范围为 $36\sim2.7\times10^5$ N·m，允许相对径向位移 $y=0.5\sim3$mm，允许相对轴向位移 $x=4\sim20$mm，允许相对角位移 $\alpha=1°15'$。

无论哪种弹性联轴器在进行安装时，尽管允许有一定的轴向、径向和角位移，但其允许调整的数值是很有限的，所以在安装操作过程中还必须按照技术参数的要求进行。

7. 双挠性联轴器

双挠性联轴器，是由电动机联轴器、引风机联轴器、中间空心轴、连接螺栓和弹簧片组成，如图 6-59 所示。它具有结构坚固、传动效率高、无磨损等优点，能保证被带动机械安全

稳定运行，一般用于锅炉引风机上，对其安装与拆卸需根据厂家要求，使用专用的工具和液压千斤顶进行操作，在拆装过程中应对联轴器轮毂进行加热，但一般加热温度不大于200℃。

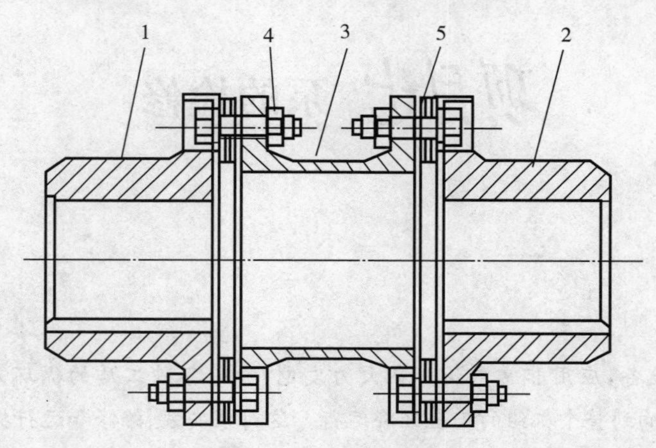

图 6－59　双挠性联轴器

1－电动机端联轴器；2－风机端联轴器；3－中间短管；4－联轴器螺栓；5－弹簧片组

联轴器安装的质量标准如下：

电动机的轴线应高于风机轴线 2mm，联轴器应预拉长 3～3.5mm。

联轴器的轴向误差：风机侧误差为 0.2～0.3mm，为下张口；电动机侧为 0.08～0.12mm，为上张口；左右的轴向误差不大于 0.08mm。联轴器两轮盘间的间距标准值，应严格按制造厂家要求执行。

思考与练习

1. 对轮找中心的目的和操作要求各是什么？

2. 叙述专用支架的反安装形式对读数的变化。

3. 采用一副支架、两块百分表进行找中心有何要求？

4. 圆盘件端面测量时为什么要放置两块百分表？

5. 专用支架的制作可能有哪几种形式？并且对找中心测量有何影响？

6. 为了减少水泵找中心操作时的误差，对地脚螺栓的拧紧顺序和紧力有何要求？

7. 对轮找中心的粗调目的是什么？操作中应做到哪两个要求？

8. 对轮找中心上下和左右位置的分开调整中，为什么先调整上下位置，再调整左右位置？

9. 影响对轮找中心操作精度的因素有哪些？

10. 水泵找中心，已知两对轮为下张口，其偏差为 0.12，电动机转子比泵转子高 0.25，对轮直径 D＝350，电动机前支点至对轮测点距离 L_1＝350，前后两支点距离 L_2＝1400。求电动机前后支点的调整量，并绘制转子状态图。(单位均为 mm)

项目七 泵的检修

【项目描述】

泵是一种通用设备，应用非常广泛。在火力发电厂中，各种工质的循环几乎都是泵来完成的，泵的运行情况影响到整个机组的安全经济运行。这对泵安装、维修和运行提出了很高的要求。

对于泵的检修，不论是什么形式的泵，在检修之前，都必须明白其所处状况，了解哪些部件可能损坏而需在大修时更换，并预先把备件准备好。

在停泵之前，应对设备进行一次详细的检查，然后办理工作票。检修水泵前要检查安全措施是否完备、泵内压力是否放净等。

泵的检修按程序来讲，就是拆卸、检查、组装三大步。由于泵的构造不同，具体的检修程序也不同。

【学习目标】

(1)能综合运用检修工器具完成泵的拆装、测量、检查及调整要求。

(2)能根据泵的结构特点，确定拆装步骤。

(3)掌握泵的静、转子部分的测量、检查及调整方法，并加以记录、分析。

(4)掌握泵主要零部件的检修要求。

任务一 泵的拆装与检查

工作任务

通过典型离心泵的实际拆装，演练工具的使用、拆装的步骤和测量标准，并查找相关资料，讨论轴流泵与离心泵检修工艺的不同之处及注意事项。

知识与技能

一、单级离心泵的拆装

1. 单吸单级离心泵拆装

单吸单级离心泵结构如图 7－1 所示。

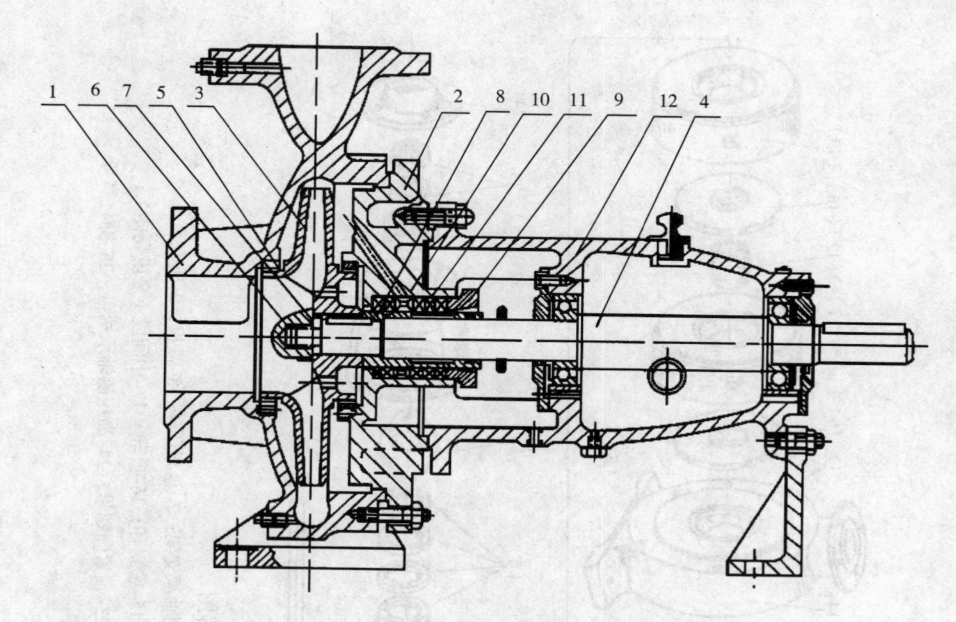

图 7-1　单吸单级离心泵结构图

1—泵体；2—泵盖；3—叶轮；4—轴；5—密封环；6—叶轮螺母；7—止动螺母；8—轴套；9—填料压盖；10—填料环；11—填料；12—悬架轴承部件

(1)解体步骤

① 先将泵盖和泵体上的紧固螺栓松开，将转子组件从泵体中取出。

② 将叶轮前的叶轮螺母松开，即可取下叶轮(叶轮键应妥善保管好)。

③ 取下泵盖和轴套，并松开轴承压盖，即可将轴从悬架中抽出(注意在用铜棒敲打轴头时，应防损伤螺纹)。

解体后的单吸单级离心泵如图 7-2 所示。图 7-3 为 50D—8×4 型离心泵的零部件分解图。

图 7-2　单吸单级离心泵的解体

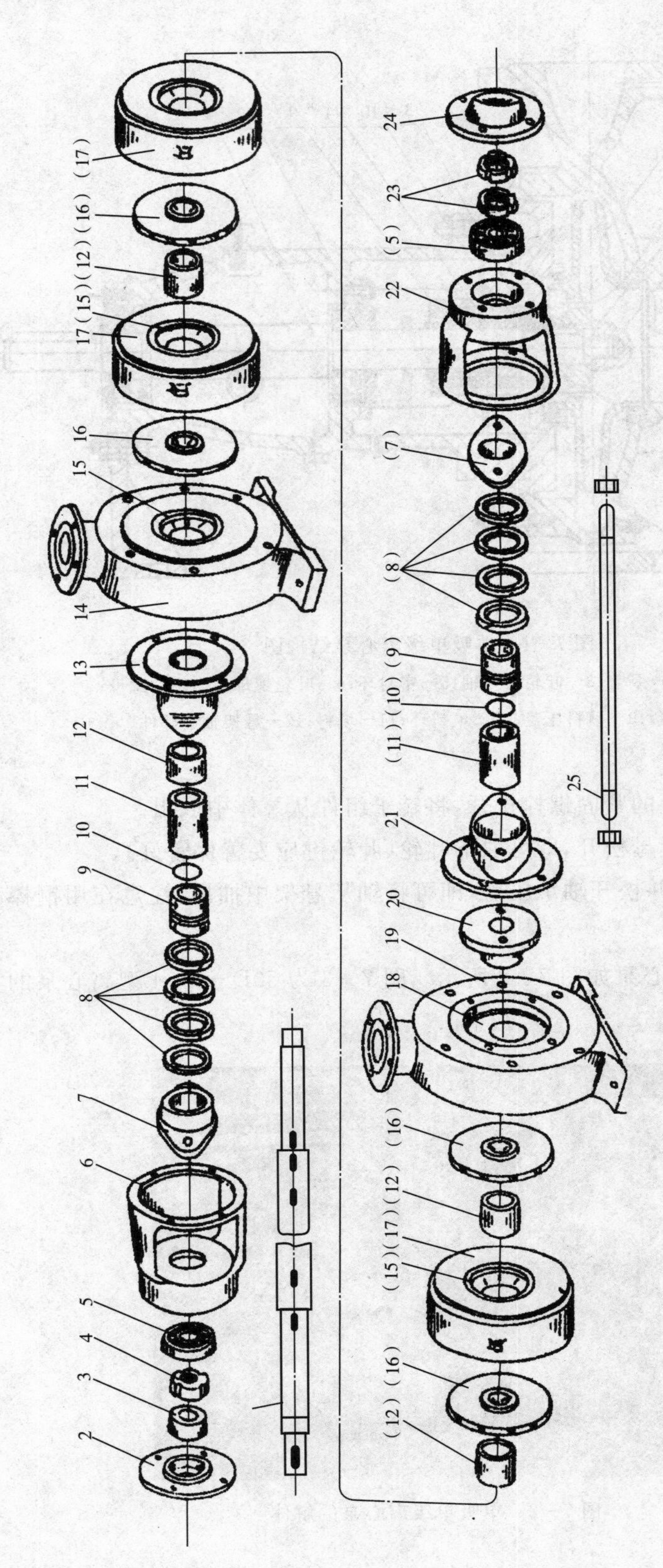

图7-3 50D-8×4型离心泵零部件分解图

1-泵轴；2-低压侧轴承端盖；3-前轴套；4-轴套螺母；5-向心滚动轴承；6-低压侧轴承支架；7-盘根压盖；8-盘根；9-轴套；10-O型密封圈；11-定位套；12-叶轮间距套；13-低压侧外盖（盘根盒）；14-进水段；15-密封环；16-叶轮；17-中间段（泵段壳体）；18-平衡座；19-出水段；20-平衡盘；21-高压侧外盖（盘根盒）；22-高压侧轴承支架；23-锁紧圆螺母；24-高压侧轴承端盖；25-穿杠螺栓

(2)装配顺序

① 检查各零部件有无损伤，并清洗干净。

② 将各连接螺栓、丝堵等分别拧紧在相应的部件上。

③ 将O型密封圈及纸垫分别放置在相应的位置。

④ 将密封环、水封环及填料压盖等依次装到泵盖内。

⑤ 先将轴承装到轴上，再装入悬架内并合上压盖，将轴承压紧，然后在轴上套好挡水圈。

⑥ 将轴套在轴上装好，再将泵盖装在悬架上，然后将叶轮、止动垫圈、叶轮螺母等依次装入并拧紧，最后将上述组件装到泵体内并拧紧泵体、泵盖的连接螺栓。

在上述过程中，对平键、挡油环、挡水圈及轴套内的O型密封圈等小件易遗漏或错装，应特别引起注意。

(3)安装精度

这里给出的主要是联轴器对中的精度要求。泵与电机联轴器装好后，其间应保持2～3mm间隙，两联轴器的外圆上下、左右的偏差不得超过0.1mm，两联轴器端面间隙的最大、最小值差值不得超过0.08mm。

2. 双吸单级离心泵拆装

以SH型双吸单级式离心泵为例，其结构如图7-4所示。

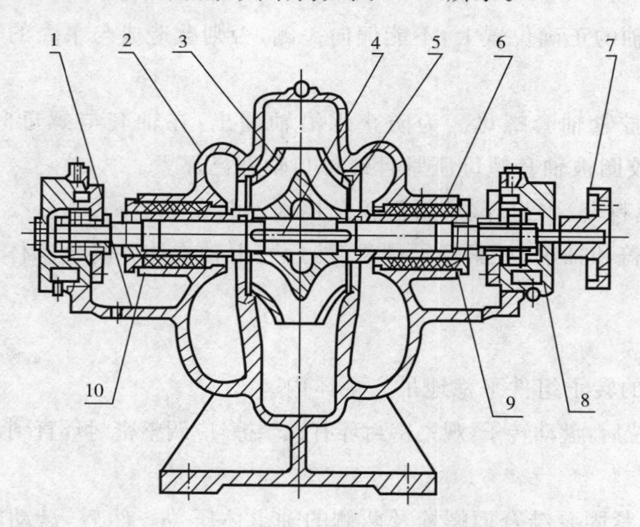

图7-4 SH型双吸单级式离心泵结构

1—泵体；2—泵壳；3—叶轮；4—轴；5—双吸密封环；6—轴套；7—联轴器 8—轴承体；9—填料压盖；10—填料

(1)解体步骤

① 分离泵壳

a. 拆除联轴器销子，将水泵与电机脱离。

b. 拆下泵结合面螺栓及销子，使泵盖与下部的泵体分离，然后把填料压盖卸下。

c. 拆开与系统有连接的管路(如空气管、密封水管等)，并用布包好管接头，以防止落入杂物。

② 吊出泵盖

检查上述工作已完成后，即可吊下泵盖。起吊时应平稳，并注意不要与其他部件碰磨。

③ 吊转子

a. 将两侧轴承体压盖松下并脱开。

b. 用钢丝绳拴在转子两端的填料压盖处起吊，要保持平稳、安全。转子吊出后应放在专用的支架上，并放置牢靠。

④ 转子的拆卸

a. 将泵侧联轴器拆下，妥善保管好连接键。

b. 松开两侧轴承体端盖并把轴承体取下，然后依次拆下轴承紧固螺母、轴承、轴承端盖及挡水圈。

c. 将密封环、填料压盖、水封环、填料套等取下，并检查其磨损或腐蚀的情况。

d. 松开两侧的轴套螺母，取下轴套并检查其磨损情况，必要时予以更换。

e. 检查叶轮磨损和汽蚀的情况，若能继续使用，则不必将其拆下。如确需卸下时，要用专门的工具边加热边拆卸，以免损伤泵轴。

(2)装配顺序

① 转子组装

a. 叶轮应装在轴的正确位置上，不能偏向一侧，否则会造成与泵壳的轴向间隙不均而产生摩擦。

b. 装上轴套并拧紧轴套螺母。为防止水沿轴漏出，在轴套与螺母间要用密封胶圈填塞。组装后应保证胶圈被轴套螺母压紧且螺母与轴套已靠紧。

c. 将密封环、填料套、水封环、填料压盖及挡水圈装在轴上。

d. 装上轴承端盖和轴承，拧紧轴承螺母，然后装上轴承体并将轴承体和轴承端盖紧固。

e. 装上联轴器。

② 吊入转子

a. 将前述装好的转子组件平稳地吊入泵体内。

b. 将密封环就位后，盘动转子，观察密封环有无摩擦，应调整密封环直到盘动转子轻快为止。

③ 扣泵盖

将泵盖扣上后，紧固泵结合面螺栓及两侧的轴承体压盖。然后，盘动转子看是否与以前有所不同，若没有明显异常，即可将空气管、密封水管等连接上，把填料加好，接着就可以进行对联轴器找正了。

(3)安装精度要求

这里仅提出联轴器对中的精度要求。联轴器两端面最大和最小的间隙差值不得超过0.06mm，两外圆中心线上下或左右的差值不得超过0.1mm。

二、多级离心泵的拆装与检查

分段式多级离心泵的结构如图7－5所示，其内部构造如图7－6所示。

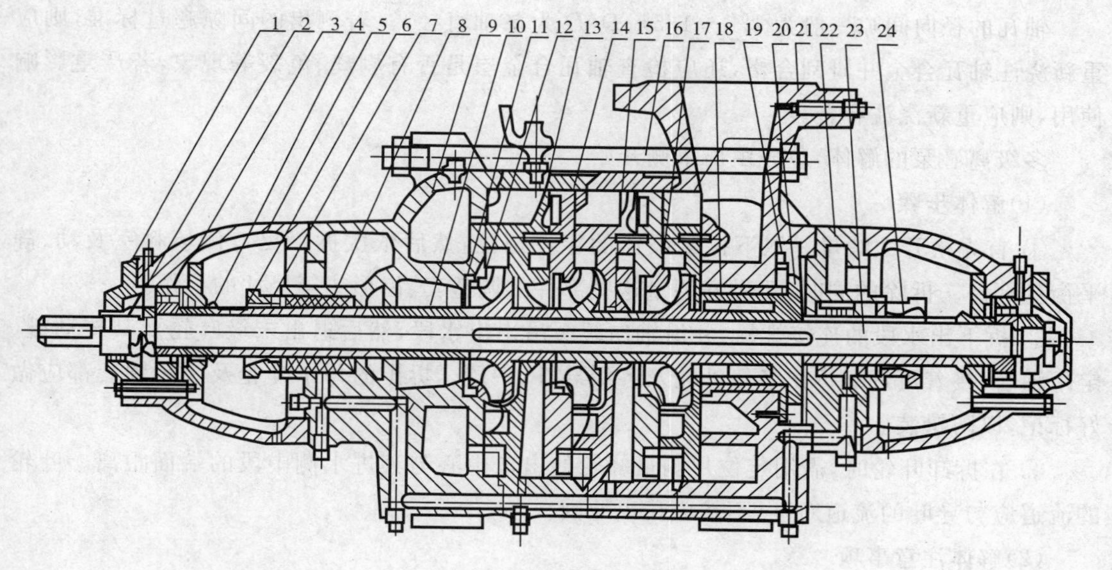

图 7-5　分段式多级离心泵结构

1—轴承盖；2—螺母；3—轴承；4—挡水套；5—轴承架；6—轴套(甲)；7—填料压盖；8—填料环；9—进水段；10—中间套；11—密封环；12—叶轮；13—中段；14—导叶挡板；15—导翼套；16—拉紧螺栓；17—出水段导翼；18—平衡套；19、20—平衡环；21—出水段；22—尾盖；23—轴；24—轴套(乙)

图 7-6　分段式多级离心泵内部构造

1. 泵的解体

在拆卸多级泵时，首先应对其两端的轴承(一般为滑动轴承)进行检查，并测量水泵在长期运行(一个大修间隔)后轴瓦的磨损情况。测量方法通常用压铅丝法，如图 7-7 所示。

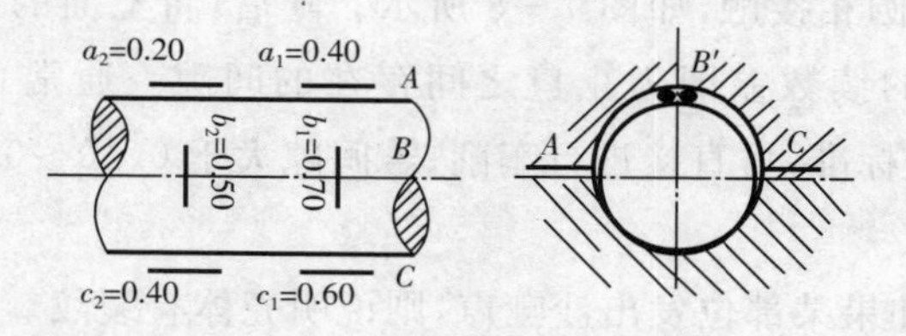

图 7-7　压铅丝法检查轴瓦间隙示意

轴瓦的径向间隙一般为1‰～1.5‰D（D为泵轴直径）。若测出的间隙超过标准，则应重新浇注轴瓦合金并研刮合格，还应检查轴瓦合金层是否有剥离、龟裂等现象，若严重影响使用，则应重新浇注合金。

多级离心泵的解体，应先由出水侧开始。

（1）解体步骤

① 首先松开大螺母并取下拉紧泵体的穿杠螺栓，然后依次拆下出口侧填料室及动、静平衡盘部件。拆除的同时，要做好测量这些部件的调整套、齿形垫等尺寸的工作。

② 拆下出水段的连接螺栓，并沿轴向缓缓吊出出水段，然后退出末级叶轮及其传动键、定距轴套，接着可逐级拆出各级叶轮及各级导叶、中段。拆出的每个叶轮及定距轴套都应做好标记，以防错装。

③ 在拆卸叶轮时，需用定位片测量叶轮的出口中心与其进水侧中段的端面距离。叶轮的流道应与导叶的流道对准，不然应找出原因。

（2）解体注意事项

① 拆下的所有部件均应存放在清洁的木板或胶垫上，用干净的白布或纸板盖好，以防碰伤经过精加工的表面。

② 拆下的橡胶、石棉密封垫必须更换。若使用铜密封垫，重新安装前要进行退火处理；若采用齿形垫，在垫的状态良好及厚度仍符合要求的情况下可以继续使用。

③ 对所有在安装或运行时可能发生摩擦的部件，如泵轴与轴套、轴套螺母、叶轮和密封环均应涂以干燥的MoS_2粉（其中不能含有油脂）。

④ 在解体前应记录转子的轴向位置（将动、静平衡盘保持接触），以便在修整平衡盘的摩擦面后，可在同一位置精确地复装转子。

2. 静止部件的检查

在泵体全部分解后，应对各个部件进行仔细检查，若发现损坏或缺陷，要予以修复或更换。

（1）泵壳（中段）

① 止口间隙检查

多级泵的相邻泵壳之间都是止口配合的，止口间的配合间隙过大，会影响泵的转子与静止部分的同心度。

检查泵壳止口间隙的方法如下：

将相邻的泵壳叠置于平板上，在上面的泵壳上放置好磁力表架，其上夹住百分表，表头触点与下面的泵壳的外圆相接触，如图7－8所示。随后，将上面的泵壳沿十字方向往复推动测量两次，百分表上的读数差即为止口之间存在的间隙。通常止口之间的配合间隙为0.04～0.08mm，当小于标准，可直接进行车削；若间隙大于0.10～0.12mm，就应进行修复。

② 裂纹检查

用手锤轻敲泵体，如果某部位发出沙哑声，则说明壳体有裂纹。这时应将煤油涂在裂纹处，待渗透后用布擦尽面上的油迹并擦上一层白粉，随后用手锤轻敲泵壳，渗入裂纹的煤油

即会浸湿白粉，显示出裂纹的端点。若裂纹部位在不承受压力或不起密封作用的地方，则可在裂纹的始、末端点各钻一个 ϕ3mm 的圆孔，以防止裂纹继续扩展；若裂纹出现在承压部位，则必须予以补焊。

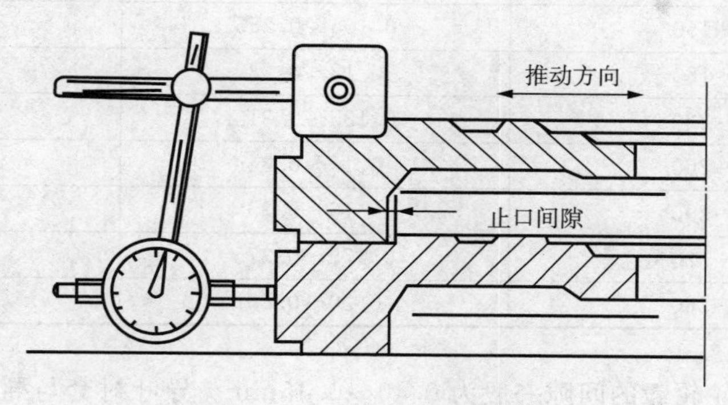

图 7－8　泵壳止口间隙的测量

(2)导叶

中高压水泵的导叶若采用不锈钢材料，则一般不会损坏；若采用锡青铜或铸铁，则应隔 2～3 年检查一次冲刷情况，必要时更换新导叶。凡是新铸的导叶，在使用前应用手砂轮将流道打磨光滑，这样可提高效率 2%～3%。

此外还应检查导叶衬套(应与叶轮配合在一起)的磨损情况，根据磨损的程度来确定是整修还是更换。

(3)平衡装置

在水泵的解体过程中，应用压铅丝法来检查动、静平衡盘面的平行度。方法是：将轴置于工作位置，在轴上涂润滑油并使动盘能自由滑动，其键槽与轴上的键槽对齐。用黄油把铅丝粘在静盘端面的上下左右 4 个对称位置上，然后将动盘猛力推向静盘，将受撞击而变形的铅丝取下并记好方位；再将动盘转 180°重测一遍，做好记录。用千分尺测量取下铅丝的厚度，测量数值应满足上下位置的和等于左右位置的和，上减下或左减右的差值应小于 0.05mm，否则说明动静盘变形或有瓢偏现象，应予以消除。

检查动静平衡盘接触面只有轻微的磨损沟痕时，可在其结合面之间涂以细研磨砂进行对研；若磨损沟痕很大、很深时，则应在车床或磨床上修理，使动静平衡盘的接触率在 75% 以上。

(4)密封环与导叶衬套

目前，密封环与导叶衬套一般都是用不锈钢或锡青铜两种耐磨材料制成的。选用不锈钢制造的密封环与导叶衬套寿命较长，但对其加工及装配的质量要求很高，否则易于在运转中因配合间隙略小、轴弯曲度稍大而发生咬合的情况。若用锡青铜制造，则加工容易，成本低，也不易咬死，但其抗冲刷性能相对稍差些。

新加工的密封环和导叶衬套安装就位后，与叶轮的同心度偏差应小于 0.04mm。密封环与叶轮的径向间隙随密封环的内径大小而不同，具体可参阅表 7－1。密封环与泵壳的配合间隙一般为 0.03～0.05mm。

表 7－1 密封环与叶轮的径向间隙 (mm)

密封环内径	装配间隙	磨损后的允许间隙
80～120	0.09～0.22	0.48
120～150	0.105～0.255	0.60
150～180	0.12～0.28	0.60
180～220	0.135～0.315	0.70
220～260	0.16～0.34	0.70
260～290	0.16～0.35	0.80
290～320	0.175～0.375	0.80
320～360	0.20～0.40	0.80

导叶衬套与叶轮轮毂的间隙一般为 0.40～0.45mm。导叶衬套与导叶之间采用过盈配合，过盈量为 0.015～0.02mm，并需用止动螺钉紧固好。

(5)轴瓦与轴径

用塞尺检查轴瓦与轴颈的配合间隙，径向间隙一般为轴颈直径的 1%～3%，或按厂家规定的值选用。无规定时，参照表 7－2。轴瓦和轴颈肩要留有一定的轴向间隙。推力轴承的推力间隙一般为 0.3～0.4mm。用色印法检验轴颈和轴瓦的接触面、接触角。接触面为轴瓦表面积的 80%，且每平方厘米不少于 1 点，接触角为 60°～75°。

表 7－2 滑动轴承轴瓦间隙表

轴径(mm)	50～80	80～120	120～180	180～250	250～360
轴瓦的每一侧之侧向间隙(mm)	0.08～0.15	0.1～0.2	0.12～0.25	0.15～0.25	0.2～0.3
轴瓦内轴与上轴瓦的间隙(mm)	0.1～0.2	0.2～0.28	0.2～0.35	0.3～0.45	0.35～0.67

3. 测量与调整

(1)水泵轴瓦紧力及窜动的测量

① 轴瓦间隙与轴瓦紧力。轴瓦顶部间隙一般取轴径的 0.15%～0.2%，瓦口间隙为顶部间隙的一半。瓦盖紧力一般取 0 ～0.03mm。间隙旨在保证轴瓦的润滑与冷却以及避免轴振动对轴瓦的影响。如果在解体过程中发现与标准有出入，应进行分析，制定针对性处理方案并处理。

② 水泵工作窜量。水泵工作窜量取 0.8～1.2mm。工作窜量的数值主要是保证机械密封在水泵启停工况及事故工况下不发生机械碰撞和挤压，这也是水泵运行中防止动静摩擦的一个重要措施。

③ 水泵高低压侧大小端盖与进出口端的间隙。测量水泵高低压侧大小端盖与进出口端的间隙目的在于检查紧固螺栓是否有松动现象，同时为水泵组装时留下螺栓紧固的施力依据。

④ 水泵半窜量的测量。在未拆除平衡盘的状态下测量水泵的半窜量。水泵的半窜量应该是水泵总窜量的一半，一般情况下其数值为 4mm 左右。将水泵半窜量与原始数据进行比较，可找出平衡盘磨损量及水泵效率降低的原因。

⑤ 水泵总窜量的复查。拆除平衡盘后即可测量水泵总窜量，水泵总窜量是水泵制造及安装后固有的数值，一般水泵总窜量在8～10mm。水泵总窜量如果发生变化，则说明水泵各中段紧固螺栓有松动或水泵动静部分轴向发生磨损。

⑥ 水泵各级窜量。水泵在抽出芯包后就要对各级中段及叶轮进行解体，在解体过程中应对水泵逐级进行窜量测量，在测量各级窜量的过程中还应对各级中段止口轴向间隙进行测量。各级中段的窜量应在总窜量数值的附近，一般不超过0.50mm，如数值偏差较大或与原始数据出入较大，应认真分析原因，并进行消除。各级中段止口间隙的测量是为了检验水泵总装的误差。

解体过程各数据的测量，目的是根据数据进行分析，找出水泵故障的原因，制定本次检修的方案及针对性处理措施。同时，在回装过程中进行参考，检验回装过程的误差。

(2)水泵静止部件检修中间隙的测量与调整

① 各中段止口径向间隙的测量与调整。测量相邻两泵段止口间隙的方法如图7-8所示。简单的修理方法是在间隙较大的中段凸止口周围均匀地堆焊6～8处，每处长度25～40mm，然后将止口车削到需要尺寸。各中段止口间隙数据在水泵检修中非常重要。止口间隙过大，则增加了水泵转子的相对晃度，造成水泵通流间隙的偏移，两单侧间隙减小，运行中则有可能发生动静摩擦引起水泵抱死；止口间隙过小则有可能发生中段安装不到位，人为减小水泵总窜量，轻则降低水泵效率，重则引起动静摩擦，损坏设备。

② 导叶与泵壳的径向间隙测量与调整。现代高压给水泵的导叶一般采用不锈钢制造，当导叶冲刷损坏严重时，应更换新导叶。新导叶在使用前应将流道打磨光滑，这样可提高水泵效率。导叶与泵壳径向间隙一般为0.04～0.06mm。固定导叶的定位销与泵壳为过盈配合，其紧力为0.02～0.04mm，与导叶为间隙配合。导叶在泵壳内应被压紧，以防导叶与泵壳隔板平面磨损，为此可在导叶背面沿圆周方向，并尽量靠近外缘均匀地钻3～4孔，加上紫铜钉，利用紫铜钉的过盈量使两平面压紧，如图7-9a所示。在装紫铜钉之前，先测量出导叶与泵壳之间的轴向间隙，其方法是在泵段的密封面及导叶下面放上3～4根铅丝，再将导叶与另一泵段放上，如图7-9b所示，垫上软金属，用大锤轻轻敲打几下，取出铅丝测其厚度，两个地方铅丝平均厚度之差，即为间隙值。紫铜钉的高度应比测出的间隙值多0.5mm，这样泵壳压紧后，导叶便有一定的预紧力。

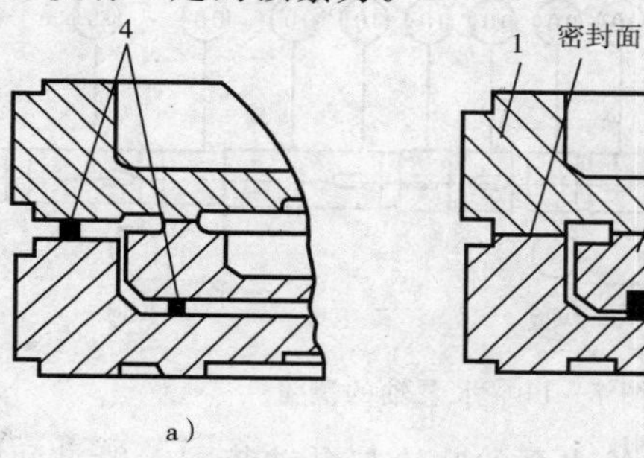

图7-9　压紧导叶的方法及间隙测量

1—泵壳；2—导叶轮；3—紫铜钉；4—铅丝

③ 水泵密封环、导叶套间隙的测量与调整。密封环与导叶衬套分别装在泵壳及导叶上，如图 7－10 所示。它们的材料多采用黄铜制造，其硬度远远低于叶轮。当与叶轮发生摩擦时，首先损坏的是密封环和导叶衬套。若发现其磨损量超过规定值或有裂纹时，必须进行更换，密封环同叶轮的径向（直径）间隙，随密封环的直径大小而异，一般为密封环内径的1.5‰～3‰；磨损后的允许最大间隙不得超过密封环内径的 4‰～8‰（密封直径小，取大比值；直径大，取小比值）。密封环同泵壳的配合，如有紧固螺钉可采用间隙配合，其值为0.03～0.05mm；若无紧固螺钉，其配合应有一定紧力，紧力值为 0～0.03mm。导叶衬套同叶轮的间隙应略小于密封环同叶轮的间隙（小于 1/10）。导叶与导叶衬套为过盈配合（过盈量约为 0.015～0.02mm），还需用止动螺钉紧固。

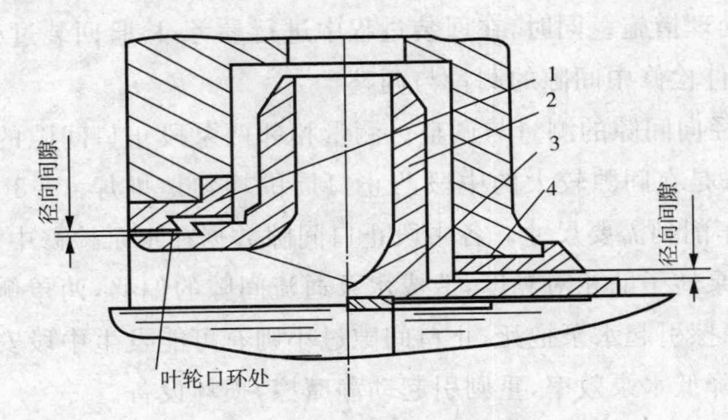

图 7－10　叶轮的密封装置

1—密封环；2—叶轮；3—卡环；4—导叶衬

(3)水泵转子部件检修中间隙的测量与调整

① 水泵轴的弯曲。高压水泵结构精密，动静部分之间间隙小，转子的转速高，轴的负荷重，因此对轴的要求比较严格（如图 7－11 所示）。轴的弯曲度一般不允许超过 0.02mm，超过 0.04mm 时应进行直轴工作。泵轴弯曲过大将增加水泵转子的晃度，水泵转子晃度增大势必要增加密封环及导叶衬套间隙，以防止动静磨损，而增大其间隙就会降低水泵效率。且间隙增加到一定量，还会形成涡流，引起水泵振动。

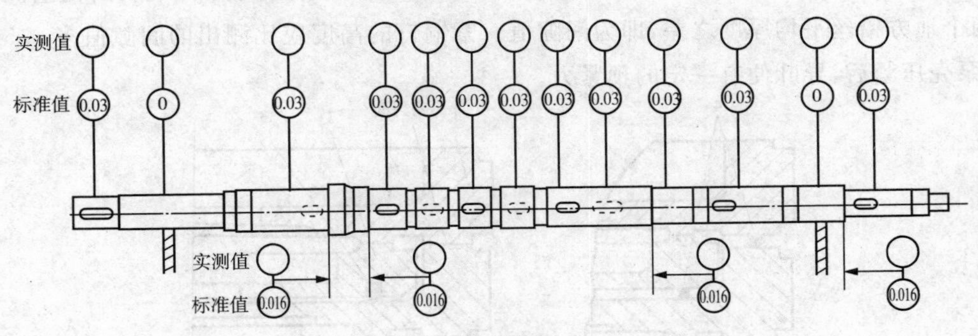

图 7－11　水泵轴的测量

② 叶轮与泵轴装配间隙。多级给水泵的叶轮与泵轴装配一般是间隙配合，其间隙值为 0～0.04mm。这是由水泵轴及叶轮加工公差决定的。间隙过小或过盈一方面增加组装难

度，另外影响转子部件热膨胀，增加水泵转子后天性晃度的产生，引起转子质量不平衡；间隙过大增加水泵转子晃度，造成水泵转子动平衡不稳定。叶轮内孔与轴的配合部位，由于长期使用和多次拆装，其配合间隙将增大，此时可将配合的轴段或叶轮内孔用喷涂法修复。

③ 泵轴键及键槽间隙的调整。水泵叶轮与泵轴靠键传递转动。键和泵轴键槽应该是过盈配合，紧力为 0 ～0.03mm。键和叶轮键槽应是间隙配合，其值也在 0～0.03mm。

4. 组装

(1)转子小装

① 小装的目的。转子小装也称预装或试装，是决定组装质量的关键。其目的为：测量并消除转子紧态晃动，以避免内部摩擦，减少振动和改善轴封工况；调整叶轮之间的轴向距离，以保证各级叶轮的出口中心对准；确定调节套的尺寸。

② 转子套装件轴向膨胀间隙的确定。因为转子套装件与泵轴材质不一样，另外，泵轴两端均在泵体以外，所以在热态下，泵轴与转子套装件膨胀不一样，一般情况下，转子套装件膨胀量大于泵轴，所以在转子组装时要对转子套装件留有热膨胀间隙。转子的膨胀间隙的数值是根据转子的长短及水温确定的。一般 10 个叶轮左右的转子其膨胀间隙在 1mm 左右。膨胀间隙过大，则不能很好地紧固转子套装件；膨胀间隙过小，则可能造成转子热态下的弯曲，造成动静摩擦，损坏设备。

③ 小装前的检查。检查转子上各部件尺寸，消除明显超差。轴上套装件晃度一般不应超过 0.02mm。对轴上所有的套装件，如叶轮、平衡盘、轴套等，应在专用工具上进行端面对轴中心线垂直度的检查(图 7－12)。假轴与套装件保持 0～0.04mm 间隙配合，用手转动套装件，转动一周后百分表的跳动值应在 0.015mm 以下，用同样方法检查另一端面的垂直度。也可不用假轴，将套装件放在平板上测量，这样的测量法不能得出端面与轴中心线的垂直误差，得出的是上下端面的平行误差。

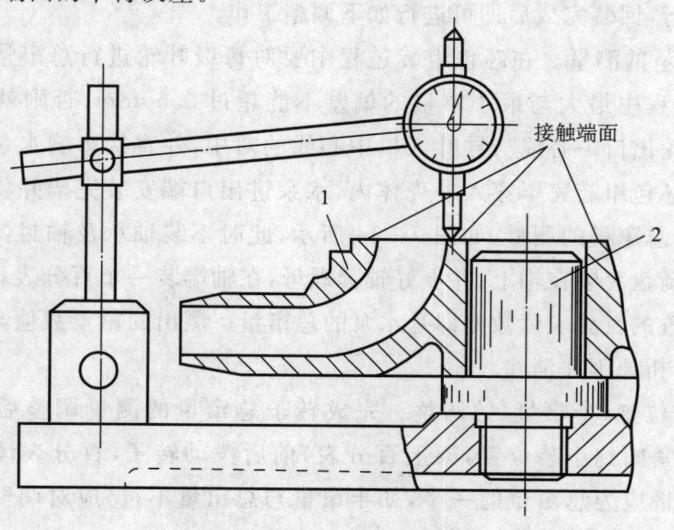

图 7－12　套装件端面垂直度的检查

1—套装件；2—假轴

④ 水泵转子晃动度的测量。做好上述准备工作后，将套装件清扫干净，并按从低压侧到高压侧的顺序依次装在轴上，拧紧轴套锁母，留好膨胀间隙(对于热套转子，只装首、末两极叶轮，中间各级不装)，然后分别测出各部位的晃动，如图 7－13 所示。各处的晃动允许值见表 7－3 所示。

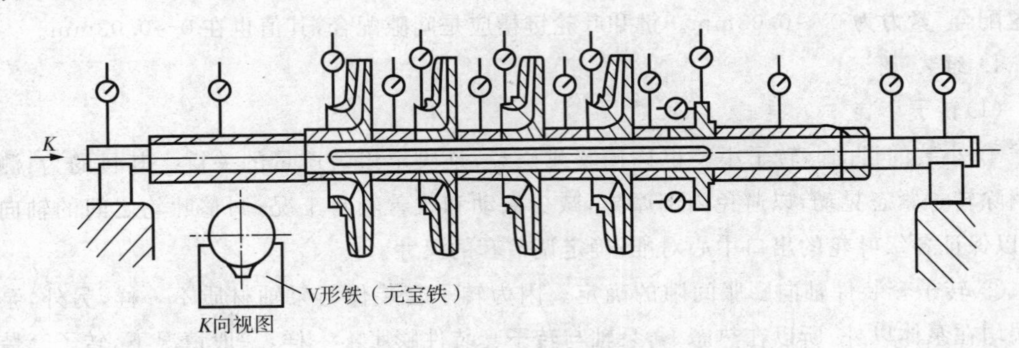

图 7－13 转子小装后的测量

表 7－3 转子晃动的允许值

测量位置	轴颈处	轴套处	叶轮密封环处	平衡盘处	
				径向	轴向
允许值(mm)	≤0.02	0.04	≤0.08	≤0.04	≤0.03

转子小装晃度符合要求后，应对各部件相对位置做好记号，叶轮要打好字头，依次拆除，等待总装。

(2)总装及间隙调整

在水泵的所有部件都经过清理、检查和修整后，就可以进行总装了。组装水泵按与解体时相反的顺序进行，回装完成后即可进行如下调整工作。

① 转子总窜量的测量。在芯包组装过程中要对每级叶轮进行总窜量测量以保证水泵轴向间隙，组装过程中最大与最小窜量的偏差不能超过 0.50mm，否则就得检查原因并消除。这关系到叶轮出口中心线与导叶入口中心线的对中，并直接影响水泵的效率及水泵的运行周期。水泵芯包组装完毕穿入外壳体内，水泵进出口端安装完毕并将拉紧螺栓全部拧紧后，还要做一次总窜量的测量，如图 7－14 所示，此时不装轴承及轴封，也不装平衡盘，而用专用套代替平衡盘套装在轴上，并上好轴套螺母，在轴端装一个百分表，然后拨动转子，转子在前后终端位置的百分表读数差即是水泵的总窜量。测出的窜量数值与分级窜量进行比较，如有出入要分析原因并消除。

② 转子轴向位置(半窜量)的调整。完成转子总窜量的测量调整后，将平衡盘、调整套装好并将锁母紧固到小装位置，架上百分表，前后拨动转子，百分表读数差即为转子半窜量。转子半窜量应为总窜量的一半，如半窜量与总窜量不符，应对调整套进行调整使之符合。

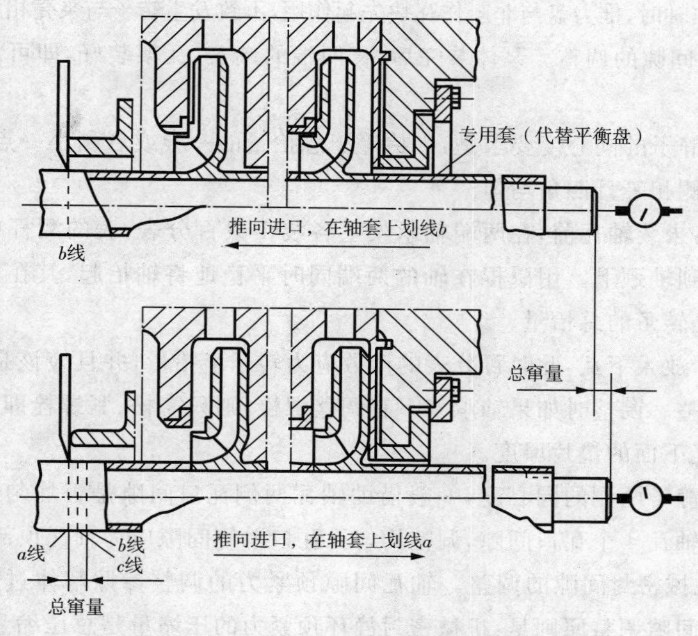

图 7-14　测量转子总窜量

③ 工作窜量的调整。大型给水泵都装有工作窜量调整装置，有的给水泵用推力瓦进行调整，有的给水泵用推力轴承进行调整，测量方法与转子测总、半窜量方法一样，在推力轴承（或推力瓦）工作面或非工作面进行加减垫即可对工作窜量进行调整。一般给水泵工作窜量取 0.8～1.2mm。当泵启动与停止而平衡盘尚未建立压差时，叶轮的轴向推力由推力轴承的工作瓦块承受。平衡盘一旦建立压差，叶轮的轴向推力就完全由平衡盘平衡，而推力盘与工作瓦块脱离接触。要达到这样的要求，将转子推向进口侧，使推力盘紧靠工作瓦块，此时平衡盘与平衡座应有 0.01mm 的间隙，如图 7-15 所示。若间隙过大或无间隙，可调整工作瓦块背部的垫片，也可调整平衡盘在轴上的位置。推力轴承在运行时的油膜厚约为 0.02～0.03mm，要使推力轴承在泵正常运行时不工作，平衡盘与平衡座在运行时的间隙应大于 0.03～0.045mm，只有这样推力盘才能处于工作瓦块和非工作瓦块之间，不投入工作。如果推力轴承仍然处于工作状态，则应重新调整平衡盘与平衡座的轴向间隙。

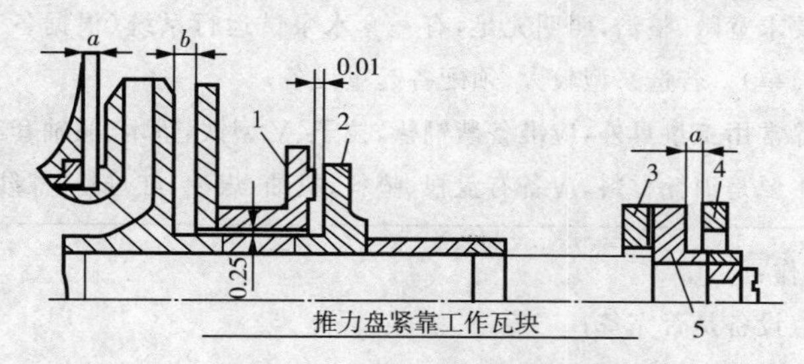

图 7-15　平衡盘和推力轴承的间隙调整

1—平衡座；2—平衡盘；3—工作瓦块；4—非工作瓦块；5—推力盘

推力盘与非工作瓦块的轴向间隙远远小于转子叶轮背部间隙（即半窜量）。当水泵因汽蚀或

工况不稳而产生窜轴时,推力盘与非工作瓦块先起作用,不致发生转子与泵壳相摩擦的故障。

④ 水泵径向间隙的调整。泵体装完后,将两端的端盖、瓦架装好,即可调整转子与静子的同心度(抬轴)。

对于转子与静子的同心度要求是:半抬等于总抬量的一半或者稍小一点(考虑转子静挠度),瓦口间隙两侧相等且四角均匀。

抬轴的测量:未装轴瓦前,在两端轴承架上各装 1 只百分表,表的测杆中心线要垂直于轴中心线并接触到轴颈上。用撬棍在轴的两端同时平稳地将轴抬起,其在上下位置时百分表的读数差,就是转子的总抬量。

将转子撬起,放入下瓦,此时百分表的读数应为转子半抬量,并且应该是总抬量的一半,否则就需进行调整。调整时如果轴承架下有调整螺栓,则只需松、紧螺栓即可。若无调整螺栓,则可调整轴瓦下面的垫片厚度。

对于转子与静子两侧的同心度,一般借助轴瓦两侧瓦口间隙是否均匀来认定。放入下瓦后用塞尺测量轴瓦 4 个瓦口间隙,调整均匀且瓦口单侧间隙应为轴瓦顶部间隙的一半。

⑤ 轴瓦及机械密封间隙的调整。轴瓦间隙预紧力的调整参照解体过程的要求进行调整。机械密封的间隙调整原则是:机械密封静环预紧力的压缩量是总压缩量的一半,调整方法是将水泵转子推向水泵低压侧,调整机械密封环与泵轴密封圈的预紧力,保证水泵高低压侧机械密封的预紧力。

联轴器回装后应进行找中心工作,电动机找中心是以泵轴为基准,调整电动机的轴瓦;而汽动泵的找中心是以汽轮机轴为基准,调整给水泵的轴瓦。

对于运行中振动值不符合标准的泵还要做转子的平衡校验。

工作实践

工作任务	50D—8×4 型多级离心水泵的检修。
工作目标	掌握多级离心泵的基础检修工艺。
工作准备	设备:50D—8×4 型多级离心水泵,每工位一台,可供 2～3 人实习; 场地:要求宽敞、整洁,照明充足,有一套水泵试运行系统(根据各自条件,试运行系统可复杂、可简单)。若选泵型较大,须配备起重设备; 工具:除常用工量具外,应准备紫铜棒、拉子、V 型铁、垫木、假轴套等,每工位一套; 材料:主要是消耗材料,应备有盘根、垫料、机油、煤油、红丹粉、棉纱等。
工作项目	准备工作: (1)检查设备是否完备; (2)准备工量具,按工位配备齐整; (3)准备消耗材料,按实际消耗量准备。

（续表）

<table>
<tr><td rowspan="6">工作项目</td><td>水泵解体：
(1)拆除水泵连接附件；
(2)拆除电动机；
(3)测量轴头长度；
(4)测量平衡盘窜动量；
(5)拆除高压侧轴承及轴承支架；
(6)测量转子总窜动量；
(7)拆除水泵地脚螺栓；
(8)拆除泵体穿杆螺栓；
(9)分解泵体；
(10)拆除低压侧轴承及轴承支架。</td></tr>
<tr><td>转子部件的检修及测量：
(1)滚动轴承的检修；
(2)轴套类；
(3)平衡盘；
(4)轮；
(5)泵轴。</td></tr>
<tr><td>静子部件的检修及测量：
(1)平衡座；
(2)密封环；
(3)导叶；
(4)泵壳。</td></tr>
<tr><td>转子小装：
(1)组装轴上套装件；
(2)测量。</td></tr>
<tr><td>装复：
(1)将低压侧进水段就位，然后装低压侧外盖及轴承支架；
(2)将泵轴从高压侧穿入低压侧外盖，从轴的低压端按顺序装定位套、盘根轴套、盘根压盖、滚动轴承等部件，并拧上轴套螺母；
(3)组装首级叶轮：注意调整叶轮与导叶中心的一致；
(4)按零件的组装顺序及要求，依次装好叶轮、间距套、泵段，最后装好高压侧的出水段；
(5)装上穿杆螺栓，对称拧紧后，测量两侧端盖的平行度，其差值应小于0.05～0.10mm；
(6)调整转子轴向位置：先测量转子总窜动量，然后装上平衡盘，测量平衡盘窜动量。平衡盘的窜动量应略小于或等于总窜动量的1/2。如不符合要求则应进行调整；
(7)检查平衡盘与平衡座的接触：用压铅丝法和着色磨合法进行测量；
(8)组装高压侧：将高压侧转子上的零部件与泵段上的零部件按组装顺序装好，最后装上滚动轴承及锁紧螺母；
(9)装复联轴器、拧紧水泵地脚螺栓、加水泵盘根；
(10)组装泵体外各附件；
(11)联轴器找中心：电动机就位后，以泵为基准找泵与电动机的中心。</td></tr>
</table>

（续表）

工作项目	试运行： (1)检查各表计、表管、冷却水管、平衡管、水封管等是否安装完好； (2)检查各重要螺栓的紧固程度，如地脚螺栓、联轴器连接螺栓等； (3)盘动联轴器，检查转子是否有卡涩现象或盘根是否压得过紧； (4)关闭水泵出口门，开启外来水封阀门、水泵入口门、空气门，向水泵内注水，当空气门出水时，将空气门关闭； (5)启动电动机，注意启动电流及加速时间； (6)水泵达到额定值后先检查空载水压、空载电流； (7)是否达到正常值，然后慢慢开启泵的出口门； (8)检查泵的振动，振幅应小于0.05mm； (9)检查盘根的漏水量是否正常，管道及泵体的各密封面有无渗漏现象。 经过以上各项检查证实没问题后，该泵检修合格。

思考与练习

1. 叙述测量多级泵转子总窜动量的方法。
2. 平衡盘窜动量与转子总窜动量有何关系？
3. 密封环与叶轮的口环在何种情况下会发生摩擦？
4. 叶轮口环外径为160mm，新配一密封环，其最佳内径为多少？
5. 多级泵外壳是依靠什么结构来保证与其同轴度的？用什么方法测量其同轴度的误差？
6. 多级泵的转子为何要进行小装？通过小装要解决哪些问题？
7. 如何调整平衡盘的间隙？
8. 平衡盘与平衡座在工作状态会产生摩擦吗？为什么？
9. 填加水泵的轴封盘根应注意什么？它与填加阀门盘根有何区别？
10. 简述机械密封的工作原理及检修注意事项。
11. 叙述轴流泵与离心泵检修工艺的不同。

任务二　泵主要零部件的检修

工作任务

在完成基本理论学习的基础上，每2～3人为一个学习小组，通过录像及实际操作的方式演练泵主要零部件的检修过程，并讨论如何保证检修的质量，检修中需要注意什么问题。

知识与技能

一、泵轴的检修

轴磨损后，根据泵轴的不同形式和磨损情况，可以有以下几种检修方法。

(1)泵轴拆洗后外观检查，如有下列情况之一者，一般应调换新轴：

① 泵轴已产生裂纹。

② 表面严重磨损或腐蚀而出现较大的沟痕，以至影响轴的机械强度。

③ 键槽扭裂扩张严重。

(2)有轴套的泵轴，磨损后调换轴套。

(3)在轴磨损处进行喷镀或焊补，然后再加工到所要求的尺寸精度。

(4)没有轴套的离心泵和混流泵的轴磨损后，可在轴上镶轴套，材料可用铸铁或钢。

(5)轴流泵轴的镀铬层(一般为 0.1mm 厚)磨损后，应重新镀铬，亦可套不锈钢管。

二、叶轮的检修

叶轮是转子中较易损坏的机件。叶轮的损坏形式一般为磨损或打坏，其原因如下：

(1)叶轮不平衡或安装不当，产生摩擦所致。

(2)由于泵轴弯曲，泵轴与动力机轴不同心，轴承或填料磨损太多，使叶轮晃动，产生摩擦。

(3)受泥沙、水流冲刷，磨损成沟槽或条痕。

(4)杂物被吸入叶轮中，打坏叶轮。

(5)发生汽蚀，产生蜂窝状的空洞。

(6)所输送的气体中含硬性颗粒多，使叶轮常在短期内就被磨损报废。

如果叶轮磨损过多时，不仅会引起泵的剧烈振动，还可能发生事故。故叶轮不仅要定期检修(图 7－16)，有时还要更换新叶轮。

图 7－16　对叶轮进行检修

叶轮遇有下列缺陷之一时，应予以更新。

(1)表面出现较深的裂纹或开式叶轮的叶瓣断裂。

(2)表面因腐蚀而出现较多的砂眼或穿孔。

(3)轮壁因腐蚀而显著变薄，影响了机械强度。

(4)叶轮进口处有较严重的磨损而又难以修复。

(5)叶轮已经变形。

在局部损坏(如沟槽、空洞等)仍可使用的情况下，可进行焊补。操作方法是：将焊件置于炭火上加热到600℃左右，在焊补处挂锡，再用气焊火焰把黄铜棒溶到沟槽或空洞中。焊完后移去炭火，用石棉板覆盖保温，使其慢慢冷却，以防产生裂纹，待冷却后再修平或锉光表面。

有时，也可用环氧树脂砂浆修补叶轮，特别对泥沙较多而使叶片磨损严重的地方，如果在整个被磨损的叶片上涂覆一层环氧树脂砂浆，可收到比较好的效果。

三、密封环的检修

密封环间隙不能太大或太小。太大回流损失大，泵的容积效率降低；太小在运转时则会引起摩擦和振动。密封环在水泵的运行过程中极易磨损，所以在拆卸水泵时必须检查密封环磨损情况，此时可分别测量叶轮上密封环的外径和泵体上密封环的内径，两者之差的1/2即为密封环半径方向的间隙。实际测量的密封环间隙若超过规定值，则必须调换密封环。

此外，装配时应检查密封环间隙是否在规定的范围内，同时检查密封环与叶轮间有无摩擦，方法如下：在泵壳密封环的内环上涂上白粉，然后转动叶轮，若叶轮上粘有白粉，说明两者有摩擦，则应找出密封环上白粉磨痕处，进行修整。

四、压水室的检修

1. 裂纹的检修

由于冰冻、压力过高(如发生水锤现象)、安装不当、搬运碰撞等原因，都可能导致压水室蜗壳或导叶体产生裂纹。检查时可用一个小锤轻轻敲打，若声音清脆，则表示无裂纹；若声音碎哑，则表示已有裂纹，必要时可用放大镜查找。裂纹的部位和长度的判断可用简易的办法进行：可先在裂纹处浇以煤油，擦干表面，并涂上一层白粉，然后用手锤轻敲泵壳，使裂纹内的煤油因受振动而渗出，浸湿白粉，从而显示出一条清晰的黑线，借此可判明裂纹的走向和长度。

裂纹的修理方法主要有两种。

(1)对于裂纹不长、密封要求不高的部位，可在裂纹两端各钻1小孔，以消除应力集中，防止裂纹进一步扩展，作为临时性解决的办法。

(2)进行焊补，此时有冷焊和热焊两种。

① 冷焊。常用于对焊缝要求不高也不大受力的部位。焊补前在裂纹的两端各钻一个3mm的小孔，以消除应力集中，避免裂纹扩展，然后沿裂纹铲成坡口：厚度在20mm以下或不便于两边焊补的铸件，铲成V形坡口，否则铲成X形坡口以便两边施焊。焊条应用生铁焊条。对于又厚又大的铸件，为防止冷却时收缩而拉开，可在坡口上加装螺钉。

② 热焊。常用于受力较大和需要密封的部位。在焊补前进行预热，视铸件的大小决定放在炉内还是放在用炭砖做成的与铸件形状相同的铸型内，然后四周放木炭，上盖热灰或泥沙进行预热，预热时间也视铸件大小而定，一般2～10h，主要是使铸件的整体有相同的温度。加热时应逐步使温度上升，渐渐升到600～750℃，然后施焊，方法同冷焊。焊好后盖上热灰或沙，使其慢慢冷却。

2. 沟槽或孔洞的检修

泵壳内部由于被水、泥沙冲刷或汽蚀作用，可能产生沟槽或较大面积的孔洞，此时应及时处理。可采用上述焊补方法，也可用环氧树脂砂浆来修补。

轴流泵和立式导叶式混流泵的弯管的检修方法同压水室。

五、轴承的检修和更换

1. 滚动轴承的检修

轴承的检查主要是在运行中观察其振动、噪声、轴承温升及负载电流等。如超过正常情况或超过轴承的使用寿命(5000～8000h)应及时更换。

滚动轴承常见故障有：滚子和滚道严重磨损、表面腐蚀等。一般来说轴承磨损严重，其运转时噪声较大，主要是因磨损后其径向和轴向间隙变大所致。一般轴承的内径为 30～50mm 时，径向间隙不大于 0.035～0.045mm。

当由听觉不能明显判断轴承是否出现故障时，可拆去相关部件，用汽油或煤油等去污剂洗去轴承的旧润滑油(脂)，然后检查轴承。完好的轴承，加工平面平滑光洁，没有任何划痕、裂纹或锈迹，滚动体在保护器内滚动轻快、灵活、均匀，没有显著的阻滞等现象。用塞尺检查轴承的磨损情况，只要不超过许可值，均可继续使用。

滚动轴承的拆卸与安装方法详见项目三任务二。

2. 滑动轴承的检修

低噪声屏蔽电泵及泵用屏蔽电机等许多轴承采用石墨制造，只要设计合理、润滑条件正常，其运行寿命可在 3000h 以上，但运行中要密切注意泵的振动、噪声和负载电流是否正常，此外还要定期检查轴承与轴之间的间隙。

(1)拆卸石墨滑动轴承

石墨轴承安装在轴承座上，可用压机压出，如不宜用压机，可采用车削工艺将石墨轴承车掉，此时应注意车削量不能超过定位键槽，剩余部分用锤子和其他工具去除掉；配合较松的石墨轴承可用手直接取出。

(2)安装石墨轴承

首先检查轴承的轴或套的尺寸精度及配合间隙，然后将轴套装入轴上。配合较松的石墨轴承可用手推入轴承座，配合较紧的轴承可用压机压入。压入时要对准定位键槽或定位销钉，在石墨轴承上面垫一层非金属保护衬垫，衬垫上再加一块平整的金属块，以免将端面压毛。切忌直接用锤子敲打。

(3)橡胶轴承的检修

在轴流泵、导叶式混流泵和深井泵中，滑动轴承常用一种橡胶轴承，它是以水润滑，承受泵轴的径向力。水中的泥沙，以及轴弯曲、泵轴与动力机轴不同心、叶轮不平衡等，都会使轴承加快磨损，磨损超过一定值需换成新轴承或新橡胶衬层。

更换橡胶衬层时，先用起子将损坏的衬层挖出，然后将新的衬层压入，其表面用专用车刀车削，车削后余量为 0.25～0.30mm，以便精磨。

工作实践

<table>
<tr><td>工作任务</td><td>用环氧树脂砂浆修补叶轮。</td></tr>
<tr><td>工作目标</td><td>掌握用环氧树脂砂浆修补受损叶轮的方法。</td></tr>
<tr><td>工作准备</td><td>设备:单级泵叶轮(表面汽蚀或磨损严重);
工量具:磨光机、天平、量筒、羊毛刷、尖锥、刮板等;
材料:玻璃布、环氧树脂、120 目辉绿岩粉、二丁酯、丙酮等。</td></tr>
<tr><td rowspan="4">工作项目</td><td>准备工作:
(1)准备玻璃布 2~3 层(无碱、无捻粗纱玻璃布,厚度为 0.05 mm);
(2)将泵的叶轮需要修补的地方及其周围表面进行除锈及除油垢处理,用细砂布打磨,并清洗干净,然后将其干燥 。</td></tr>
<tr><td>调制环氧树脂黏结剂:
将环氧树脂隔水加热到 30℃~40℃,使其易于调拌,再放入增塑剂和填料,并混合均匀,待修补时放入固化剂;如太稠,不便施工,可加入适量的稀释剂。</td></tr>
<tr><td>用环氧树脂砂浆修补叶轮:
(1)将配制好的黏结剂迅速、均匀地涂抹在需修补的表面;
(2)将第一层玻璃布平整地贴在所涂的黏结剂上,再在玻璃布上薄薄地涂一层黏结剂(一般不超过 0.2 mm 厚),平整地贴上第二层玻璃布,依次进行。玻璃布的层数取决于腐蚀凹坑深度,一般为 2~3 层。最后在末层玻璃布表面涂一层黏结剂,务必使叶片表面光滑平顺;
(3)在室温下固化 24 h;
(4)待环氧树脂完全固化后,用锉刀或磨光机对叶轮轮廓线以及面层上的凸起进行修整。</td></tr>
<tr><td>检查:叶片表面应光滑平顺。</td></tr>
</table>

思考与练习

1. 简述泵轴的检修工艺。
2. 简述泵叶轮的检修工艺。
3. 简述检查密封环间隙的方法。
4. 简述裂纹的修理方法。

项目八　风机的检修

【项目描述】

掌握离心式风机和轴流式风机的检修要求及步骤，了解风机检修的工艺标准，熟悉风机部件的检修方法。

【学习目标】

(1)能正确选择及使用检修工具，认知检修工具的使用条件及注意事项。

(2)能掌握风机检修的工艺标准。

(3)熟悉风机部件的检修方法。

任务一　离心式风机检修

工作任务

通过实际操作的方式演练离心风机的检修过程，掌握离心风机的检修工艺卡的填写，关注检修时需要注意的问题。

知识与技能

典型的离心式风机结构如图8-1所示。

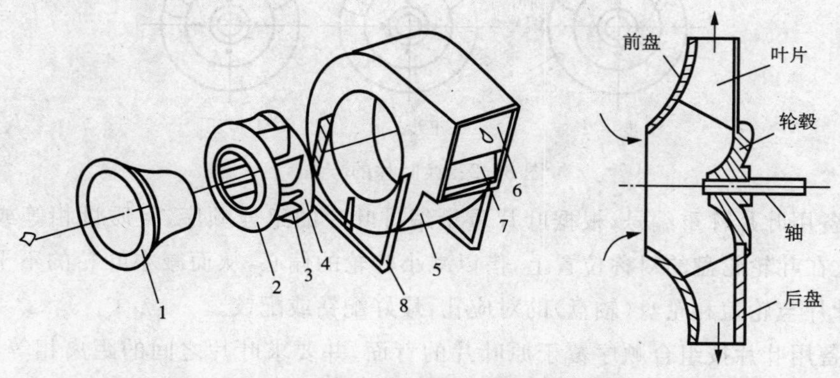

图8-1　离心式风机主要结构示意图

1—吸入口；2—叶轮前盘；3—叶片；4—后盘；5—机壳；6—出口；7—截流板(风舌)；8—支架

一、检修前的检查

风机在检修之前，应在运行状态下进行检查，从而了解风机存在的缺陷，并测记有关数据，供检修时参考。检查的主要内容如下：

(1)测量风机的轴承和电动机的振动及其温升。

(2)检查风机轴承油封漏油情况。如风机采用滑动轴承，应检查油系统和冷却系统的工作情况及油的品质。

(3)检查风机外壳与风道法兰连接处的严密性。入口挡板的外部连接是否良好，开关动作是否灵活。

(4)了解风机运行中的有关数据，必要时可作风机的效率试验。

二、风机的检修

1. 叶轮的检修

叶轮是转子中较易磨损的机件。它所输送的气体中含硬性颗粒越多，则磨损越快。如排送烟气或煤粉的叶轮，常在短期内就被磨损报废。如果磨损过多时，不仅会引起风机的剧烈振动，还可能发生事故，故叶轮不仅要定期检修，有时还要更换新叶轮。

风机解体后，先清除叶轮上的积灰、污垢，再仔细检查叶轮的磨损程度、铆钉的磨损和紧固情况以及焊缝脱焊情况，并注意叶轮进口密封环与外壳进风圈有无摩擦痕迹，因此处的间隙最小，若组装时位置不正或风机运行中因热膨胀等原因，均会使该处发生摩擦。

对于叶轮的局部磨穿处，可用铁板焊补，铁板的厚度不要超过叶轮未磨损前的厚度，其大小应能够将穿孔遮住。对于铆钉，若铆钉头磨损时可以堆焊，若铆钉已松动，应进行更换。对于叶轮与叶片的焊缝磨损或脱焊，应进行补焊或挖补，较大面积磨损则采用挖补。若叶片严重磨损，应将旧叶片全部割掉更新。

当叶片磨损超过叶片厚度的2/3，前后盘还基本完好时，应更换叶片，其方法如图8－2所示。

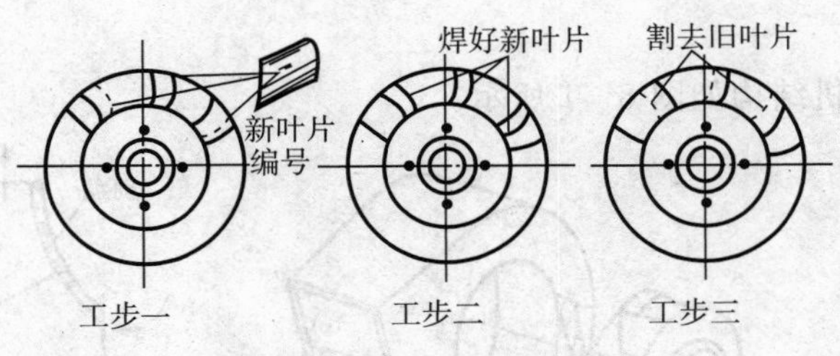

图8－2　换叶片的方法

(1)将备用叶片称重编号，根据叶片重量编排叶片的组合顺序，将质量相等或相差较少的叶片安放在叶轮轮盘的对称位置上，借以减小叶轮的偏心，从而减小叶轮的不平衡度。铆接叶轮的叶片与轮盖和轮盘(轴盘)的对应孔，最好配钻或配铰。

(2)将备用叶片按组合顺序覆于原叶片的背面，并要求叶片之间的距离相等，顶点位于同一圆周上。调整好后，即进行点焊(见图8－2工步一)。

(3)点焊后经复查无误，即可将一侧叶片与轮盘的接缝全部满焊(见图8－2工步二)，施

焊时应对称进行，再用割炬将旧叶片逐个割掉，并铲净在轮盘上的旧焊疤，最后将叶片的另一侧与轮盘的接缝全部满焊(见图 8-2 工步三)。

更换叶片应注意的问题：

(1)叶片磨损超过原叶片厚度的 2/3，前后盘还基本完好时，可以更换叶片，但对于后弯式空心机翼型叶片需要特别慎重，一般不采用更换叶片。

(2)新叶片的型线、材质、尺寸应与原设计相同。

(3)将需要更换的叶片全部割除干净，割除时应对称地将叶片分为几组，对称交替割除。

(4)新叶片应逐片称重，每片重量误差不超过 30g，并将新叶片进行配重组合。

(5)叶片割除后应将轮盘上的焊缝打磨平整，并在轮盘上划线定位。

(6)叶片间隔误差不大于±3mm，叶片垂直度误差不大于±2mm，叶片内外圆误差不大于±3mm。

(7)叶片与轮盘应采用两面焊接。

(8)焊接叶片时应交替对称焊接，每块叶片上焊接用的焊条量应相同，焊后应将焊渣清理干净，检查焊缝应光滑平整，无砂眼、裂纹、凹陷及未焊透，焊缝高度不小于 10mm。

(9)更换叶片后应用百分表测量叶轮的晃动，其径向晃动不超过 5mm，轴向晃动不超过 8mm。

(10)更换叶片后，叶轮应找静平衡，其剩余不平衡度不超过 100g。

2. 更换叶轮

检查新叶轮的尺寸、型号、材质应符合图纸要求，新叶轮焊缝无裂纹、砂眼、凹陷及未焊透、咬边等缺陷，焊缝高度符合要求。叶轮摆动轴向不超过 4mm，径向不超过 3mm。

若需更换整个叶轮时，可按下列方法操作：用割炬割掉叶轮与轮毂连接的铆钉头，再将铆钉冲出。叶轮取下后，用细锉将轮毂结合面修平，并将铆钉孔毛刺锉去。

新叶轮在装配前，应检查铆钉孔是否相符，经检查无误，再将新叶轮套装在轮毂上。叶轮与轮毂一般采用热铆，铆接前应先将铆钉加热到 800℃～900℃左右(樱桃色)，再把铆钉插入铆钉孔内。铆钉应对中垂直，在铆钉的下面用带有圆窝形的铁砧垫住，上面用铆接工具铆接。全部铆接完毕，再用小锤敲打铆钉头，声音清脆为合格。

更换个别叶片或制造新叶轮的叶片时，需注意叶片的材料。一般叶片是用普通碳素钢板制成，有特殊要求的风机叶片有用铝板制成。当风机叶轮圆周速度较高时，常采用优质碳素钢板或合金结构钢板等制成。

在剪切叶片时，注意叶片的出口端边缘应与制造叶片的钢板压延纹路方向相一致。叶片通常是由压型胎压成。若由锤击而成时，必须注意保持叶片表面的光滑和表面弯曲半径的大小。对于铆接叶轮，若制造叶片折边有困难，则可考虑改为焊接叶轮。

装配叶轮上的叶片时，应先将叶片逐一称重，将质量相等或相差较少的叶片安放在叶轮轮盘的对称位置上，借以减小叶轮的偏心，从而减小叶轮的不平衡度。铆接叶轮的叶片与轮盖和轮盘(轴盘)的对应孔，最好配钻或配铰。

叶片位置安装正确与否，对风机性能影响较大，故在安装叶片时必须符合各项规定(规定可查相关手册)。

对于自制叶片的叶轮,需将叶片的进口和出口处的毛刺除掉,清扫叶道,并进行修整,然后根据叶轮结构及需要来进行动、静平衡校正。

3. 叶片焊补及更换防磨板

(1)叶片局部磨损严重时可进行焊补或挖补,小面积磨损采用焊补,较大面积磨损则采用挖补。

(2)叶片焊补时应选用焊接性能好、韧性好的焊条。对高锰钢叶片的焊补,建议采用直流焊机、507 焊条,焊接温度不低于−10℃。

(3)每块叶片的焊补重量应尽量相等,并对叶片采取对称焊补,以减小焊补后叶轮变形及重量不平衡。

(4)叶片挖补时其挖补块的材料与型线应与叶片一致,挖补块应开坡口,当叶片较厚时应开双面坡口以保证焊补质量。

(5)挖补块的每块重量相差不超过 30g,并应对挖补块进行配重,对称叶片的重量差不超过 10g。

(6)叶片挖补后,叶片不允许有严重变形或扭曲。

(7)挖补叶片的焊缝应平整光滑,无砂眼、裂纹、凹陷。焊缝强度应不低于叶片材料的强度。

(8)叶片的防磨板、防磨头磨损超过标准须更换时,应将原防磨板、防磨头全部割掉。不允许在原有防磨板、防磨头上重新贴补防磨头、防磨板。

(9)新防磨头、防磨板与叶片型线应相符,并贴紧,同一类型的防磨板、防磨头的每块重量相差不大于 30g。焊接防磨头、防磨板前应对其配重组合。

(10)挖补叶片和更换防磨头、防磨板均应对称焊接,每块叶片上焊接的焊条效应力求相同。

(11)叶片焊补、挖补以及更换防磨头、防磨板后均应对叶轮进行测量,其径向摆动允许值为 3~6mm,轴向摆动允许值为 4~6mm。

(12)叶片焊补、挖补以及更换防磨头、防磨板后均应找静平衡,其剩余不平衡度不得超过 100g。

4. 轮毂的更换

轮毂破裂或严重磨损时,应进行更换。更换时先将叶轮按上述方法从轮毂上取下,再拆卸轮毂,其方法是:先在常温下拉取,如拉取不下来,再采用加热法进行热取。

新轮毂的套装工作,应在轴检修后进行。轮毂与轴采用过盈配合,过盈值应符合原图纸要求。一般风机的配合过盈值可取 0.01~0.03mm。新轮毂装在轴上后,要测量轮毂的瓢偏与晃动,其值不超过 0.1mm,如图 8-3 所示。

5. 轴的检修

根据风机的工作条件,风机轴最易磨损的轴段是机壳内与工质接触段,以及机壳的轴封处。检查时应注意这些轴段的腐蚀及磨损程度。风机解体后,应检查轴的弯曲度,尤其对机

组运行振动过大及叶轮的瓢偏、晃动超过允许值的轴，则必须进行仔细测量。轴的弯曲度应不大于 0.05mm/m，且全长弯曲不大于 0.10mm。如果轴的弯曲值超过标准，则应进行直轴工作。

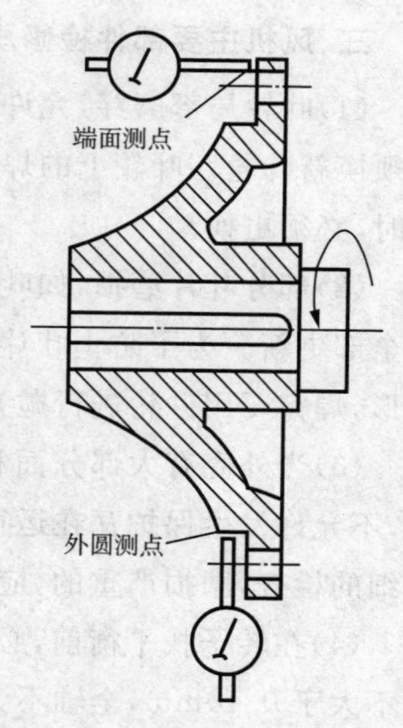

图 8-3　轮毂的瓢偏和晃动测量

6. 轴承的检查及更换

轴上的滚动轴承经检查，若可继续使用，就不必将轴承取下，其清洗工作就在轴上进行，清洗后用干净布把轴承包好。对于采用滑动轴承的风机，则应检查轴颈的磨损程度。若滑动轴承是采用油环润滑的，则还应注意由于油环的滑动所造成的轴颈磨损。

(1)轴承更换标准

轴承间隙超过标准；轴承内外套存在裂纹或轴承内外套存在重皮、斑痕、腐蚀锈痕、且超过标准；滚珠存在裂纹或存在重皮、斑痕、腐蚀锈痕等缺陷并超过标准；轴承内套与轴颈松动均应更换拆轴承。

(2)新轴承需经过全面检查(包括金相探伤检查)，符合标准方可使用。

(3)精确测量检查轴颈与轴承内套孔，并符合下列标准方可进行装配：

①轴颈应光滑无毛刺，圆度差不大于 0.02mm。

②轴承内套与轴颈之配合为紧配合，其配合紧力为 0.01～0.04mm，当达不到此标准时，应对轴颈进行表面喷镀或镶套。

(4)轴承与轴颈采用热装配：不允许直接用木柴、炭火加热轴承，轴承应放在油中加热，加热油温一般控制在 140～160℃并保持 10min，然后将轴承取出套装在轴颈上，使其在空气中自然冷却。

(5)更换轴承后应将封口垫装好，封口垫与轴承外套不应有摩擦。

7. 外壳及导向装置的检修

(1)外壳的保护瓦，一般用钢板(厚为 10～12mm)或生铁瓦(厚为 30～40mm)制成(也有用辉绿岩铸石板的)。外壳和外壳两侧的钢板保护瓦必须焊牢。如用生铁瓦(不必加工)做护板，则应用角铁将生铁瓦托住并要卡牢不得松动。在壳内焊接保护瓦及角铁托架时，必须注意焊缝的磨损。保护瓦松动、脱焊应进行补焊，若保护瓦被磨薄只剩下 2～3mm 时，则应换新保护瓦。风机外壳的破损，可用铁板焊补。

(2)检查导向装置回转盘有无滞住，导向板有无损坏、弯曲等缺陷；检查导向板固定装置是否稳固及关闭后的严密程度。检查闸板型导向装置的磨损程度和损坏情况；检查闸板有无卡涩及关闭后的严密程度。根据检查结果，再采取相应的修理方法。因上述部件多为碳钢件，所以大都可采用冷作、焊接工艺进行修理。

(3)风机外壳与风道的连接法兰及人孔门等，在组装时一般应更换新垫(如果旧垫没有损坏，也未老化，可继续使用)。

三、风机主要部件检修质量要求与更换原则

(1)叶轮局部磨穿，允许补焊。如叶轮普遍磨薄且磨薄量超过叶片原厚度的1/2时，则必须换新叶轮。叶轮上的焊缝如有磨损、裂纹等缺陷时，必须给以焊补。当叶轮的轮毂有裂纹时，必须更换。

(2)部分叶片磨损，如叶片局部磨损超过原厚度的1/3时，可以补焊，如大部分磨损，则应全部更新。为了防止叶片磨损，可在叶片上用耐磨合金焊条堆焊。在堆焊时，要预防叶轮变形，焊完要用砂轮进行抛光，叶片可采用渗碳或喷涂处理。

(3)当外壳有大部分面积被磨去1/2厚度时，则应更换外壳。有保护瓦(防磨瓦)的风机，不允许发生保护瓦在运行中振动、脱落及磨穿等现象。为此，在检修时，必须对保护瓦做仔细的检查，磨损严重的，应估算是否能维持到下一个检修期，如不能则必须更换。

(4)在转子找平衡前，必须将叶轮上的灰垢、铁锈及施焊的焊渣清除干净。机轴的弯曲度不大于0.10mm，全轴不大于0.2mm。一般的风机转子只找静平衡，而对于重要的风机转子在找静平衡后还需在机体内找动平衡。

(5)风机的风门能够全关、全开，活动自如，连杆接头牢固，实际开度与指示相符。

(6)试运行时，风机的振动、声音及轴承温度正常，不漏油，不漏风，电动机的启动电流在标准范围内。停机后，惰走正常。

四、转子回装就位

根据风机的结构特点，其组装应注意以下几点：

(1)将风机的下半部吊装在基础上或框架上，并按原装配位置固定。转子就位后，即可进行叶轮在外壳内的找正。找正时可以调整轴承座(因原位装复，其调整量不会很大)，也可以移动外壳，但外壳牵连到进、出口风道，这点在调整时应特别注意。

(2)转子定位后，即可进行风机上部构件及进出口风道的安装。在安装风道时，不允许强行组合，以免造成外壳变形，使外壳与叶轮已调好的间隙发生变化，影响导向装置的动作。

(3)联轴器找中心时，以风机的对轮为准，找电动机的中心。找正大轴水平，可以采用在轴承座下加减垫片的方法进行调整，轴水平误差不超过0.1mm/m，调整垫片一般不超过3片。小风机可采用简易找中心法，重要的风机必须按正规找中心方法进行。

(4)测量轴承外套与轴承座的接触角及两侧间隙，轴承外套与轴承座接触角应为90°～120°，两侧间隙应为0.04～0.06mm，对于新换的轴承还应检查外套与轴承座的接触面应不小于50%。

扣轴承盖前应将轴承外套、轴承盖清理干净，并应精确测量轴承盖与轴承外套顶部的间隙。一般采用压铅丝的方法测量，测量两次，两次结果应相差不大。

根据测量结果，确定轴承座结合面加垫的尺寸及外套顶部是否加垫及加垫的尺寸，以使轴承外套与轴承盖的顶部间隙符合以下要求：

① 对于采用稀润滑油的轴承：联轴器侧轴承，间隙为0～0.06mm；叶轮侧轴承，间隙为0.05～0.15mm。

② 对于采用二硫化钼润滑脂的轴承：联轴器侧轴承，间隙为 0.03～0.08mm；叶轮侧轴承，间隙为 0.06～0.20mm。

(5)轴承座与轴承盖结合面应清理干净、接触良好，未加紧固时 0.03mm 塞尺应不能塞入，扣轴承盖前应在结合面上抹好密封胶，按测量计算结果的要求配制好密封垫，扣轴承盖时应注意不使顶部及对口垫移位，紧固螺丝时紧力应均匀。

(6)回装端盖时注意其回油孔应装在下方，并利用加减垫片的方法使端盖与轴承外套端部的间隙符合标准，联轴器侧端盖与轴承外套端部的间隙为 0～0.5mm；叶轮侧端盖与轴承外套端部的间隙为 4～10mm。

(7)端盖与轴之间的间隙不小于 0.10mm，密封垫应完好。

五、校正中心及找动平衡

(1)校正中心：联轴器为弹性对轮时，对轮间隙为 4～10mm，对轮的轴向及径向误差均不大于 0.15mm；联轴器为齿形联轴器时，找正后应符合齿形联轴器的要求。

(2)中心校正后，按回装标志回装好联轴器，并盘车检查有无摩擦、撞击等异常。

(3)检查机壳及风箱内，确无工作人员及杂物时，方可临时封闭人孔门，找动平衡。

(4)找动平衡后，轴承振动(垂直振动)不大于 0.03mm，轴承晃动(水平振动)不大于 0.06mm。

六、风机试运行

(1)风机检修后应试运行，试运行时间为 4～8h。

(2)在试运行中发生异常现象时，应立即停止风机运行查明原因。

(3)试运行中轴承振动(垂直振动)，一般应达到 0.03mm，最大不超过 0.09mm，轴承晃动(水平振动)，一般应达到 0.05mm，最大不超过 0.12mm。

(4)试运行中轴承温度应不超过 70℃。

(5)风机运行正常无异声。

(6)挡板开关灵活，指示正确。

(7)各处密封不漏油、漏风、漏水。

工作实践

工作任务	4—72—3.6A 型离心式风机的检修。
工作目标	了解离心式风机的结构，掌握离心式风机的基本检修工艺。
工作准备	设备：4—72—3.6A 型离心式风机，每工位一台，可供 2～3 人实习； 场地：要求宽敞、整洁，照明充足，若风机较大，须配备起重设备； 工具：除常用工量具外，应准备紫铜棒、垫木等；每工位一套； 材料：主要是消耗材料，应备有盘根、垫料、机油、煤油、红丹粉、棉纱等。

（续表）

工作项目	准备工作： (1)检查设备是否完备； (2)准备工量具，按工位配备齐整； (3)准备消耗材料，按实际消耗量准备； (4)解体前检测运行参数。
	解体： (1)拆下风机集流罩； (2)拆除叶轮：拧下叶轮压盖螺栓，取下压盖，然后将叶轮连同轮毂一起从电动机轴上拉下来。
	检修及测量： (1)检查并清洁拆下的各部件，对损坏的零部件可根据损坏情况进行修理或更换； (2)解体前风机的振动值过大，可对叶轮找静平衡。
	装复： (1)将叶轮进行找静平衡，同轮毂一起套装到电动机的轴上； (2)装复集流罩； (3)装复进、出口风管，进、出口挡板应灵活； (4)清点工量具，清扫现场。
	试运行： (1)复查主要部位螺栓是否全部紧固； (2)打开进、出口挡板，检查风管内是否有异物，然后关闭进、出口挡板，装上进风口安全网； (3)合闸启动电动机，待转速稳定后，开启出口挡板，再开启进口挡板； (4)测取有关数据，然后停机； 完成以上各项工作后，检修工作结束。

思考与练习

1. 叙述离心风机的检修重点。
2. 叙述风机在运行中产生超常振动的原因。
3. 分析风机叶片超常磨损的原因。
4. 水泵叶轮与风机叶轮找平衡后，在固定永久平衡重的工艺上有何区别？

任务二　轴流式风机检修

工作任务

通过实际操作的方式演练轴流式风机检修，并讨论离心式与轴流式风机检修工艺要求和标准的差异，查找资料，了解火电厂典型轴流式风机检修要求。

知识与技能

以典型液压动叶可调轴流式送风机为例，其结构如图 8-4 所示。

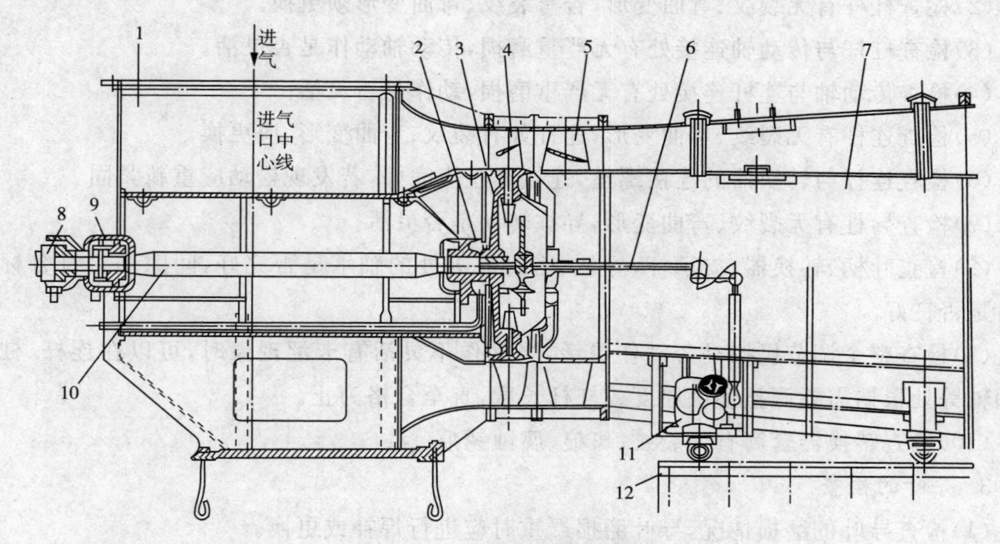

图 8-4　轴流式风机的结构

1—进气室；2—轴承；3—叶轮；4—动叶片；5—静叶片；6—动叶调整机构；7—扩压器；8—联轴器；9—推力轴承；10—主轴；11—电动执行机构；12—轨道

一、轴流式风机的检查

1. 叶轮的检查

(1)测量叶片的磨损程度，主要针对吸风机，通过测厚和称重确定叶片磨损严重时，须更换。对叶片一般进行着色探伤检查，主要检查叶片工作面有无裂纹及气孔、夹砂等缺陷。

(2)检查叶柄，表面应无损伤，叶柄应无弯曲变形，同时叶柄还要进行无损探伤检查，应无裂纹等缺陷，否则应更换。

(3)检查叶柄孔内的衬套，衬套应完整、不结垢、无毛刺，否则应更换。

(4)检查叶柄孔中的密封环是否老化脱落，老化脱落则应更换。

(5)检查叶柄的紧固螺母、止退垫圈是否完好，螺母是否松动。

(6)检查叶片的轴承是否完好,其间隙是否符合标准。若轴承内外套、滚珠有裂纹、斑痕、磨蚀锈痕,以及过热变色和间隙超过标准时,应更换新轴承。

(7)检查全部紧固螺丝有无裂纹、松动,重要的螺丝要进行无损探伤检查,以保证螺丝的质量。

(8)检查叶片转动应灵活、无卡涩现象。

(9)检查轮毂应无裂纹、变形。

(10)检查轮毂与主轴配合应牢固,发现轮毂与主轴松动应重新进行装配。

(11)检查轮毂密封片的磨损情况,密封片应完好,间隙应符合标准,密封片磨损严重时须更换。

2. 调节机构的检查

(1)检查电动执行器(也有液压执行器)与杠杆连接处有无严重磨损,转动是否灵活。

(2)检查杠杆有无裂纹、弯曲变形,若有裂纹、弯曲变形须更换。

(3)检查杠杆与传动轴连接处有无严重磨损,传动轴动作是否灵活。

(4)检查传动轴与连杆连接处有无严重磨损,动作是否灵活。

(5)检查连杆有无裂纹、弯曲变形,连杆如有裂纹、弯曲变形,应更换。

(6)检查连杆与转换器的连接螺丝,连接螺丝应完好,若发现松动应重新紧固。

(7)检查导柱有无裂纹、弯曲变形,导柱转动是否灵活。

(8)检查叶柄、转换器、支承杆、导柱、密封盖等处的轴承是否完好,间隙是否符合标准,润滑是否良好。

(9)检查整个调节机构是否动作灵活,当动作不灵活有卡涩现象时,可以在连杆、杠杆、传动轴等处根据需要调整垫块厚度或杠杆长度,直至合格为止。

(10)检查转换器套筒有无裂纹、斑痕、腐蚀锈痕。

3. 导叶的检查

(1)检查导叶的磨损情况,导叶磨损严重时应进行焊补或更换。

(2)检查导叶内、外环的磨损情况,内、外环应完好,无严重变形。

(3)检查导叶与内、外环有无松动,紧固件是否完整。

(4)检查导叶进、出口角是否符合设计要求,进口应正对着从叶轮出来的气流,出口应与轴向一致。

二、动叶的更换及调整

1. 动叶更换标准

(1)叶片表面应光滑,无裂纹、砂眼等缺陷,叶片尺寸应符合图纸要求。叶片重量应尽量相同,安装时应根据每块叶片的重量进行配重组合。

(2)对片的螺丝在使用前除宏观检查无裂纹、弯曲,丝扣完好,长度符合图纸要求外,还应进行无损探伤检查合格。

(3)叶柄端面的垂直度及同心度偏差不大于0.02mm,叶片轴的窜动量为0.3～0.5mm,键槽、螺纹应完整。

(4)曲柄应完好，无弯曲、变形。

(5)平衡重块不得任意增减。

(6)轴承应经过检查无影响使用的缺陷，间隙符合标准，并保持足够的润滑油脂量，每块叶片轴承的润滑油脂量应相等。

(7)叶柄上的止退垫圈、螺母应完整，并紧固，不得松动。

(8)叶片的各个紧固螺丝的紧固必须使用扭力扳手，以测定螺丝的紧固力，保证紧固力一致和具有足够的紧固力。

(9)动叶片更换后应转动灵活，无卡涩现象。

2. 动叶片的调整

(1)动叶片与机壳间隙的调整

动叶片组合体的基本结构如图 8-5 所示。动叶调整式轴流风机叶片与外壳的间隙是指经过机械加工的外壳内径与叶片顶端之间的间隙。动叶片与机壳间隙的调整是为了保证叶片顶部与内壁之间的间隙符合要求。调整时先用楔状木块将叶片的根部垫足，在叶轮外壳内径顺圆周方向等分 8 点(如图 8-6 所示)，作为测量点，找出最长和最短的叶片、测量间隙并做好记录，最后调整叶片(如图 8-7 所示)，使其达到下列标准：

① 用最长的叶片在机壳内转动各标准测量点时，其最大间隙与最小间隙相差不大于 1.2～1.4mm。

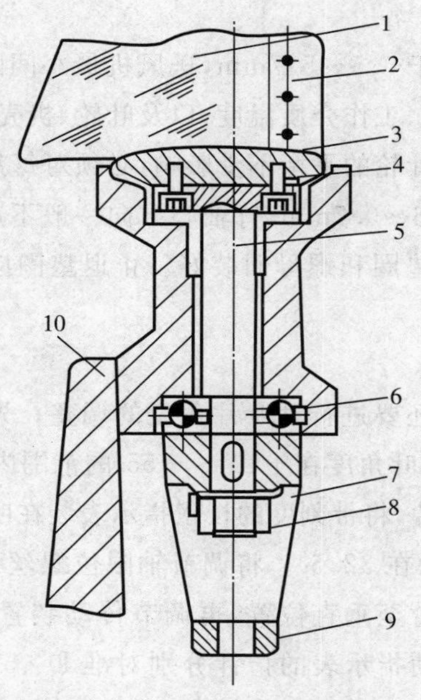

图 8-5　动叶片组合体的基本结构

1—动叶片；2—防磨护板；3—半球形叶片座；4—螺栓；5—轴；6—推力滚动轴承；
7—曲拐；8—调整螺母；9—连接头(滑块)；10—叶轮盘

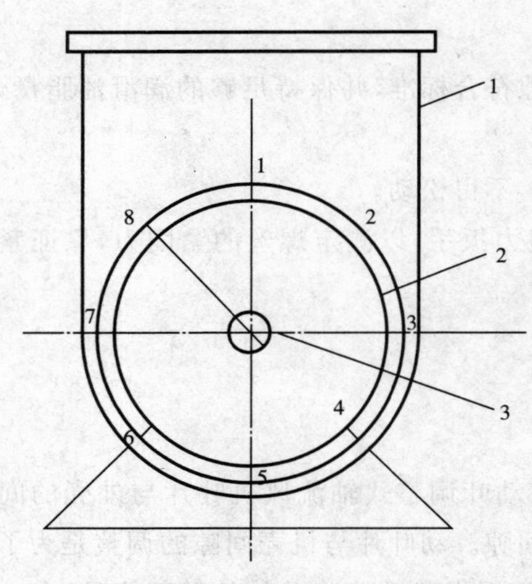

图 8-6　叶轮外壳找正工具

1—风机进气室；2—叶轮外壳；3—风机轴

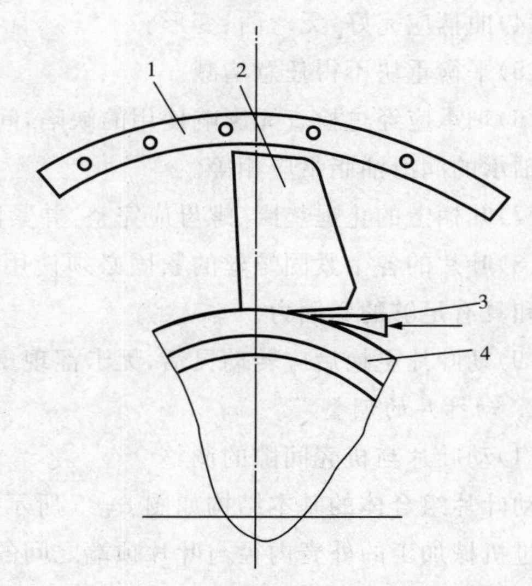

图 8-7　检测叶片间隙的方法

1—叶轮外壳；2—叶片；3—楔子；4—叶轮

② 最短叶片在各标准测量点的间隙最小值与最大值的各偏差，引风机一般不大于1.9mm，送风机一般不大于1.5mm。

③ 最长和最短叶片在8～12个标准测量点的平均间隙，引风机一般不大于6.7mm，送风机一般不大于3.4mm。

④ 引风机最小间隙不小于5.5～5.7mm，送风机最小间隙不小于2.5～2.6mm。其最小间隙值一般取决于叶轮直径、工作介质温度，以及叶轮、机壳的制造加工质量。

在调整叶片时，为了保证叶轮的平衡不受影响，必须对每片叶柄的螺母进行调整。调整时，朝轴心方向一般不超过0.6～0.7mm，背轴心方向一般不超过0.7～0.8mm。叶片间隙调整结束后，要将叶柄的止退垫圈和螺母回装好。止退垫圈应将螺母锁住，防止螺母松动。同时用小螺丝将叶柄紧固牢。

(2)动叶片角度的调整

动叶片的间隙调整好后，还要进行动叶片角度的调整。先开动电动执行器或液压执行器，带动叶片动作，然后根据动叶角度在+10°～+55°的范围内变化，依下列步骤校正：

① 在轮毂上拆下一块叶片，将带刻度的校正指示表装在叶柄上。

② 转动叶片，使仪表指示在32.5°。将调节轴限位螺丝调节到离指示销两边相等(即指示销位于中间)，调整传动臂至垂直位置，再调节传动装置上的刻度盘使其对准32.5°。对准指示销，继续转动叶片，使指示表的指针分别对准10°、55°，此时指示销的指针也应分别对准10°、55°。如有偏差，需移动刻度盘的位置，并把限位螺钉分别在10°、55°位置上和指示销相碰，使10°及55°刚好是极限。反复几次，如无变化，则可将叶片位置固定，如图8-8所示。

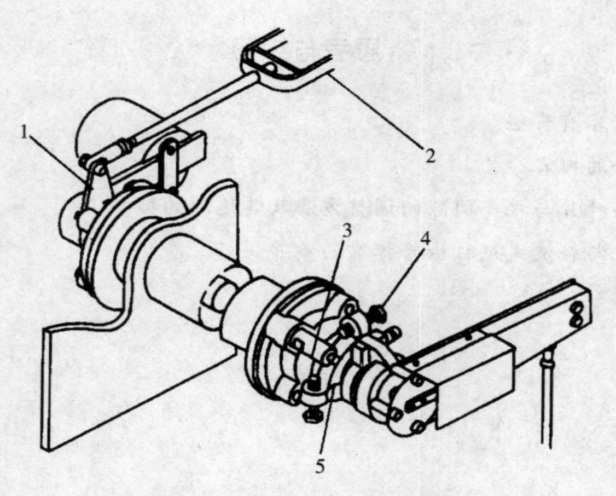

图 8-8　动叶片调整示意

1—传动臂;2—传动叉;3—指示销;4—限位螺钉;5—刻度盘

工作实践

工作任务	轴流风机动叶片的调整。
工作目标	了解轴流式风机的结构,掌握轴流式风机的动叶调节基础工艺。
工作准备	设备:轴流式风机,每工位一台,可供2～3人实习; 场地:要求宽敞、整洁,照明充足; 工具:螺丝刀、塞尺等常用工量具; 材料:主要是消耗材料,应备机油、煤油、棉纱等。
工作项目	动叶片与机壳间隙测量及调整: 用楔状木块将叶片的根部垫足,在叶轮外壳内径顺圆周方向等分8点,作为测量点,找出最长和最短的叶片,测量间隙并做好记录,并调整叶片。
	动叶片角度的调整: (1)在轮毂上拆下一块叶片,将带刻度的校正指示表装在叶柄上; (2)转动叶片,使仪表指示在32.5°,将调节轴限位螺丝调节到距指示销两边相等,调整传动臂至垂直位置,再调节传动装置上的刻度盘,使其为32.5°对准指示销,机械转动叶片使指示表的指针分别对准10°、55°,此时指示销的指针也应分别对准10°、55°。如有偏差,需移动刻度盘的位置,并把限位螺钉分别在10°、55°位置上和指示销相碰,使10°及55°刚好是极限。反复几次,如无变化,则可将叶片位置固定。

思考与练习

1. 轴流风机检查的内容有哪些?
2. 叙述风机叶片检修的内容。
3. 简述轴流式风机动叶片与机壳间隙的调整方法及其达到的标准。
4. 试分析离心式风机与轴流式风机检修标准的差异。

参 考 文 献

[1] 赵鸿逵．热力设备检修基础工艺．北京:中国电力出版社,1999.

[2] 陈汇龙,闻建龙,沙毅．水泵原理、运行维护与泵站管理．北京:化学工业出版社,2004.

[3] 赵鸿逵．热力设备检修工艺学．北京:水利电力出版社,1987.

[4] 白晓军．锅炉设备检修．北京:中国电力出版社,2005.

[5] 电力行业职业技能鉴定指导中心．职业技能鉴定指导书．北京:水利电力出版社,2003.

[6] 郭延秋．大型火电机组检修实用技术丛书(锅炉分册)．北京:中国电力出版社,2003.

[7] 郭延秋．大型火电机组检修实用技术丛书(汽轮机分册)．北京:中国电力出版社,2003.

[8] 邵和春．火电厂锅炉检修工艺．北京:中国电力出版社,2009.

[9] 赵鸿逵,舒广奇．动力设备技能训练．北京:中国电力出版社,2007.

[10] 刘忠懋．热力设备安装与检修．北京:中国电力出版社,1982.